国家职业技能等级认定培训教材
高技能人才培养用书

车工试题库
（初级、中级）

国家职业技能等级认定培训教材编

主　编　徐　彬

副主编　徐　斌

参　编　袁　静　张　斌　葛嫣雯　张

主　审　金福昌

机械工业出版社
CHINA MACHINE PRESS

本书按照现行《国家职业技能标准 车工》编写，内容包括初级、中级两个级别的题库，每个级别的题库分别由考核重点和试卷结构、理论知识考核指导、操作技能考核指导、模拟试卷样例四个部分组成。其中，理论知识考核指导中有四种题型，分别是判断题、选择题、计算题和简答题，均附有答案；操作技能考核指导两个级别分别有15个和10个操作项目，项目的安排遵循从易到难的原则。

本书可作为相应等级的车工参加职业技能鉴定的考前复习用书，也可作为各级职业技能鉴定培训机构、企业培训部门、职业技术院校、技工院校、各种短训班在鉴定考核命题时的参考书。

图书在版编目（CIP）数据

车工试题库：初级、中级/徐彬主编. —北京：机械工业出版社，2021.6

（高技能人才培养用书）

国家职业技能等级认定培训教材

ISBN 978-7-111-69392-5

Ⅰ.①车… Ⅱ.①徐… Ⅲ.①车削-职业技能-鉴定-习题集 Ⅳ.①TG51-44

中国版本图书馆CIP数据核字（2021）第212349号

机械工业出版社（北京市百万庄大街22号 邮政编码100037）

策划编辑：赵磊磊 责任编辑：王晓洁 王 良

责任校对：郑 婕 刘雅娜 封面设计：马若濛

责任印制：张 博

涿州市京南印刷厂印刷

2022年1月第1版第1次印刷

184mm×260mm · 13.25印张 · 323千字

0001—3000册

标准书号：ISBN 978-7-111-69392-5

定价：49.80元

电话服务 网络服务

客服电话：010-88361066 机 工 官 网：www.cmpbook.com

010-88379833 机 工 官 博：weibo.com/cmp1952

010-68326294 金 书 网：www.golden-book.com

封底无防伪标均为盗版 机工教育服务网：www.cmpedu.com

国家职业技能等级认定培训教材
编审委员会

序

新中国成立以来，技术工人队伍建设一直得到了党和政府的高度重视。20世纪五六十年代，我们借鉴苏联经验建立了技能人才的“八级工”制，培养了一大批身怀绝技的“大师”与“大工匠”。“八级工”不仅待遇高，而且深受社会尊重，成为那个时代的骄傲，吸引与带动了一批批青年技能人才锲而不舍地钻研技术、攀登高峰。

进入新时期，高技能人才发展上升为兴企强国的国家战略。从2003年全国第一次人才工作会议，明确提出高技能人才是国家人才队伍的重要组成部分，到2010年颁布实施《国家中长期人才发展规划纲要（2010—2020年）》，加快高技能人才队伍建设与发展成为举国的意志与战略之一。

习近平总书记强调，劳动者素质对一个国家、一个民族发展至关重要。技术工人队伍是支撑中国制造、中国创造的重要基础，对推动经济高质量发展具有重要作用。党的十八大以来，党中央、国务院健全技能人才培养、使用、评价、激励制度，大力发展技工教育，大规模开展职业技能培训，加快培养大批高素质劳动者和技术技能人才，使更多社会需要的技能人才、大国工匠不断涌现，推动形成了广大劳动者学习技能、报效国家的浓厚氛围。

2019年国务院办公厅印发了《职业技能提升行动方案（2019—2021年）》，目标任务是2019年至2021年，持续开展职业技能提升行动，提高培训针对性实效性，全面提升劳动者职业技能水平和就业创业能力。三年共开展各类补贴性职业技能培训5000万人次以上，其中2019年培训1500万人次以上；经过努力，到2021年底技能劳动者占就业人员总量的比例达到25%以上，高技能人才占技能劳动者的比例达到30%以上。

目前，我国技术工人（技能劳动者）已超过2亿人，其中高技能人才超过5000万人，在全面建成小康社会、新兴战略产业不断发展的今天，建设高技能人才队伍的任务十分重要。

机械工业出版社一直致力于技能人才培训用书的出版，先后出版了一系列具有行业影响力，深受企业、读者欢迎的教材。欣闻配合新的《国家职业技能标准》又编写了“国家职业技能等级认定培训教材”。这套教材由全国各地技能培训和考评专家编写，具有权威性和代表性；将理论与技能有机结合，并紧紧围绕《国家职业技能标准》的知识要求和技能要求编写，实用性、针对性强，既有必备的理论知识和技能知识，又有考核鉴定的理论和技能题库及答案；而且这套教材根据需要为部分教材配备了二维码，扫描书中的二维码便可观看相应资源；这套教材还配合天工讲堂开设了在线课程、在线题库，配套齐全，编排科学，便于培训和检测。

这套教材的出版非常及时，为培养技能型人才做了一件大好事，我相信这套教材一定会为我国培养更多更好的高素质技术技能型人才做出贡献！

中华全国总工会副主席

高凤林

前　言

随着我国职业资格证书制度的不断完善和发展，职业技能等级认定制度已成为我国技能人才评价方式，为了帮助考证人员顺利取得国家技能等级证书，推动职业技能等级认定制度的深入实施，加快技能人才培养，我们根据多年的实践经验，组织相关专家、教授、技师和高级考评员共同编定了这套车工试题库。

试题库的建立，对保证职业技能等级认定工作的质量，加快培养一大批数量充足、结构合理、素质优良的技能型人才将起到重要的作用。

本套书以现行《国家职业技能标准　车工》为依据，以客观反映现阶段本职业的水平和对从业人员的要求为目标，使参加职业技能等级认定的广大考生对考试内容和考试方式有一个全面的了解，以更好地复习备考，顺利通过考试。

本书与职业技能等级认定培训教材相配套。在本书的编写过程中，贯彻了“围绕考点、服务考试”的原则，内容涵盖了国家职业技能标准对该工种的理论知识和操作技能方面的要求；为突出考前辅导的特色，以职业技能等级认定试题作为编写重点，紧紧围绕鉴定考核的内容，充分体现系统性和实用性。

本书由徐彬任主编，徐斌任副主编，袁静、张斌、葛嫣雯、张玉东参加编写，全书由金福昌主审。

由于编写水平与时间的限制，书中难免存在不妥之处，敬请读者批评指正。

编　者

目 录
MU LU

车工（中级）

车工（初级）

第一部分 考核重点和试卷结构

一、考核重点

以国家职业技能标准为依据，按车工初级（五级）的理论知识、操作技能鉴定考核要求，进行理论知识和操作技能考核，考核重点为：车床的基本知识、相关工种的知识、简单轴类工件的加工、套类工件的加工、圆锥面加工、特形面加工和螺纹加工等基本知识，针对这些内容编写了车工初级（五级）的题库。通过对这些重点的学习，掌握车工（初级）基本理论知识和操作技能，达到初级车工的水平。

车工（初级）理论知识权重

项目		权重(%)
基本要求	职业道德	5
	基础知识	20
相关知识要求	轴类工件加工	20
	套类工件加工	15
	圆锥面加工	15
	特形面加工	10
	螺纹加工	15
合计		100

车工（初级）技能要求权重

项目		权重(%)
技能要求	轴类工件加工	25
	套类工件加工	20
	圆锥面加工	20
	特形面加工	15
	螺纹加工	20
合计		100

二、试卷结构

车工初级（五级）的鉴定方式分为理论知识考试和操作技能考核。理论知识考试时间不少于90min，试卷题型由判断题、选择题、计算题、简答题组成。试题的编写立足于对基础知识和基本操作技能的检验，改变了以往单纯对概念进行考查的局限性，注意将理论知识和实际操作相联系，注重加工工艺分析，考查学员对知识的理解和应用能力，题目灵活、难度适中、覆盖面广，题目较以前有所增加，有较大的实用性，能够较全面考查学员的综合素质。操作技能考核时间不少于 240min，具体时间、评分标准依图样而定，需要在规定的时间内独立完成工件的加工，综合评审时间不少于 30min。

三、考试技巧

车工初级的理论知识考试内容广泛，包括很多门专业理论课的内容和常用的操作知识，需要学员在平时积累，而《车工（初级）教材》中由于版面的限制无法一一叙述，需要学员学习其他课程。理论知识题目与生产实践实际操作相结合，学员要在多理解后再解题，并应联系实际完成各种习题。车工初级理论知识考试中需要学员有一定的答题技巧，在考试时尽量完成答题，不要出现不答题的情况。操作技能考核时要认真阅读图样，分析工艺，准备刀具，完成考件加工，根据评分标准合理完成整个操作技能考核。

四、注意事项

本题库面广量大，题库中的很多题目都具有一定的灵活性。考生在答题前应认真阅读试卷，填写考试必需的相应信息并仔细核对。在答题过程中，应认真阅读每一道题目，按先易后难的原则做题，分值高的题目优先做，不会做或答不全的放到后面做，对于没有掌握的知识出现在判断题或选择题中时必须完成答题，在考试过程中保持良好的心态。

五、复习策略

对于理论知识考试，应该认真阅读教材，理解教材中的各项理论知识，学习时做到理论与实际相结合，有些理论题目也要与实际操作相结合，这样更有利于对习题的掌握。为了获得好的复习效果，应以教材为中心，强化基础知识和基本技能的学习，弄清楚重点和难点，这样才能收到事半功倍的效果。复习时要有针对性，做到有的放矢、注重实效，切忌贪多求全。复习时要学会整合知识点，对需要学习的知识进行分类以便于记忆，同时把理论知识学习与实际操作结合起来更能促进理解，加深记忆。

第二部分

理论知识考核指导

理论知识模块1 车床基础知识

一、考核范围（图2-1）

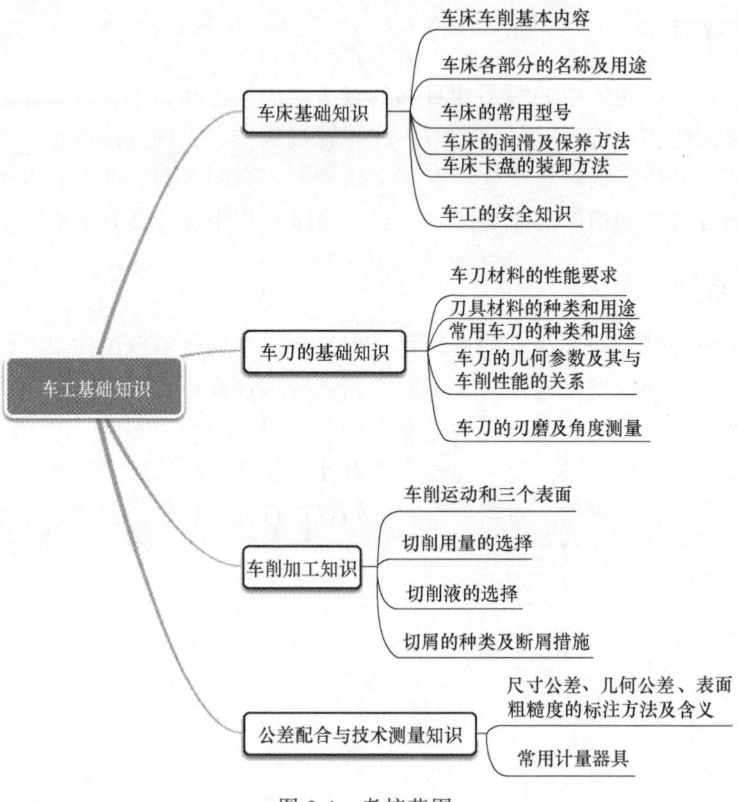

图2-1 考核范围

二、考核要点详解（表2-1）

表2-1 考核要点详解

序号	考核要点
1	车床车削基本内容
2	车床的润滑及保养方法和安全使用

（续）

序号	考 核 要 点
3	车刀的刃磨及车刀的几何参数及其角度的选择
4	切削用量及切削液的选择
5	切屑的种类及断屑措施
6	尺寸公差、几何公差、表面粗糙度

三、练习题

（一）判断题（对的画“√”，错的画“×”）

1. 卧式车床加工范围很广，可以车削圆柱面、圆锥面、螺纹等，但不能车削曲面。（　）
2. 变换主轴箱外手柄的位置可使主轴得到各种不同的转速。（　）
3. 卡盘的作用是装夹工件，带动工件一起旋转。（　）
4. 光杠用来带动溜板箱，使车刀按要求方向做纵向或横向运动。（　）
5. 变换进给箱手柄的位置，在光杠或丝杠的传动下，能使车刀按要求方向做进给运动。（　）
6. 调整卧式车床交换齿轮箱的交换齿轮，并与进给箱配合，可以车削各种螺纹和蜗杆。（　）
7. 车床的进给箱把电动机的旋转运动传递给主轴。（　）
8. 机床的类别用汉语拼音字母表示，处于型号的首位，其中字母“C”表示车床类。（　）
9. 对车床来说，如第一位数字是“6”，代表的是落地及卧式车床组。（　）
10. 在机床型号中，通用特性代号应排在机床类代号的后面。（　）
11. 对车床进行保养的主要内容是清洁和必要的调整。（　）
12. 车床运转 500h 后，需要进行一级保养。（　）
13. 车床保养时，必须切断电源，防止触电事故。（　）
14. 清理车床时，可以用压缩空气进行吹扫。（　）
15. 一级保养以操作工人为主，维修人员进行配合。（　）
16. 开机前，在手柄位置正确的情况下，需低速运转约 2min 后才能进行车削。（　）
17. 车工在操作中严禁戴手套。（　）
18. 车削崩碎状切屑的工件时，必须戴好防护眼镜。（　）
19. 车削加工时，清除切屑必须使用专用的钩子，不可用手直接清除。（　）
20. 车削时，车刀整体在很高的切削温度下工作，并承受很大的切削力和冲击力。（　）
21. 常用车刀按刀具材料可分为高速钢车刀和硬质合金车刀两类。（　）
22. 车刀刀具硬度与工件材料硬度一般相等。（　）
23. 刀具材料的耐磨损性能与其硬度无关。（　）

24. 高速钢是常用的刀具材料，俗称锋钢或白钢。（　）
25. 热硬性是刀具材料在高温下仍能保持其硬度的特性。（　）
26. 高速钢刀具的韧性比硬质合金好，因此，常用于承受冲击力较大的场合。（　）
27. 高速钢车刀的韧性虽然比硬质合金好，但不能用于高速切削。（　）
28. W6Mo5Cr4V2 是硬质合金材料，可以用来制造刀具。（　）
29. 高速钢车刀淬火后的硬度为 72~82HRC。（　）
30. 硬质合金的硬度高，能耐高温，有很好的热硬性，在 1000℃左右的高温下，仍能保持良好的切削性能。（　）
31. 硬质合金能切削高速钢刀具无法切削的难车削材料。（　）
32. 一般情况下，K01 用于粗加工，K30 用于精加工。（　）
33. K 类硬质合金按不同含钨量可分为 K01、K20、K30 等多种牌号。（　）
34. K 类硬质合金的韧性较好，因此适用于加工铸铁等脆性材料或冲击较大的场合。（　）
35. P30 硬质合金车刀适用于粗车塑性金属。（　）
36. 涂层硬质合金刀具的耐磨性比未涂层的硬质合金刀具高 1~3 倍。（　）
37. 陶瓷被认为是提高产品质量和生产率的最有希望的刀具材料之一。（　）
38. 立方氮化硼刀具一般在干切削条件下对钢材、铸铁进行加工。（　）
39. 车刀按用途分只有外圆车刀和内孔车刀两大类。（　）
40. 45°车刀的主偏角和刀尖角都等于 45°。（　）
41. 刀具上最前面的平面称为前面。（　）
42. 车刀上与工件上加工表面相对应的表面称为主后面。（　）
43. 通过切削刃上某一选定点，垂直于该点切削速度方向的平面称为基面。（　）
44. 在副正交平面内，副后面与副切削平面之间的夹角称为副后角。（　）
45. 为了使车刀锋利，精车刀的前角一般应取大一些。（　）
46. 车刀前角增大，能使切削省力，当工件为硬材料时，应选择较大的前角。（　）
47. 粗加工时，余量较大，为了使切削省力，车刀应选择较大的前角。（　）
48. 粗加工时切削力较大，为了减少车刀后面与工件间的摩擦，应取较大的后角。（　）
49. 精车时，刃倾角应取负值。（　）
50. 用偏刀车削外圆时，作用于工件轴向的切削力较小，不容易顶弯工件。（　）
51. 外圆精车车刀的后角的数值为 5°~8°。（　）
52. 车刀的前角、后角和主偏角选得太小，会使工件的尺寸精度达不到要求。（　）
53. 车刀的主偏角越大，它的刀尖强度和散热性能越好。（　）
54. 车削硬度高的金属材料时，应选取较大的前角。（　）
55. 对于现代车工来说，手工刃磨刀具已不是一项需要掌握的基本技能。（　）
56. 刃磨硬质合金刀具应选用绿色碳化硅砂轮。（　）
57. 千分尺可用来测量任何工件的尺寸。（　）
58. 百分表的精度分为 0 级和 1 级两种，0 级精度最高。（　）
59. 百分表一般用来校正和检验尺寸公差为 IT6~IT14 级的工件。（　）

60. 游标万能角度尺可测量 0°~360°的所有角度。 （　）
61. 游标万能角度尺如仅装上直角尺，可测量 0°~230°的角度。 （　）
62. 量具可测量旋转中的工件。 （　）
63. 公差可以是负值。 （　）
64. 极限偏差是允许尺寸变化的两个极限值，它以实际尺寸为基数来确定。 （　）
65. 配合公差等于互相配合的孔公差与轴公差之差。 （　）
66. 滚动轴承的外环与箱体孔的配合应尽量采用基孔制。 （　）
67. 实际形状对理想形状的偏离量，叫作位置误差。 （　）
68. 位置公差就是实际位置对理想位置的允许变动量。 （　）
69. “◎” 表示的是同轴度的位置公差的符号。 （　）
70. 表面粗糙度不是工件质量的技术指标。 （　）
71. 表面粗糙度一般是由所采用的加工方法或其他因素形成的。 （　）
72. 游标卡尺可以测量工件的外径、内径，但不能测量孔的深度。 （　）
73. 千分尺的测量分度值一般为 0.01mm。 （　）
74. 千分尺可以调整好尺寸，当卡规使用。 （　）
75. 用负刃倾角车刀切削时，切屑排向工件待加工表面。 （　）
76. 增大切断刀的前角有利于降低切削力，能有效地防止振动。 （　）
77. 当用刀尖位于主切削刃的最高点的车刀车削时，切屑排向工件待加工表面，车出的工件表面质量好。 （　）
78. 刃磨后的车刀切削刃，应用磨石进行研磨。 （　）
79. 刃磨后的车刀角度，一般用目测即可。 （　）
80. 车削时，刀具的进给运动是主运动。 （　）
81. 切削运动中，速度较高、消耗切削功率较大的运动是主运动。 （　）
82. 车刀在切削工件时，使工件上形成已加工表面、切削平面和待加工表面。 （　）
83. 工件上经刀具切削后产生的新表面，叫作加工表面。 （　）
84. 车削非铁金属和非金属材料时，应当选取较低的切削速度。 （　）
85. 如果要求切削速度保持不变，则当工件直径增大时，转速应相应降低。 （　）
86. 一般在加工塑性金属材料时，如果背吃刀量较小、切削速度较高、刀具前角较大，则形成挤裂切屑。 （　）
87. 切削用量包括背吃刀量、进给量和工件转速。 （　）
88. 背吃刀量是工件上已加工表面和待加工表面间的垂直距离。 （　）
89. 进给量是工件每回转 1 转，车刀沿进给运动方向上的相对位移。 （　）
90. 切削速度是切削加工时，刀具切削刃选定点相对于工件的主运动的瞬时速度。 （　）
91. 车铜件时应选择较高的切削速度。 （　）
92. 精车时切削速度不应选得过高和过低。 （　）
93. 车削铸铁材料时由于强度低，故可选取较低的切削速度。 （　）
94. 用高速钢车刀精车时，应当选取较高的切削速度和较小的进给量。 （　）
95. 用硬质合金车刀车削时，切屑呈蓝色，这说明切削速度选得偏低。 （　）

96. 用硬质合金车刀精车外圆时，切忌选用较高（80m/min 以上）的切削速度。 （ ）

97. 用高速钢车刀车削时，切屑呈蓝色，这说明切削速度选得正合适。 （ ）

98. 切削液的主要作用是降低温度和减少摩擦。 （ ）

99. 粗加工时，加工余量和切削用量均较大，因而会使刀具磨损加快，所以应选用以润滑为主的切削液。 （ ）

100. 乳化液的比热容小，黏度小，流动性好，主要起润滑作用。 （ ）

101. 乳化液是将切削油用 15~20 倍的水稀释而成的。 （ ）

102. 乳化液主要用来减少切削过程中的摩擦和降低切削温度。 （ ）

103. 选用切削液时，粗加工应选用以冷却为主的乳化液。 （ ）

104. 切削铸铁等脆性材料时，为了减少粉末状切屑，需用切削液。 （ ）

105. 在加工一般钢件时，精车时用乳化液，粗车时用切削油。 （ ）

106. 使用硬质合金刀具切削时，应在刀具温度升高后再加注切削液，以便降温。 （ ）

107. 精加工时，最好选用切削油或高黏度的乳化液。 （ ）

108. 深孔加工时，应选用黏度较大的乳化液或切削油，并加大压力和流量。 （ ）

109. 车削时形成带状切屑有利于减小工件的表面粗糙度值，所以不需要采取断屑措施。 （ ）

110. C 形切屑是一种比较理想的切屑。 （ ）

111. 切削用量中对断屑影响最大的是切削速度，其次是进给量和背吃刀量。 （ ）

112. 使用切削液有利于断屑。 （ ）

113. 工件的定位就是使工件相对于刀具和机床处于一个正确的加工位置。 （ ）

114. 工件的夹紧就是保证工件在切削力的作用下保持既定位置不变。 （ ）

115. 适当增大刀具的前角，减小切削层的金属变形，可减小工件的表面粗糙度值。 （ ）

116. 数控机床一般由数控系统、包含伺服电动机和检测反馈装置的伺服系统、强电控制柜、机床本体和各类辅助装置组成。 （ ）

117. CKA6140 表示的是卧式车床。 （ ）

（二）选择题（将正确答案的序号填入括号内）

1. 车削加工是在车床上利用工件的（ ）运动和刀具的进给运动，加工出各种回转表面。

A. 旋转　　B. 往复　　C. 直线　　D. 螺旋

2. 车床的动力是由电动机经过带轮，再通过（ ）传递给主轴的。

A. 交换齿轮箱　　B. 主轴箱　　C. 进给箱　　D. 溜板箱

3. 主轴的旋转运动通过交换齿轮箱、进给箱、丝杠或光杠、溜板箱的传动，使刀架做（ ）进给运动。

A. 曲线　　B. 直线　　C. 圆弧　　D. 螺旋

4. 机床的（ ）是支承件，支承机床上的各部件。

A. 床鞍　　B. 床身　　C. 尾座　　D. 工作台

5. 车床的溜板部分是沿着（ ）移动的。

A. 导轨面 B. 光杠 C. 丝杠 D. 主轴

6. 卧式车床型号中的主参数代号是用（ ）折算值表示的。

A. 中心距 B. 刀架上最大回转直径

C. 床身上最大工件回转直径 D. 主轴长度

7. C6140A 车床表示经第（ ）次重大改进的。

A. 一 B. 二 C. 三 D. 四

8. 卧式车床常用的润滑方式有（ ）种。

A. 3 B. 5 C. 6 D. 8

9. 车床的丝杠是用（ ）方法润滑的。

A. 浇油 B. 溅油 C. 油绳 D. 油脂杯

10. 进给箱内的齿轮和轴承，除了用齿轮溅油法进行润滑外，还可用（ ）润滑。

A. 浇油 B. 弹子油杯 C. 油绳 D. 油脂杯

11. 油脂杯润滑（ ）加油一次。

A. 每周 B. 每班次 C. 每天 D. 每小时

12. 车床齿轮箱换油期一般为（ ）一次。

A. 每周 B. 每月 C. 每三个月 D. 每半年

13. 车床的日常保养工作由（ ）进行。

A. 辅助人员 B. 维修人员 C. 操作人员 D. 厂家人员

14. 车床开始操作前，应先低速开机空运转 1~2（ ），以使润滑油散布到各润滑处。

A. s B. min C. h D. D

15. 卧式车床只有在车削（ ）时，才允许使用丝杠自动进给。

A. 螺纹 B. 外圆柱面 C. 圆锥面 D. 台阶面

16. 刀具材料在室温条件下，其硬度应（ ）60HRC。

A. 小于 B. 等于 C. 大于 D. 不大于

17. 刀具材料硬度与耐磨性的关系为（ ）。

A. 硬度越高，耐磨性越差 B. 硬度越高，耐磨性越好

C. 硬度高低与耐磨性无关 D. 硬度越低，耐磨性越好

18. 高速钢是（ ）。

A. 优质碳素钢 B. 碳素结构钢 C. 高合金工具钢 D. 高碳钢

19. （ ）被认为是提高产品质量和生产率最有希望的刀具材料之一。

A. 金刚石 B. 陶瓷 C. 立方氮化硼 D. 高速钢

20. 刀具上切屑流过的平面称为（ ）。

A. 切削平面 B. 前面 C. 后面 D. 基面

21. （ ）担负主要的切削工作。

A. 刀尖 B. 前面 C. 主切削刃 D. 后面

22. 加工铸铁等脆性材料时，应选用（ ）类硬质合金。

A. P 类 B. K 类 C. M 类 D. 三者均可

23. 粗车 HT150 工件时，应选用牌号为（ ）的硬质合金刀具。

A. K10　　B. K01　　C. K30　　D. K20

24. 通过切削刃选定点，通过切削刃并垂直于基面的平面叫（　　）。

A. 切削平面　　B. 基面　　C. 正交平面　　D. 前面

25. 通过切削刃上某选定点，垂直于该点切削速度方向的平面叫（　　）。

A. 切削平面　　B. 基面　　C. 正交平面　　D. 前面

26. 主切削刃在基面上的投影与进给方向的夹角称为（　　）。

A. 刀尖角　　B. 主偏角　　C. 副偏角　　D. 刃倾角

27. 刀具的前面和基面之间的夹角是（　　）。

A. 楔角　　B. 刃倾角　　C. 前角　　D. 后角

28. 刀具的后角是后面与（　　）之间的夹角。

A. 前面　　B. 基面　　C. 切削平面　　D. 正交平面

29. 前角增大能使车刀（　　）。

A. 刃口锋利　　B. 切削费力　　C. 排屑不畅　　D. 增加强度

30. 偏刀一般是指主偏角（　　）90°的车刀。

A. 大于　　B. 等于　　C. 小于　　D. 不大于

31. 45°车刀的主偏角和（　　）都等于45°。

A. 楔角　　B. 刀尖角　　C. 副偏角　　D. 刃倾角

32. 车削（　　）材料时，车刀可选择较大的前角。

A. 软　　B. 硬　　C. 脆性　　D. 塑性

33. 减小（　　）可以减小工件的表面粗糙度值。

A. 主偏角　　B. 副偏角　　C. 刀尖角　　D. 刃倾角

34. 粗车一般钢材和铸铁时，应取负值的刃倾角，即 $\lambda_s=$（　　）。

A. −10°～−5°　　B. −5°～0°　　C. −15°～−10°　　D. −20°～−15°

35. 当工件刚性较差时，刃倾角 λ_s 应取（　　）。

A. +3°～+5°　　B. 0°～+3°　　C. −3°～0°　　D. +5°～+8°

36. 切削时，切屑排向工件已加工表面的车刀，这种车刀的刀尖位于主切削刃的（　　）点。

A. 最高　　B. 最低　　C. 任意　　D. 中

37. 切削时，切屑流向工件的待加工表面，此时刀尖强度（　　）。

A. 较好　　B. 较差　　C. 一般　　D. 不确定

38. 刃倾角是（　　）与基面之间的夹角。

A. 前面　　B. 主后面　　C. 主切削刃　　D. 切削平面

39. 车外圆时，切削速度计算式中的直径 D 是指（　　）直径。

A. 待加工表面　　B. 过渡表面　　C. 已加工表面　　D. 基面

40. 切削用量中（　　）对刀具磨损的影响最大。

A. 切削速度　　B. 背吃刀量　　C. 进给量　　D. 主轴转速

41. 粗车时为了提高生产率，选用切削用量时，应首先取较大的（　　）。

A. 背吃刀量　　B. 进给量　　C. 切削速度　　D. 主轴转速

42. 用高速钢刀具车削时，应降低（　　），保持车刀的锋利，减小表面粗糙度值。

A. 切削速度　　B. 进给量　　C. 背吃刀量　　D. 主轴转速

43. 切削中影响残留面积的主要因素是（　　）。

A. 进给量　　B. 切削速度　　C. 刀具的前角　　D. 主轴转速

44. 用硬质合金车刀精车时，为减小工件表面粗糙度值，应尽量提高（　　）。

A. 背吃刀量　　B. 进给量　　C. 切削速度　　D. 主轴转速

45. 车削过程中，工件每转一转，车刀沿进给方向移动的距离为（　　）。

A. 切削速度　　B. 进给量　　C. 背吃刀量　　D. 主轴转速

46. 钻削深孔时，应采用（　　）切削液。

A. 高黏度、大流量　　B. 高黏度、小流量

C. 低黏度、大流量　　D. 低黏度、小流量

47. 切削脆性金属产生（　　）切屑。

A. 带状　　B. 挤裂　　C. 崩碎　　D. 节状

48. 车削塑性金属材料时，容易形成（　　）。

A. 带状切屑　　B. 粒状切屑　　C. 崩碎切屑　　D. 节状切屑

49. 切削用量中，对断屑影响最大的是（　　）。

A. 切削速度　　B. 进给量　　C. 背吃刀量　　D. 主轴转速

50. 表面粗糙度的波距小于（　）mm。

A. 1　　B. 5　　C. 0.10　　D. 10

51. 通过测量所得的尺寸是（　　）

A. 极限尺寸　　B. 实际尺寸　　C. 公称尺寸　　D. 理想尺寸

52. 允许尺寸的变动量称为（　　）。

A. 公差　　B. 上极限偏差　　C. 下极限偏差　　D. 尺寸偏差

53. 一批轴孔配合的工件，如果孔的实际尺寸总是大于轴的实际尺寸的配合，称为（　　）

A. 过渡配合　　B. 过盈配合　　C. 间隙配合　　D. 一般配合

54. 机器中的配合应尽可能采用（　　）

A. 基孔制　　B. 基轴制　　C. 间隙配合　　D. 过盈配合

55. 在满足使用要求的前提下，应尽可能选择（　　）的公差等级。

A. 较低　　B. 较高　　C. 中等　　D. 三者都可以

56. 车刀的主偏角为（　　）时，它的刀头强度和散热性能最佳。

A. 45°　　B. 75℃　　C. 90°　　D. 60°

（三）计算题

1. 一工件毛坯直径为 ϕ100mm，现用一次进给车至直径为 ϕ94mm，计算其背吃刀量。

2. 车削直径为 ϕ100mm 的工件毛坯时，车床主轴转速为 300r/min，计算其切削速度。

3. 车削直径为 ϕ260mm 的工件毛坯时，工艺规定切削速度为 90m/min，试确定车床主轴转速。

4. 在车床上车削一毛坯直径为 ϕ40mm 的轴，要求一次进给车至直径为 ϕ35mm，如果选用切削速度 $v_c=110$m/min。求背吃刀量 a_p 及主轴转速 n。

5. 在车床上车削直径为 ϕ40mm 的轴，先用主轴转速 $n=600$r/min，如果用相同的切削

速度车削直径为 ϕ15mm 的轴，问：这时主轴转速为多少？

6. 将一工件外圆的直径从 ϕ80mm 一次进给车至 ϕ74mm，如果选用车床主轴转速为 400r/min，求切削速度。

7. 以 $v_c = 50\text{m/min}$ 的切削速度将一轴的直径从 ϕ50mm 一次进给车至直径为 ϕ45mm。试计算车床主轴转速 n 和背吃刀量 a_p。

（四）简答题

1. 卧式车床能加工哪些类型的工件？
2. 车床的润滑方式一般有哪几种？
3. 分别叙述车刀前角 γ_o 和后角 α_o 的定义和作用。
4. 车刀前角应根据什么原则来选择？
5. 切削液的主要作用是什么？
6. 切屑有哪几种类型？一般有哪几种形状？
7. 车刀主偏角对断屑有什么影响？
8. 何谓车削加工？
9. 机床型号一般应反映哪些内容？
10. 简述车床日常保养工作的内容。
11. 对刀具切削部分的材料有哪些要求？
12. 常用的车刀材料有哪几种？它们的用途有何区别？
13. 车刀在车削工件时，会在工件上形成哪三个表面？
14. 什么叫背吃刀量、进给量和切削速度？
15. 怎样合理选用切削液？
16. 用单动卡盘、自定心卡盘装夹轴类工件时，各有什么特点？分别适用于什么场合？

四、参考答案及解析

（一）判断题

1. ×	2. √	3. √	4. √	5. ×	6. √	7. ×	8. √	9. √
10. √	11. ×	12. √	13. √	14. ×	15. √	16. √	17. √	18. √
19. √	20. ×	21. √	22. ×	23. ×	24. √	25. √	26. √	27. √
28. ×	29. ×	30. √	31. √	32. ×	33. ×	34. √	35. √	36. √
37. √	38. √	39. ×	40. ×	41. ×	42. √	43. √	44. √	45. √
46. ×	47. ×	48. ×	49. ×	50. ×	51. ×	52. ×	53. ×	54. ×
55. ×	56. √	57. ×	58. ×	59. √	60. ×	61. ×	62. ×	63. ×
64. ×	65. ×	66. ×	67. ×	68. √	69. √	70. ×	71. √	72. ×
73. √	74. ×	75. ×	76. √	77. √	78. √	79. ×	80. ×	81. √
82. ×	83. ×	84. ×	85. √	86. ×	87. ×	88. √	89. ×	90. √
91. √	92. ×	93. √	94. ×	95. ×	96. ×	97. ×	98. √	99. ×
100. ×	101. ×	102. ×	103. √	104. ×	105. ×	106. ×	107. √	108. ×
109. ×	110. √	111. ×	112. ×	113. √	114. √	115. √	116. √	117. ×

（二）选择题

1. A	2. B	3. B	4. B	5. A	6. C	7. A	8. C	9. A	10. C
11. A	12. C	13. C	14. B	15. A	16. C	17. B	18. C	19. B	20. B
21. C	22. B	23. C	24. A	25. B	26. B	27. C	28. C	29. A	30. B
31. C	32. A	33. B	34. B	35. A	36. B	37. B	38. C	39. A	40. A
41. A	42. A	43. A	44. C	45. B	46. C	47. C	48. A	49. B	50. A
51. B	52. A	53. C	54. A	55. A	56. B				

（三）计算题

1. 解 $a_p=\frac{d_w-d_m}{2}=\frac{100\text{mm}-94\text{mm}}{2}=3\text{mm}$

答：背吃刀量为3mm。

2. 解 $v_c=\frac{\pi dn}{1000}=\frac{3.14\times100\text{mm}\times300\text{r/min}}{1000}=94.2\text{m/min}$

答：切削速度为94.2m/min。

3. 解 $n=\frac{1000\times v_c}{\pi d}=\frac{1000\times90\text{m/min}}{3.14\times260\text{mm}}=110\text{r/min}$

答：车床主轴转速应为110r/min。

4. 解　已知　$d_w=40\text{mm}$、$d_m=35\text{mm}$、$v_c=110\text{m/min}$

$$a_p=\frac{d_w-d_m}{2}=\frac{40\text{mm}-35\text{mm}}{2}=2.5\text{mm}$$

$$v_c=\frac{\pi d_w n}{1000}$$

$$n=\frac{1000\times v_c}{\pi d_w}=\frac{1000\times110\text{m/min}}{3.14\times40\text{mm}}=875.8\text{r/min}$$

答：背吃刀量 a_p 为2.5mm，主轴转速 n 为875.8r/min。

5. 解　已知　$d_{w1}=40\text{mm}$、$n_1=600\text{r/min}$、$d_{w2}=15\text{mm}$、$v_{c1}=v_{c2}$

$$v_{c1}=\frac{\pi d_1 n_1}{1000}=\frac{3.14\times40\text{mm}\times600\text{r/min}}{1000}=75.36\text{m/min}$$

$$v_{c2}=\frac{\pi d_2 n_2}{1000},\quad v_{c1}=v_{c2}$$

$$n_2=\frac{1000\times v_{c2}}{\pi d_{w2}}=\frac{1000\times v_{c1}}{\pi d_{w2}}=\frac{1000\times75.36\text{m/min}}{3.14\times15\text{mm}}=1600\text{r/min}$$

答：这时主轴转速为1600r/min。

6. 解　已知　$d_w=80\text{mm}$、$d_m=74\text{mm}$、$n=400\text{r/min}$

$$v_c=\frac{\pi d_w n}{1000}=\frac{3.14\times80\text{mm}\times400\text{r/min}}{1000}=100.5\text{m/min}$$

答：切削速度为100.5m/min。

7. 解　已知　$v_c=50\text{m/min}$、$d_w=50\text{mm}$、$d_m=45\text{mm}$

$$n=\frac{1000\times v_c}{\pi d_w}=\frac{1000\times 50\text{m/min}}{3.14\times 50\text{mm}}=318\text{r/min}$$

$$a_p=\frac{d_w-d_m}{2}=\frac{50\text{mm}-45\text{mm}}{2}=2.5\text{mm}$$

答：车床主轴转速为 318r/min，背吃刀量为 2.5mm。

（四）简答题

1. 答：卧式车床是最常用的一种车床，其工艺范围很广，能进行多种表面的加工，如车外圆、车端面、钻孔、车孔、铰孔、滚花、车沟槽、切断、车圆锥面、车成形面、车螺纹、攻螺纹、套螺纹、外圆滚压、内孔滚压、旋风车螺纹、同轴靠模车削、仿形车削、绕弹簧等。

2. 答：车床的润滑方式有：①浇油润滑；②溅油润滑；③油绳润滑；④弹子油杯润滑；⑤黄油（油脂）杯润滑；⑥油泵循环润滑。

3. 答：前角 γ_o 是在正交平面 p_o 内，前面 A_r 与基面 P_r 间的夹角。后角 α_o 是在正交平面 P_o 内，后面 A_α 与切削平面 P_s 间的夹角。前角 γ_o 直接影响切削变形、切削力和刀具强度。增大前角 γ_o 能使切削刃锋利，切削轻快，减少功率消耗，切屑变形小，从而减少切削力和切削热的产生。若前角 γ_o 太大，则会使切削刃强度降低，在车削过程中容易产生崩刃。后角 α_o 的作用主要是减少车刀主后面与工件加工表面之间的摩擦，影响刀具磨损。增大后角可以减少摩擦，减少切削热，使切削轻快。但若后角过大，则刀具强度下降，容易崩刃。

4. 答：①车削塑性金属时可取较大的前角；车削脆性金属时应取较小的前角。工件材料软，可选择较大的前角；工件材料硬，应选较小的前角；②粗加工，尤其是车削有硬皮的铸、锻件时，应取较小的前角；精加工时，为减小工件表面粗糙度值，一般应取较大的前角；③车刀材料的强度、韧性较差，前角应取小些；反之，前角可取得较大。

5. 答：切削液主要用来降低切削温度和减少摩擦。此外，还有冲去切屑的清洗作用，从而延长刀具的使用寿命和提高切削表面的质量。

6. 答：切屑有四种类型：带状切屑、挤裂切屑、粒状切屑、崩碎切屑。

切屑的形状一般有带状、C 形、崩碎形、螺卷形、长螺卷形、发条状和宝塔状。

7. 答：主偏角对断屑有较明显的影响，因为主偏角影响切屑厚度和切屑宽度，在进给量和背吃刀量已选定的条件下，主偏角越小则切屑厚度越小，切屑宽度越大，切屑越不易折断。反之，主偏角越大，越容易断屑。因此，在相同的切削条件下，选用较大主偏角对断屑有利。

8. 答：工件旋转作主运动，车刀做进给运动的切削加工方法称为车削。

9. 答：机床型号必须反映出机床的类别、结构特征和主要技术规格。

10. 答：车床日常保养的主要内容有：

（1）外保养　①清洗机床外表面及各罩盖，保持内外清洁，无锈蚀，无油污；②清洗长丝杠、光杠和操纵杆；③检查并补齐螺钉、手柄等，检查清洗机床附件。

（2）主轴箱　①清洗过滤器，使其无杂物；②检查主轴螺母有无松动，紧固螺钉是否锁紧；③调整摩擦片间隙及制动器的松紧。

（3）溜板箱　①拆卸刀架，调整中、小滑板镶条间隙；②清洗并调整中、小滑板丝杠螺母的间隙。

（4）交换齿轮箱　①清洗齿轮、轴套并注入新油脂；②调整各齿轮啮合间隙；③检查轴套有无晃动现象。

（5）尾座　清洗尾座，保持内外清洁。

（6）冷却润滑系统　①清洗冷却泵、过滤器、盛液盘，清除贮液箱杂物；②清洗油绳、油毡，保证油孔、油路清洁畅通；③检查油质是否良好，油杯要齐全，油窗应明亮。

（7）电器部分　①清扫电动机、电器箱；②电器装置应固定完好，并保持清洁整齐。

11. 答：对刀具材料提出的基本要求：①硬度高、耐磨损；②强度高、抗弯曲；③韧性好、耐冲击；④耐热性好；⑤经济性好；⑥磨削性能好；⑦热塑性好。

12. 答：常用的刀具材料有高速钢和硬质合金两类。高速钢刀具制造简单，刃磨方便，磨出的刀具刃口锋利，而且韧性比硬质合金高，能承受较大的冲击力，因此常用于承受冲击力较大的场合。高速钢也常作为小型车刀、梯形螺纹精车刀以及成形刀具的材料。但高速钢的耐热性较差，因此不能用于高速切削。硬质合金的耐热性好，硬度高，耐磨性也很好，因此可选用比高速钢刀具高几倍甚至几十倍的切削速度，并能切削高速钢刀具无法切削的难加工材料。硬质合金的缺点是韧性较差、较脆、怕冲击，但这一缺陷可通过刃磨合理的刀具角度来弥补，所以硬质合金是目前应用最广泛的一种刀具材料。

13. 答：在车削工件时，车刀在工件上形成了三个表面：已加工表面、过渡表面和待加工表面。已加工表面指已经切去多余金属而形成的新表面。待加工表面指即将被切去金属层的表面。过渡表面指车刀切削刃正在车削的表面，它是已加工表面和待加工表面之间的过渡表面。

14. 答：工件上已加工表面与待加工表面之间的垂直距离叫背吃刀量。工件每转一转，车刀沿进给方向移动的距离叫进给量。切削速度是主运动的线速度。

15. 答：切削液应根据加工性质选用。如粗加工时应选用以冷却为主的乳化液；精加工时最好选用切削油或高含量的乳化液；钻削、铰削和深孔加工时，应选用黏度较小的乳化液和切削油，并加大流量和压力，一方面冷却、润滑，另一方面把切屑冲洗出来。此外，切削液还应根据工件材料选用，如钢件粗加工一般用乳化液，精加工用切削油；铸铁等脆性材料一般不加切削液；切削非铁金属时，不宜采用含硫的切削液，以免腐蚀工件。

16. 答：单动卡盘夹紧力大，但找正比较费时，所以适用于装夹大型或形状不规则的工件。自定心卡盘能自动定心，不需花很多时间去找正工件，装夹效率比单动卡盘高，但夹紧力没有单动卡盘大。自定心卡盘适用于装夹大批量的中小型形状规则工件。

理论知识模块 2　相关工种基础知识

一、考核范围（图 2-2）

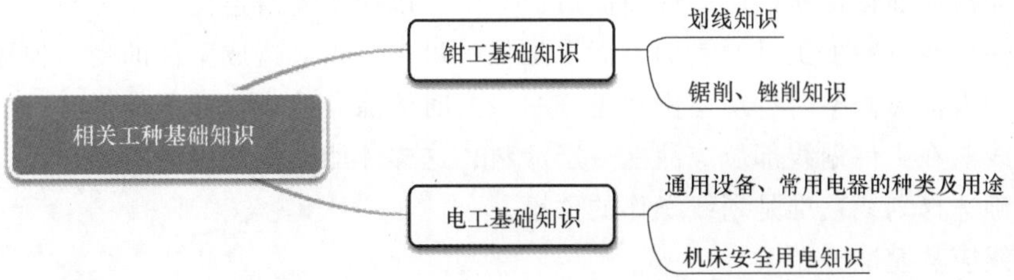

图 2-2　考核范围

二、考核要点详解（表 2-2）

表 2-2　考核要点

序号	考核要点
1	划线的基本知识
2	锯条的选用
3	锯削方法
4	锉刀的种类及选用
5	锉削方法及锉削时常见的缺陷
6	电动机的分类及参数
7	常用电器元件的结构和功能
8	车间、机床安全用电知识

三、练习题

（一）判断题（对的画“√”，错的画“×”）

1. 锯条粗细应根据工件材料性质及锯削面宽窄来选择。（　　）
2. 锯条有了锯路，使工件上锯缝宽度大于锯条背部厚度。（　　）
3. 起锯时，起锯角愈小愈好。（　　）
4. 起锯角太小，锯齿不易切入，锯条易滑动而锯伤工件表面。（　　）
5. 所锯工件材料过硬，锯条易折断。（　　）
6. 推锯速度过快，锯条易磨损。（　　）
7. 单锉纹锉刀用以锉削软材料为宜。（　　）
8. 细齿锉刀能达到的尺寸精度在 0.05~0.1mm 之间。（　　）
9. 锉削时由于锉刀两端伸出工件的长度随时都在变化，因此两手对锉刀的压力大小也必须随着变化。（　　）
10. 锉削过程中，两手对锉刀压力的大小应保持不变。（　　）
11. 顺向锉法可使锉削平面得到正直的锉痕，比较整齐美观。（　　）
12. 交叉锉能使平面容易锉平，适用于精加工。（　　）
13. 当锉削外圆弧面时，应先横着圆弧锉进行粗加工，后顺着圆弧锉进行精加工。（　　）
14. 平面与曲面连接时，应先锉平面后锉曲面，以便于光滑连接。（　　）
15. 平面与曲面连接时，应先锉曲面后锉平面，以便于光滑连接。（　　）
16. 若夹持在已精加工过的表面上而未加保护衬垫，则会造成工件的变形损坏。（　　）
17. 用细齿锉刀修整时，切屑嵌在齿缝中未及时清除会造成尺寸不准。（　　）
18. 划线前在工件划线部位应涂上一层涂料，这样才能使划线更清晰。（　　）
19. 正确选择划线基准是划线操作的关键。（　　）
20. 划线应从基准开始。（　　）
21. 在加工过的工件上划线，应以加工过的表面作划线基准。（　　）

22. 在划线前，应分析图样，了解工件的加工部位和要求，选择好划线基准。（　）

23. 找正就是利用划线工具，使工件上有关的表面处于合理的位置。（　）

24. 在工件划线部位，应涂上蓝油。（　）

25. 较大工件划线在调整时应用起重设备吊置，并在工件下面准备好垫铁等以保证安全。（　）

26. 划线时看清楚图样，了解工件上需要划线的部位，选定划线基准后就可以划线了。（　）

27. 划线时必须要检查毛坯的误差情况。（　）

28. 划线完成后要检查划线的准确性以及是否有线条漏划。（　）

29. 划线完成后要在线条上打样冲眼，使划线清晰。（　）

30. 用手锯对材料或工件进行分割或切槽等的加工方法叫锯削。（　）

31. 固定式锯弓只能安装一种长度的锯条。（　）

32. 可调节式锯弓通过调整可以安装几种长度的锯条。（　）

33. 锯条上的锯缝宽度大于锯条背的厚度，锯削时锯条不会被卡住，但增加了锯条与锯缝的摩擦阻力。（　）

34. 粗齿锯条的容屑槽大，不至于产生堵塞而影响切削效率。（　）

35. 采用远起锯时，因为锯齿是逐步切入材料，锯齿不易被卡住，起锯比较方便。（　）

36. 电动机外壳的不同防护形式可分为开启式、防护式、封闭式及全封闭式。（　）

37. 电动机按电源相数可分为三相和单相两类。（　）

38. 低压断路器具有操作安全、使用方便、工作可靠、安装简单、动作值可调、分断能力强、兼顾多种保护功能等优点，但动作后需要更换元件。（　）

39. 低压断路器的额定工作电压小于电路额定电压。（　）

40. 熔断器是电路系统中的保护电器。在使用时，熔断器并联在被保护的电路中。（　）

41. 熔断器的电流达到或超过了某一规定值，以其自身产生的热量使熔体熔断而自动切断电路，起到保护作用。（　）

42. 容量较小的照明电路或电动机的简易保护，可采用半封闭式熔断器。（　）

43. 对短路电流相当大或有易燃气体的地方，应采用有填料封闭式熔断器。（　）

44. 接触器是用来频繁控制接通或断开主电路及大容量控制电路的自动控制电器。（　）

45. 接触器不仅能控制电路通断，还具有欠电压保护和零电压保护功能，并且具有操作频率高、工作可靠、性能稳定、使用寿命长、维护方便等优点。（　）

46. 继电器是一种根据电量或非电量（如电压、电流、转速、时间、温度等）的变化，接通或断开控制电路，实现自动控制并保护电力拖动装置的电器。（　）

47. 电磁式继电器广泛应用于电力拖动系统中，起控制、放大、保护与调节的作用，以实现控制过程的自动化。（　）

48. 中间继电器是将一个输出信号变成一个或多个输入信号的继电器。（　）

49. 电流继电器是根据电流值的大小而动作的继电器。（　）

50. 热继电器是利用电流的热效应来推动动作机构使触点系统闭合或分断的保护电器，主要用于电动机的过载保护、断相等保护。（ ）

51. 双金属片式热继电器的基本结构由加热元件、主双金属片、动作机构、触点系统、电流整定装置、复位机构和温度补偿元件等组成。（ ）

52. 按钮是一种手动操作接通或分断小电流控制电路的主令电器，直接用它控制主电路的通断。（ ）

53. 行程开关用来限制机械运动的位置或行程，使运动机械按一定位置或行程自动停止、反向运动、变速运动或自动往返运动等。（ ）

54. 车间内的电气设备，任何人都可以移动。（ ）

55. 配电箱、配电板等导线有破损或将带电部分裸露出来的可以用胶布包裹起来。（ ）

56. 电气设备的外壳应按有关安全规程进行防护性接地或接零。（ ）

57. 检修中机器的电气设备可以使用。（ ）

58. 工作台上、机床上使用的局部照明灯的电压不得超过48V。（ ）

59. 发生电气火灾时，应立即使用泡沫灭火器灭火。（ ）

（二）选择题（将正确答案的序号填入括号内）

1. 锯削软材料和锯削面较大的工件时，应选择（ ）锯条。

A. 粗齿 B. 中齿 C. 细齿 D. 极细齿

2. 锯削管子和薄板料时，应选择（ ）锯条。

A. 粗齿 B. 中齿 C. 细齿 D. 极细齿

3. 锯削时的锯削速度以每分钟往复（ ）为宜。

A. 20~40次 B. 40~50次 C. 50~60次 D. 60~70次

4. 锯削时一般往复长度不应小于锯条长度的（ ）。

A. 1/2 B. 1/3 C. 1/4 D. 2/3

5. 锯削时，造成锯缝歪斜的原因，下列说法不正确的是（ ）。

A. 锯条安装时过松或扭曲 B. 工件夹持不准

C. 推锯速度过快 D. 锯齿一侧遇硬物易磨损

6. 锯削时，造成锯条折断的原因，下列说法不正确的是（ ）。

A 锯条安装时松紧不当 B. 工件夹持不牢

C. 锯缝已歪斜而纠正过急 D. 所锯工件材料过硬

7. 锉刀断面形状的选择取决于工件（ ）。

A. 锉削表面形状 B. 锉削表面大小

C. 工件材料硬度 D. 工件加工余量

8. 锉刀长度规格的选择取决于工件（ ）。

A. 锉削表面形状 B. 锉削表面大小 C. 工件材料硬度 D. 工件加工余量

9. 在锉削窄长平面和修整尺寸时，可选用（ ）。

A. 推锉法 B. 顺向锉法 C. 交叉锉法 D. 点锉法

10. 当锉削余量较多时可先采用（ ）。

A. 推锉法 B. 顺向锉法 C. 交叉锉法 D. 点锉法

11. 选择工件所有锉削面中最大的平面最先加工，因为它是锉削其他面的（　　）。
A. 设计基准　　B. 定位基准　　C. 安装基准　　D. 测量基准
12. 选择工件所有锉削面中最大的平面最先加工，是因为锉削其他面时便于（　　）。
A. 加工　　B. 定位　　C. 夹紧　　D. 测量
13. 锉削时，造成尺寸和形状不准的原因下列说法不正确的是（　　）。
A. 锉时未用量具经常检查　　B. 锉前未检查划线的正确性
C. 精锉余量太少　　D. 握锉、运锉不稳
14. 锉削时，造成表面粗糙的原因下列说法正确的是（　　）。
A. 锉时未用量具经常检查　　B. 锉前未检查划线的正确性
C. 精锉余量太少　　D. 握锉、运锉不稳
15. 划线时，用来确定工件上其他点、线、面位置的依据，称为（　　）。
A. 设计基准　　B. 测量基准　　C. 划线基准　　D. 装配基准
16. 电动机转子的结构形式可分为（　　）和绕线转子两类。
A. 梯形　　B. 盒形　　C. 三角形　　D. 笼形
17. 低压断路器的额定电流（　　）电路计算负载电流。
A. 大于或等于　　B. 小于或等于　　C. 大于　　D. 小于
18. 电磁脱扣器的瞬时脱扣整定电流（　　）负载电路正常工作时的峰值电流。
A. 大于或等于　　B. 小于或等于　　C. 大于　　D. 小于
19. 熔断器的额定电压必须（　　）电路的额定电压。
A. 大于或等于　　B. 小于或等于　　C. 大于　　D. 小于
20. 熔断器的额定电流必须（　　）所装熔体的额定电流。
A. 大于或等于　　B. 小于或等于　　C. 大于　　D. 小于
21. 熔断器的分断能力应（　　）电路可能出现的最大短路电流。
A. 大于或等于　　B. 小于或等于　　C. 大于　　D. 小于
22.（　　）就是利用划线工具，使工件上有关的表面处于合理的位置。
A. 吊线　　B. 拉线　　C. 找正　　D. 借料
23. 在划线前，应分析图样了解工件的加工部位和要求，选择好（　　）。
A. 划线工具　　B. 划线量具　　C. 划线平板　　D. 划线基准

四、参考答案及解析

（一）判断题

1. √　2. √　3. ×　4. √　5. ×　6. √　7. √　8. ×　9. √
10. ×　11. √　12. ×　13. √　14. √　15. ×　16. √　17. ×　18. √
19. √　20. √　21. √　22. √　23. √　24. ×　25. √　26. ×　27. √
28. √　29. √　30. √　31. √　32. √　33. ×　34. √　35. √　36. √
37. √　38. ×　39. ×　40. ×　41. √　42. √　43. √　44. √　45. √
46. √　47. √　48. ×　49. √　50. √　51. √　52. ×　53. √　54. ×
55. ×　56. √　57. ×　58. √　59. ×

（二）选择题

1. A　2. C　3. A　4. D　5. C　6. D　7. A　8. B　9. A
10. C　11. D　12. D　13. C　14. C　15. C　16. D　17. A　18. C
19. A　20. A　21. C　22. C　23. D

理论知识模块 3　轴类工件加工

一、考核范围（图 2-3）

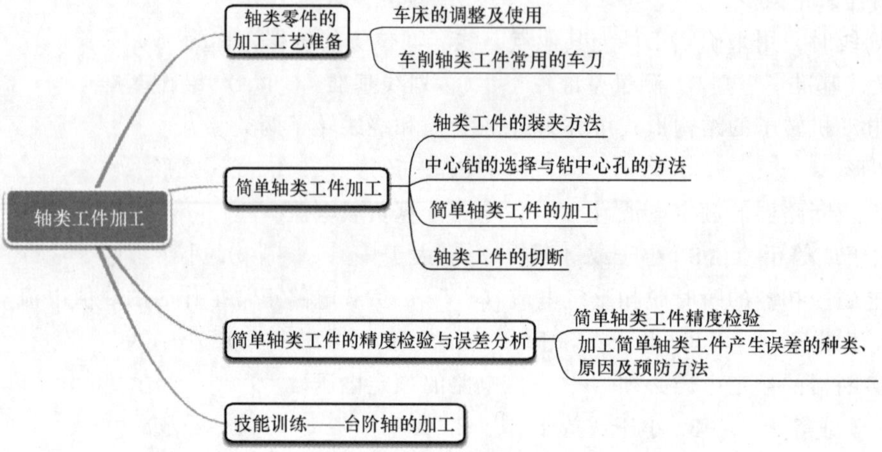

图 2-3　考核范围

二、考核要点详解（表 2-3）

表 2-3　考核要点

序号	考 核 要 点
1	车床的调整与使用
2	车削外圆常用的车刀
3	切断刀的几何参数
4	切断时切削用量的选择
5	轴类工件的装夹与调整
6	中心钻的类型与钻中心孔的方法
7	控制台阶长度的方法
8	轴类工件的精度检验与误差分析

三、练习题

（一）判断题（对的画“√”，错的画“×”）

1. 90°车刀（偏刀），主要用来车削工件的外圆、端面和台阶。（　）

2. 45°车刀常用于车削工件的端面和45°倒角，也可以用来车削外圆。（　）

3. 车外圆时，若车刀刀尖装得低于工件轴线，则会使前角增大，后角减小。（　）

4. 沿车床床身导轨方向的进给量称横向进给量。（　）

5. 使用硬质合金刀具切削时，如用切削液，必须一开始就连续充分地浇注，否则，硬质合金刀片会因骤冷而产生裂纹。（　）

6. 在车床上，工件的定位和夹紧是同一个过程。（　）

7. 车削短轴时可直接用卡盘装夹。（　）

8. 一夹一顶装夹，适用于工序较多、精度较高的工件。（　）

9. 两顶尖装夹适用于装夹重型轴类工件。（　）

10. 两顶尖装夹粗车工件，由于支承点是顶尖，接触面积小，不能承受较大的切削力，所以该方法不好。（　）

11. 用卡盘装夹工件，夹紧力大，可提高切削用量，装夹和测量方便，能提高生产效率。（　）

12. 中心孔是轴类工件的定位基准。（　）

13. 中心孔根据工件的直径（或工件的重量），按国家标准来选用。（　）

14. 中心孔上有形状误差，不会直接反映到工件的回转表面。（　）

15. 轴类工件各回转表面的形状精度和位置精度，全靠中心孔的定位精度保证。（　）

16. 钻中心孔时不宜选择较高的机床转速。（　）

17. 中心孔钻得过深，会使中心孔磨损加快。（　）

18. 用两顶尖装夹车光轴，经测量尾座端直径尺寸比床头端大，这时应将尾座向操作者方向调整一定的距离。（　）

19. 用两顶尖装夹圆度要求较高的轴类工件，如果前顶尖跳动，车出的工件会产生圆度误差。（　）

20. 用两顶尖装夹光轴，车出工件的尺寸在全长上有0.1mm的锥度，在调整尾座时，将尾座按正确方向移动0.05mm即可满足要求。（　）

21. 车外圆时，如果毛坯在直径方向上余量不均匀，车一刀后测量外圆时会出现圆柱度超差。（　）

22. 车床主轴与轴承间隙过大，车削工件时会产生圆柱度误差。（　）

23. 车床主轴前顶尖跳动，车外圆时，会产生圆柱度误差。（　）

24. 车削较长的轴时，由于工件刚性不好，车出的工件会产生圆柱度误差。（　）

25. 车外圆时，圆柱度达不到要求的原因之一是车刀材料耐磨性差。（　）

26. 车外圆装夹车刀时，刀尖低于工件轴线，这时车刀的主偏角增大，副偏角减小。（　）

27. 车外圆时，车刀刀杆的中心线与进给量方向不垂直，这时车刀的前角和后角的数值都发生变化。（　）

28. 精车时，必须保证床鞍、中滑板、小滑板包括刀架无间隙、无松动现象，这样才能使背吃刀量稳定可靠，以控制轴向尺寸精度。（　）

29. 车床中滑板刻度盘每转过一格，中滑板移动0.05mm，有一工件试切后尺寸比图样小0.2mm，这时应将中滑板向相反方向转过2格，就能将工件车到图样要求。（　）

30. 车床中滑板刻度盘设置的背吃刀量是工件余量的 2 倍。（　）
31. 用高速钢切断刀切断中碳钢时，前角应比切断铸铁时的前角大一些。（　）
32. 用高速钢切断刀切实心工件时，切入深度应等于工件半径。（　）
33. 高速钢切断刀的主切削刃宽度与工件的直径成正比。（　）
34. 横向切削时，背吃刀量等于切断刀的主切削刃宽度。（　）
35. 外圆沟槽的槽深不等于它的切入深度。（　）

36. 切断刀以横向进给为主，因此主偏角等于 180°。（　）
37. 切断实心工件时，切断刀的刀头长度应比工件半径长 2~3mm。（　）
38. 切断实心工件时，切断刀必须装得跟工件轴线等高。（　）
39. 切断刀的前角大，切断工件时容易产生扎刀现象。（　）
40. 切断刀的前角大，切断工件时容易产生振动。（　）
41. 切断时，切断刀的刀头宽度和切入深度相等。（　）
42. 切断直径相同的棒料和套，都应当选择刀头宽度相同的切断刀。
43. 可以在两顶尖装夹的情况下切断工件。（　）
44. 用硬质合金切断刀切断工件时，由于选用较高的切削速度，所以进给量应取小一些。（　）
45. 用硬质合金切断刀切断中碳钢时，不允许使用切削液以免刀片产生裂纹。（　）
46. 硬质合金切断刀可以采用较低的切削速度和较小的进给量。（　）
47. 高速钢切断刀进给量要选大一些，硬质合金切断刀的进给量要选小一些。（　）
48. 当在一次装夹中加工完工件的外圆和一侧断面时，可以用车好的外圆和端面作为定位基准来装夹工件。（　）
49. 软卡爪装夹是以外圆为定位基准车削工件的。（　）
50. 若工件需多次调头装夹车削，采用一夹一顶装夹比两顶尖装夹更容易保证加工精度。（　）
51. 两顶尖车削工件也可以加工一些较重的工件。（　）
52. 导轨的端面装有用细毛毡制成的刮板，当床鞍运动时，刮板将落在床身导轨表面上的切屑、灰尘等杂物刮掉，不使杂物侵入导轨表面之间，以减少导轨的磨损。（　）
53. 拧动中滑板镶条前后端的调整螺钉，车床就可调整镶条在横刀架内的位置，从而实现间隙的调整。（　）
54. 使用中心架或跟刀架时，必须调好中心，并有良好的润滑和支承接触面。（　）
55. 副切削刃应磨有负倒棱，其宽度为（0.5~0.8）f，$\gamma_{o1}=-5°$，以增强切削刃强度。（　）
56. 切断刀刀槽下面有圆弧形（鱼肚形）加强筋，用来增加刀杆的强度。（　）

（二）选择题（将正确答案的序号填入括号内）

1. 小锥度心轴的锥度一般为（　）。

A. 1∶5000~1∶1000　　B. 1∶5~1∶4　　C. 1∶20　　D. 1∶16

2. 工件夹紧时，夹紧力的确定包括（　）。

A. 夹紧力的形式、夹紧力的方向、夹紧力作用点

B. 夹紧力的形式、夹紧力的大小、夹紧力作用点

C. 夹紧力的大小、夹紧力的方向、夹紧力作用点

D. 夹紧力的大小、夹紧力的方向、夹紧力的形式

3. 同轴度要求较高，工序较多的长轴用（　　）装夹较合适。

A. 单动卡盘　　B. 自定心卡盘　　C. 两顶尖　　D. 偏心

4. 用卡盘装夹悬臂较长的轴，容易产生（　　）误差。

A. 圆度　　B. 圆柱度　　C. 直线度　　D. 同轴度

5. 用一夹一顶装夹工件时，若后顶尖轴线不在车床主轴轴线上，会产生（　　）。

A. 振动　　B. 锥度

C. 表面粗糙度达不到要求　　D. 工件松动

6. 车削重型轴类工件，应当选择（　　）的中心孔。

A. 60°　　B. 75°　　C. 90°　　D. 120°

7. 精度要求较高，工序较多的轴类工件，中心孔应选用（　　）型。

A. A　　B. B　　C. C　　D. R

8. 中心孔在各工序中（　　）。

A. 能重复使用，其定位精度不变　　B. 不能重复使用

C. 能重复使用，但其定位精度发生变化　　D. 单独使用

9. 钻中心孔时，如果（　　）就不易使中心钻折断。

A. 主轴转速较高　　B. 工件端面不平

C. 进给量较大　　D. 进给力大

10. 车外圆时，圆度达不到要求，是由于（　　）造成的。

A. 主轴间隙大　　B. 操作者马虎大意

C. 进给量大　　D. 切削速度低

11. 车刀刀尖高于工件轴线，车外圆时工件会产生（　　）。

A. 加工面素线不直　　B. 圆度误差

C. 加工表面粗糙度值大　　D. 弧度

12. 用右偏刀从外缘向中心进给车端面时，若床鞍没紧固，车出的表面会出现（　　）。

A. 波纹　　B. 凸面　　C. 凹面　　D. 折线

13. 切断刀的主偏角为（　　）。

A. 90°　　B. 100°　　C. 80°　　D. 75°

14. 切断实心工件时，切断刀主切削刃必须装得（　　）工件轴线。

A. 高于　　B. 等高于　　C. 低于　　D. 不低于

15. 在切断工件时，切断刀切削刃装得低于工件轴线，使前角（　　）。

A. 增大　　B. 减小　　C. 不变　　D. 变负值

16. 为了使切断时排屑顺利，切断刀卷屑槽的长度必须（　　）切入深度。

A. 大于　　B. 等于　　C. 小于　　D. 不小于

17. 切断刀的前角取决于（　　）。

A. 工件材料　　B. 工件直径　　C. 刀宽　　D. 刀厚

18. 切断时的背吃刀量等于（　　）。

A. 直径的一半　　B. 刀头宽度　　C. 刀头长度　　D. 工件半径

19. 切断时的切削速度按（　　）计算。

A. 被切工件的外径　B. 平均直径　C. 瞬时直径　D. 主轴转速

20. 切断时为避免扎刀可采用（　　）切断刀。

A. 小前角　B. 大前角　C. 小后角　D. 大后角

21. 硬质合金切断刀在主切削刃两边倒角的主要目的是（　　）。

A. 排屑顺利　B. 增加刀头强度

C. 使工件侧面表面粗糙度值小　D. 美观

22. 切断时，防止产生振动的措施是（　　）。

A. 增大前角　B. 减小前角

C. 增加刀头宽度　D. 增大后角

23. 切断刀折断的主要原因是（　　）。

A. 刀头宽度太宽　B. 副偏角和副后角太大

C. 切削速度高　D. 工件直径小

24. 用硬质合金切断刀切钢料工件时的切削速度一般取（　　）m/min。

A. 15~25　B. 30~40　C. 80~120　D. 40~70

25. 弹性切断刀的优点是（　　）。

A. 可以防振　B. 避免扎刀

C. 可以提高生产率　D. 不会折断

26. 反切断刀适用于切断（　　）。

A. 硬材料　B. 大直径工件　C. 细长轴　D. 套类工件

27. 车端面直槽时，车刀左侧面后角应磨成（　　）。

A. 弧形　B. 直线　C. 曲线　D. 折线

28. 用百分表检验工件的径向圆跳动时，百分表的（　　）就是径向圆跳动误差。

A. 读数差　B. 读数差的 1/2

C. 读数差的 2 倍　D. 读数差的 3 倍

29. 用百分表检验工件端面对轴线的垂直度时，若轴向圆跳动量为零，则垂直度误差（　　）。

A. 为零　B. 不为零　C. 不一定为零　D. 不确定

30. 外圆车刀中，常用的主偏角为（　　）。

A. 10°、30°、60°　B. 45°、75°、90°

C. 30°、60°、90°　D. 60°、90°、120°

31. （　　）常用于车削工件的端面和进行 45°倒角。

A. 45°车刀　B. 75°车刀　C. 90°车刀　D. 螺纹车刀

32. 切断刀的切削刃宽度取决于（　　）。

A　工件材料　B. 工件直径　C. 刀宽　D. 切削速度

33. 用硬质合金切断刀切钢料工件时的进给量一般取（　　）mm/r。

A. 0.05~0.1　B. 0.1~0.2　C. 0.15~0.25　D. 0.25~0.3

34. 切断工件时，进给量（　　）容易导致切断刀折断。

A. 太小　B. 中等　C. 太大　D. 任意

35. 硬质合金切断刀的两个副偏角均为（　　）。

A. 1°~1.5°　　B. 1.5°~3°　　C. 3°~4°　　D. 4°~5°

36. 切断刀有（　　）个刀面。

A. 2　　B. 3　　C. 4　　D. 5

37. 在切断刀的主切削刃中间磨圆弧半径为（　　）mm 左右的凹槽来消除振动。

A. $R0.3$　　B. $R0.4$　　C. $R0.5$　　D. $R0.6$

38. 用高速钢切断刀切断中碳钢工件时，前角应取（　　）。

A. -10°~ 0°　　B. 0°~15°　　C. 20°~30°　　D. 30°~ 45°

39. 切断刀可分为（　　）种。

A. 1　　B. 2　　C. 3　　D. 4

（三）计算题

1. 已知工件毛坯直径为 ϕ70mm，选用背吃刀量为 2.5mm，问：一次进给后，车出的工件直径是多少？

2. 如图 2-4 所示工件，用 45°车刀车端面，将直径为 ϕ80mm、长为 60mm 的毛坯，一次进给车至 55mm 长，切削速度选为 80m/min。求车端面时的背吃刀量和主轴转速。

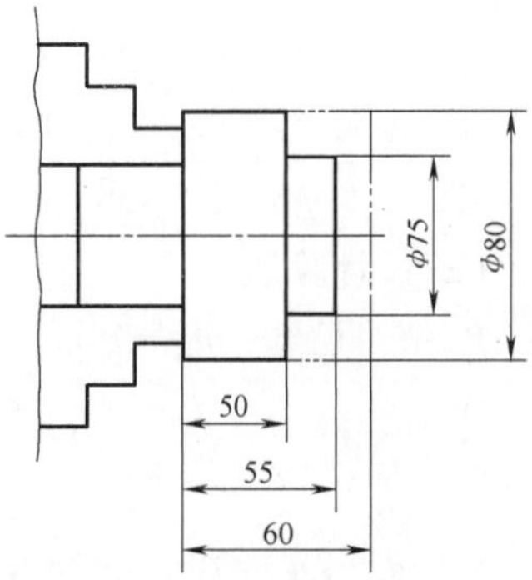

图　2-4

3. 如图 2-1 所示，偏刀车削台阶，外圆直径由 ϕ80mm 一次进给车至 ϕ75mm，长度由 55mm 车至 50mm，主轴转速选为 80r/min。求车台阶时的背吃刀量和切削速度。

4. 切断一直径为 ϕ49mm 的实心轴，试计算切断刀的主切削刃宽度 b_0 和刀头长度 l_0。

5. 切断一外径为 ϕ64mm，孔径为 ϕ54mm 的工件。试计算切断刀的主切削刃宽度 b_0 和刀头长度 l_0。

6. 用高速钢切断刀切断直径为 ϕ100mm 的棒料，试计算该切断刀的刀头宽度和刀头长度，如果切削速度选为 35m/min，求机床转速。

7. 已知车床中滑板丝杠螺距为 5mm，刻度盘圆周等分 100 格，试计算：

（1）当摇手柄转过 1 格时，车刀移动了多少？

（2）若刻度盘转过 20 格，相当于将工件直径车小了多少？

（3）若将工件直径从 ϕ75mm 一次进给车削到直径 ϕ65mm，刻度盘应转过几格？

8. 车床中滑板刻度盘每转过一格，中滑板的移动量为 0.05mm，求工件尺寸由直径为 ϕ68.4mm，车至直径为 ϕ68mm，中滑板刻度盘需要转过多少格？

（四）简答题

1. 用两顶尖和一夹一顶装夹轴类工件，有什么特点，分别适用于什么场合？

2. 简介中心孔的作用和类型，这些类型各用在什么场合？

3. 中心钻折断的原因主要有哪些？

4. 车削轴类工件时，由于车刀的哪些原因，而使表面粗糙度达不到要求？

5. 造成切断刀折断的原因有哪些？

四、参考答案及解析

（一）判断题

1. √ 2. √ 3. × 4. × 5. √ 6. × 7. √ 8. × 9. ×
10. √ 11. √ 12. √ 13. √ 14. × 15. √ 16. × 17. √ 18. √
19. √ 20. √ 21. × 22. × 23. × 24. √ 25. √ 26. × 27. ×
28. × 29. × 30. × 31. × 32. √ 33. √ 34. √ 35. √ 36. ×
37. √ 38. √ 39. √ 40. × 41. √ 42. √ 43. × 44. × 45. ×
46. × 47. × 48. √ 49. √ 50. × 51. × 52. √ 53. √ 54. √
55. × 56. √

（二）选择题

1. A 2. C 3. C 4. B 5. B 6. C 7. B 8. A 9. A
10. A 11. C 12. C 13. A 14. B 15. B 16. A 17. A 18. B
19. A 20. A 21. A 22. A 23. B 24. C 25. B 26. B 27. A
28. A 29. C 30. B 31. A 32. B 33. B 34. C 35. A 36. C
37. C 38. C 39. B

（三）计算题

1. 解　已知　$d_w=70\text{mm}$、$a_p=2.5\text{mm}$

$$a_p=\frac{d_w-d_m}{2}$$

$$d_m=d_w-2a_p=70\text{mm}-2\times2.5\text{mm}=65\text{mm}$$

答：一次进给后，车出的工件直径是65mm。

2. 解　已知　$v_c=80\text{m/min}$、$d_w=80\text{mm}$、$l_1=60\text{mm}$、$l_2=55\text{mm}$

$$a_p=l_1-l_2=60\text{mm}-55\text{mm}=5\text{mm}$$

$$n=\frac{1000v_c}{\pi d_w}=\frac{1000\times80\text{m/min}}{3.14\times80\text{mm}}$$

$$=318.5\text{r/min}$$

答：车端面时的背吃刀量为5mm；主轴转速为318.5r/min。

3. 解 $d_w=80\text{mm}$　$d_m=75\text{mm}$　$l_1=55\text{mm}$　$L_2=50\text{mm}$　$n=80\text{r/min}$

$$a_p=\frac{d_w-d_m}{2}=\frac{80\text{mm}-75\text{mm}}{2}=2.5\text{mm}$$

$$v_c=\frac{\pi d_w n}{1000}=\frac{3.14\times80\text{mm}\times80\text{r/min}}{1000}=20\text{m/min}$$

答：车台阶时的背吃刀量为2.5mm；切削速度为20m/min。

4. 解　已知　$d_w=49\text{mm}$

$$b_0=(0.5\sim0.6)\sqrt{d_w}=(0.5\sim0.6)\sqrt{49}\text{mm}=3.5\sim4.2\text{mm}$$

$$l_0=h+(2\sim3)\text{mm}=\frac{d_w}{2}+(2\sim3)\text{mm}=\frac{49}{2}\text{mm}+(2\sim3)\text{mm}=26.5\sim27.5\text{mm}$$

答：切断刀的主切削刃宽度 b_0 为 3.5~4.2mm；刀头长度 l_0 为 26.5~27.5mm。

5. 解 已知 $d_w=64mm$、$d_{孔}=54mm$

$$b_0=(0.5\sim0.6)\sqrt{d_w}=(0.5\sim0.6)\sqrt{64}\,mm=4\sim4.8mm$$

$$l_0=h+(2\sim3)mm=\frac{d_w-d_{孔}}{2}+(2\sim3)mm=\frac{64mm-54mm}{2}+(2\sim3)mm$$

$$=7\sim8mm$$

答：切断刀的主切削刃宽度 b_0 为 4~4.8mm；刀头长度为 7~8mm。

6. 解 已知 $d_w=100mm$、$v_c=35m/min$

$$b_0=(0.5\sim0.6)\sqrt{d_w}=(0.5\sim0.6)\sqrt{100}\,mm=5\sim6mm$$

$$l_0=h+(2\sim3)mm=\frac{d_w}{2}+(2\sim3)mm=\frac{100}{2}mm+(2\sim3)mm$$

$$=52\sim53mm$$

$$n=\frac{1000v_c}{\pi d_w}=\frac{1000\times35m/min}{3.14\times100mm}=111.5r/min$$

答：该切断刀的刀头宽度为 5~6mm；刀头长度为 52~53mm；机床转速为 111.5r/min。

7. 解 已知 $P=5mm$、$n=100$ 格

（1）$a=\frac{P}{n}=\frac{5mm}{100\text{格}}=0.05mm/\text{格}$

（2）$\Delta d=2\times20\times0.05mm=2mm$

（3）$a_p=\frac{75mm-65mm}{2}=5mm$

$$n'=\frac{a_p}{a}=\frac{5mm}{0.05mm/\text{格}}=100\text{格}$$

答：（1）车刀移动了 0.05mm；（2）若刻度盘转过 20 格，相当于将工件直径车小了 2mm；（3）若将工件直径从 ϕ70mm 一次进给车削到直径 ϕ65mm，刻度盘应转过 100 格。

8. 解 已知 $a=0.05mm/$格

$$n=\frac{(68.4mm-68mm)/2}{0.05mm}=\frac{0.2mm}{0.05mm/\text{格}}=4\text{格}$$

答：中滑板刻度盘需要转过 4 格。

（四）简答题

1. 答：两顶尖装夹工件方便，不需找正，装夹精度高，适用于装夹精度要求较高（如同轴度要求），必须经过多次装夹才能加工好的工件，或工序较多的工件。

一夹一顶装夹工件比较安全，能承受较大的轴向切削力，适用于装夹较重的工件。

2. 答：中心孔是轴类工件的定位基准。轴类工件的尺寸精度都是以中心孔定位车削达到的，而且中心孔能在各工序中重复使用，其定位精度不变。中心孔有四种基本类型：①A 型一般是不需要重复使用中心孔，用于精度一般的小型工件；②B 型用于精度要求高，需多次使用中心孔的工件；③C 型用于需在轴向固定其他工件的工件；④R 型与 A 型相似，但定位圆弧面与顶尖接触，配合变成线接触，可自动纠正少量的位置误差。

3. 答：中心钻折断的原因有：①中心钻轴线与工件旋转中心不一致，使中心钻受到一个附加力而折断；②工件端面没车平或中心处留有凸头，使中心钻不能准确地定心而折断；

③切削用量选用不当，如工件转速太低而中心钻进给太快，使中心钻折断；④中心钻磨损后，钻孔时强行钻入工件也容易折断；⑤没有浇注充分的切削液或没及时清除切屑，以致切屑堵塞在中心孔内而挤断中心钻。

4. 答：①车刀刚性不足或伸出太长引起振动；②车刀几何形状不正确，例如选用过小的前角、主偏角和后角；③刀具磨损等。

5. 答：切断刀折断的原因有：①切断刀的几何形状刃磨得不正确，如副偏角和副后角太大；卷屑槽过深；主切削刃太窄；刀头过长等，都会大大削弱刀头强度。若刀头歪斜，切断时两边受力不均，也会使切断刀折断；②切断刀装夹时与工件轴线不垂直，使两副偏角不相等，或没有对准工件轴线；③进给量太大；④切断刀前角太大，中滑板松动，切断时容易引起扎刀，从而使切断刀折断。

理论知识模块4　套类工件加工

一、考核范围（图2-5）

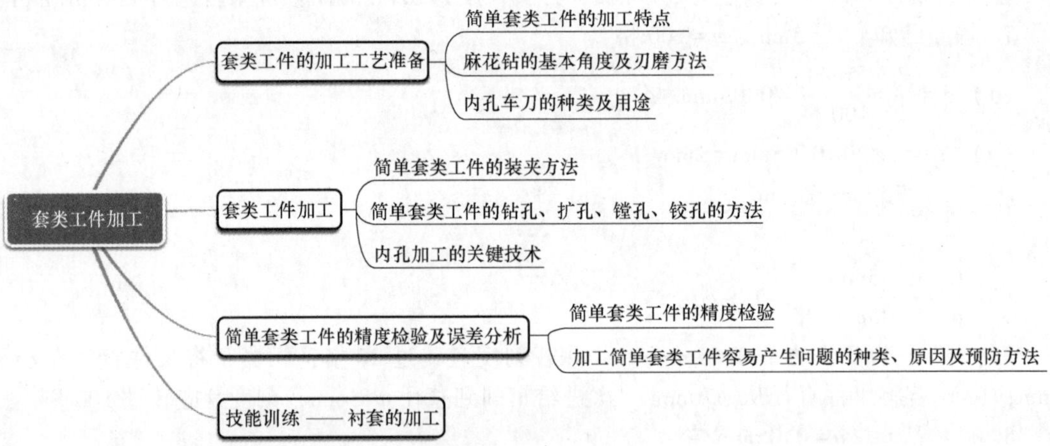

图2-5　考核范围

二、考核要点详解（表2-4）

表2-4　考核要点

序号	考核要点
1	套类工件的加工特点
2	麻花钻的组成及基本角度
3	套类工件的装夹方法
4	常用车孔刀的几何角度
5	孔加工的关键技术
6	铰刀的结构与使用
7	套类工件的精度检验及误差分析

三、练习题

（一）判断题（对的画“√”，错的画“×”）

1. 不通孔车刀的主偏角应大于90°。（　）

2. 车削孔类工件时排屑和冷却较困难。 (　　)
3. 圆柱孔的测量比外圆测量来得困难。 (　　)
4. 车削套类工件要比车削外圆容易。 (　　)
5. 车削套类工件车刀的刀柄由于受孔径和孔深的限制，没有足够的强度，刚性较差。 (　　)
6. 一次装夹车削方法没有定位误差，适应于单件小批量生产中。 (　　)
7. 胀力心轴装卸工件方便，精度较高，适用于孔径公差较小的套类工件。 (　　)
8. 麻花钻可以在实心材料上加工内孔，不能用来扩孔。 (　　)
9. 麻花钻两主切削刃之间的夹角叫顶角。 (　　)
10. 当麻花钻顶角为118°时，两主切削刃为曲线。 (　　)
11. 麻花钻的横刃是两个主切削刃的交线。 (　　)
12. 麻花钻主切削刃上的前角、后角都是变化的。外缘处前角、后角都最大。 (　　)
13. 麻花钻靠近中心处的前角为负值。 (　　)
14. 麻花钻两主切削刃为凸形刃时，说明顶角大于118°。 (　　)
15. 麻花钻的后角增大时，横刃斜角减小，钻削时切削力减小。 (　　)
16. 直径大于 ϕ14mm 的锥柄钻头可直接装在尾座套筒内。 (　　)
17. 直柄钻头不能直接装在尾座套筒内。 (　　)
18. 螺旋角是螺旋槽上最外缘的螺旋线展开成直线后与轴线垂直面之间的夹角。(　　)
19. 麻花钻的前角主要是随着螺旋角变化而变化的，螺旋角越大，前角也越大。(　　)
20. 螺旋槽的作用是构成切削刃、排出切屑和通切削液。 (　　)
21. 刃磨麻花钻时，钻尾向上摆动不得高出水平线，以防磨出负后角。 (　　)
22. 磨麻花钻时，应随时冷却，以防钻头刃口发热退火，降低硬度。 (　　)
23. 麻花钻刃磨时一般只刃磨两个主后面，并同时磨出顶角、后角和横刃斜角。(　　)
24. 麻花钻刃磨时，只要两条主切削刃长度相等就行。 (　　)
25. 工件材料较硬，应修磨麻花钻外缘处的前面，以减小前角，增加钻头强度。(　　)
26. 修磨麻花钻的前面，主要是为了增大前角。 (　　)
27. 修磨麻花钻的棱边，主要是为了磨出后角，以减少棱边与孔壁的摩擦。 (　　)
28. 修磨麻花钻横刃时，工件材料越软，横刃修磨得越短。 (　　)
29. 修磨麻花钻前面的原则是：工件材料较硬，应修磨外缘处的前面；工件材料较软，应修磨横刃处的前面。 (　　)
30. 钻孔时，切削速度与钻头直径成正比。 (　　)
31. 钻孔时的背吃刀量，就是钻头的直径尺寸。 (　　)
32. 孔在钻穿时，由于麻花钻的横刃不参加工作，所以进给量可取大些，以提高生产率。 (　　)
33. 用麻花钻扩孔时，为了防止钻头扎刀，应把钻头外缘处的前角修磨得小一些。 (　　)
34. 用麻花钻扩孔时，由于横刃不参加工作，轴向切削力减小，因此，可加大进给量。 (　　)
35. 车孔时的切削用量应比车外圆低一些。 (　　)

36. 车不通孔时，要求切屑呈螺旋状断屑，而不要形成带状切屑。（ ）
37. 不通孔车刀的主偏角应小于 90°。（ ）
38. 解决车孔时的刀杆刚性问题，一是尽量增加刀杆截面积，二是刀杆的伸出长度尽可能缩短。（ ）
39. 车床主轴承间隙过大会造成车出的内孔有锥度。（ ）
40. 刀具磨损会导致车出的内孔不圆。（ ）
41. 铰孔时使用不同的切削液会影响铰孔后的孔径。（ ）
42. 当工件旋转轴线与尾座套筒锥孔轴线不同轴时，铰出的孔会产生孔口扩大或整个孔扩大。（ ）
43. 铰孔时，切削速度越高，工件表面粗糙度值越小。（ ）
44. 铰孔不能修正孔的直线度误差，所以铰孔前一般都经过车孔。（ ）
45. 铰孔时，切削速度和进给量都应取得尽量小些。（ ）
46. 铰刀齿数一般取偶数，是为了便于测量铰刀直径和在切削中使切削力对称，使铰出的孔有较高精度的圆度。（ ）
47. 塞规的止端能够进入孔内，表示孔径合格。（ ）
48. 用内径千分尺测量孔径时，内径千分尺应前后左后摆动，读出的最大尺寸就是孔径实际尺寸。（ ）
49. 以内孔作为定位基准来保证工件的同轴度和垂直度，一般可用心轴装夹。（ ）
50. 用一次安装方法车削工件，工件装夹要牢固，减小切削用量，以保证套类工件的同轴度和垂直度。（ ）
51. 用心轴装夹可以保证工件的同轴度和垂直度。（ ）
52. 用软卡爪夹紧工件时，定位圆柱应放在卡爪的里面，用卡爪底部夹紧。（ ）
53. 圆柱心轴比小锥度心轴定心精度高。（ ）
54. 小锥度心轴的缺点是工件在轴向无法定位。（ ）
55. 车孔是常用的孔加工方法之一，只可以作为粗加工，加工范围很广。（ ）
56. 用扩孔工具扩大工件孔径的加工方法称为扩孔。（ ）
57. 通孔车刀和不通孔车刀除了主偏角不同，其他角度基本一样。（ ）
58. 为了增加刀杆刚度，刀杆伸出长度只要等于孔深即可。（ ）
59. 车孔的关键技术是解决内孔车刀的刚度和排屑问题。（ ）
60. 铰刀按用途可分为机用铰刀和手用铰刀。（ ）
61. 铰孔余量的大小不影响铰孔质量。（ ）
62. 铰孔之前，一般先经过车孔或扩孔后留些铰孔余量。（ ）
63. 铰孔前，不必调整尾座套筒轴线。（ ）
64. 在铰孔时，应根据工件材料不同选用适合的切削液，这样有利于保证孔的精度。（ ）
65. 带有锥柄的工具装卸很方便。（ ）

（二）选择题（将正确答案的序号填入括号内）

1. 套类工件的车削要比车削轴类难，主要原因有很多，其中之一是（ ）。

A. 套类工件装夹时容易产生变形　　B. 车削位置精度高

C. 其切削用量比车轴类高　　D. 直径大

2. 通常把带（　　）的工件作为套类工件。

A. 圆柱孔　　B. 孔　　C. 圆锥孔　　D. 中心孔

3. 车削同轴度要求较高的套类工件时，可采用（　　）。

A. 台阶式心轴　　B. 小锥度心轴　　C. 胀力心轴　　D. 中心架

4. 软卡爪是未经淬硬的卡爪。用软卡爪装夹工件时，下列说法错误的是（　　）。

A. 使用软卡爪，工件虽然经过多次装夹，仍能保证较高的相互位置精度

B. 定位圆柱必须放在软卡爪内

C. 软卡爪的形状与硬卡爪相同

D. 软卡爪不易夹伤工件

5. 用软卡爪装夹工件时，软卡爪没有车好，可能会出现（　　）。

A. 内孔有锥度　　B. 内孔表面粗糙度值大

C. 同轴度垂直度超差　　D. 加工质量好

6. 采用软卡爪反撑内孔装夹工件，软卡爪的定位圆环应放在卡爪的（　　）。

A. 里面　　B. 外面　　C. 外面里面都可以　　D. 中间

7. 车削数量较多，而且内孔尺寸公差较小的套类工件时，可以把几个工件同时装夹在心轴上，然后再把心轴装夹在两顶尖间进行车削，此心轴为（　　）。

A. 台阶式心轴　　B. 小锥度心轴　　C. 胀力心轴　　D. 圆柱心轴

8. 悬臂式胀力心轴适用于车削（　　）的套类工件。

A. 公差较小　　B. 较长　　C. 较短　　D. 较重

9. 车削薄壁套筒时，如径向夹紧力较大，车好的工件孔会呈（　　）。

A. 椭圆形　　B. 菱圆形　　C. 弧形三角形　　D. 方形

10. 通孔车刀的主偏角一般取（　　）。

A. 60°~75°　　B. 90°~95°　　C. 15°~30°　　D. 30°~55°

11. 直径大于 ϕ13mm 的麻花钻常采用（　　）。

A. 米制锥柄　　B. 莫氏锥柄　　C. 直柄　　D. 任意柄

12. 直柄麻花钻的直径一般小于（　　）mm。

A. 12　　B. 14　　C. 15　　D. 13

13. 标准麻花钻的顶角一般在（　　）左右。

A. 100°　　B. 118°　　C. 140°　　D. 150°

14. 麻花钻的顶角增大时，前角（　　）。

A. 减小　　B. 不变　　C. 增大　　D. 不确定

15. 当麻花钻顶角小于 118°时，两主切削刃为（　　）。

A. 直线　　B. 凸曲线　　C. 凹曲线　　D. 圆

16. 麻花钻横刃太长，钻削时会使（　　）增大。

A. 主切削力　　B. 进给力　　C. 背向力　　D. 摩擦力

17. 麻花钻的前角靠近外缘处最大，自外缘向中心逐渐减小，并且约（　　）开始为负前角。

A. 在中心处　　B. 在中心 $D/2$ 以内

C. 在中心 $D/3$ 以内　　D. 在中心 $D/4$ 以内

18. 麻花钻的（　　）一般为 55°。

A. 前角　　B. 横刃斜角　　C. 后角　　D. 刃倾角

19. 根据切削速度计算公式可知，在相同的切削速度下，钻头直径变小，转速（　　）。

A. 不变　　B. 变大　　C. 变小　　D. 不确定

20. 用高速钢钻头钻铸铁时，切削速度比钻中碳钢（　　）。

A. 稍高些　　B. 稍低些　　C. 相等　　D. 不确定

21. 麻花钻的横刃斜角一般为（　　）。

A. 45°　　B. 55°　　C. 75°　　D. 60°

22. 钻孔时的背吃刀量是（　　）。

A. 钻孔的深度　　B. 钻头直径

C. 钻头直径的一半　　D. 工件厚度

23. 在车床上钻孔时，钻出的孔径偏大的主要原因是钻头的（　　）。

A. 后角太大　　B. 两主切削刃长度不等

C. 横刃太长　　D. 前角太大

24. 钻孔时，为了减小进给力，应对麻花钻的（　　）进行修磨。

A. 主切削刃　　B. 横刃　　C. 棱边　　D. 前面

25. 用麻花钻扩孔时，为了避免钻头扎刀，可把（　　）。

A. 外缘处的前角磨大　　B. 横刃处的前角磨大

C. 外缘处的前角磨小　　D. 横刃处的前角磨小

26. 若钻头的顶角 118°±2°刃磨不正确，会导致所钻孔（　　）。

A. 扩大　　B. 歪斜　　C. 缩小　　D. 弯曲

27. 用扩孔工具扩大孔径的方法称为（　　）。

A. 扩孔　　B. 锪孔　　C. 铰孔　　D. 钻孔

28. 扩孔一般用于孔的（　　）。

A. 粗加工　　B. 半精加工　　C. 精加工　　D. 复合加工

29. （　　）是常用的孔加工方法之一，可以作粗加工，也可以作精加工。

A. 钻孔　　B. 车孔　　C. 铰孔　　D. 扩孔

30. 在装夹不通孔车刀时，刀尖（　　），否则车刀容易折碎。

A. 应高于工件旋转中心　　B. 应与工件旋转中心等高

C. 应低于工件旋转中心　　D. 为任意高度

31. 车孔后的表面粗糙度值可达 Ra（　　）μm。

A. 0.8~1.6　　B. 1.6~3.2　　C. 3.2~6.3　　D. 6.3~12.5

32. 手用铰刀的柄部为（　　）。

A. 圆柱形　　B. 圆锥形　　C. 方榫形　　D. 棱锥形

33. 为了保证孔的尺寸精度，铰刀尺寸最好选择在被加工孔公差带（　　）左右。

A. 上面 1/3　　B. 下面 1/3　　C. 中间 1/3　　D. 1/3

34. 铰刀的柄部是用来装夹和（　　）用的。

A. 传递转矩　　B. 传递功率　　C. 传递速度　　D. 控制方向

35. 铰 $\phi 20H7\left(^{+0.021}_{0}\right)$ 的内孔，铰刀的尺寸应为（　　）。

A. $\phi 20^{+0.021}_{0}$ mm　　B. $\phi 20^{+0.014}_{+0.007}$ mm

C. $\phi 20^{+0.015}_{+0.005}$ mm　　D. $\phi 20^{-0.002}_{-0.012}$ mm

36. 手用铰刀与机用铰刀相比，其铰削质量（　　）。

A. 好　　B. 差　　C. 一样　　D. 不确定

37. 铰孔不能修正孔的（　　）度误差。

A. 圆　　B. 圆柱　　C. 直线　　D. 同轴

38. 硬质合金铰刀的铰孔余量一般是（　　）mm。

A. 0.2~0.4　　B. 0.08~0.12　　C. 0.15~0.20　　D. 1.5~2.0

39. 高速钢铰刀的铰孔余量一般是（　　）mm。

A. 0.2~0.4　　B. 0.08~0.12　　C. 0.15~0.20　　D. 1.5~2.0

40. 铰孔时，为了使表面粗糙度值较小，应用（　　）。

A. 干切削　　B. 水溶性切削液　　C. 非水溶性切削液　　D. 大进给量

41. 铰孔余量过大或过小会导致所铰孔（　　）。

A. 孔径扩大　　B. 孔的轴线歪斜

C. 孔的表面粗糙度值大　　D. 孔径变小

（三）计算题

1. 用直径为 ϕ25mm 高速钢麻花钻钻孔，选用切削速度为 30m/min，求工件转速。

2. 用直径为 ϕ30mm 高速钢铰刀铰削工件时，选择切削速度为 5m/min，求工件转速。

3. 在外圆直径为 ϕ80mm、厚度为 30mm 的圆盘上，用直径为 ϕ20mm 的麻花钻钻孔，工件转速选用 480r/min，求钻孔时的背吃刀量和切削速度。

4. 在外圆直径为 ϕ70mm、厚度为 25mm 的圆盘上，用直径为 ϕ15mm 的麻花钻钻孔，切削速度选为 21m/min。求钻孔时的背吃刀量和主轴转速。

5. 在外圆直径为 ϕ100mm、厚度为 40mm 的圆盘上，先用直径为 ϕ25mm 的钻头钻孔，主轴转速为 318r/min；然后再用直径为 ϕ50mm 的钻头、主轴转速为 160r/min 进行扩孔。试分别求出钻孔和扩孔时的背吃刀量和切削速度。

6. 在外圆直径为 ϕ100mm、厚度为 40mm 的圆盘上，先用直径为 ϕ25mm 的钻头钻孔，然后再用直径为 ϕ50mm 的钻头进行扩孔，钻孔和扩孔时的切削速度均选为 35m/min，求钻孔和扩孔时，工件转速应各选为多少？

7. 有一直径为 ϕ60mm 的铸造孔，用一次进给车至直径为 ϕ70mm，主轴转速为 135r/min，求背吃刀量和切削速度各为多少？

8. 有一直径为 ϕ60mm 的锻造孔，用一次进给车至直径为 ϕ70mm，切削速度选为 25m/min，求背吃刀量和主轴应选的转速各为多少？

9. 已知需铰削孔的尺寸为 ϕ25H8（$^{+0.033}_{0}$），计算最佳铰刀尺寸。

10. 铰削 ϕ30H7（$^{+0.025}_{0}$）的孔，应选择什么规格的铰刀？

（四）简答题

1. 麻花钻的顶角一般为多少？如果刃磨得不对称，会产生什么后果？

2. 为什么要对普通麻花钻进行修磨？常用的修磨方法有哪几种？

3. 车削内孔比车削外圆困难，主要表现在哪些方面？

4. 不通孔车刀与通孔车刀有什么区别？
5. 怎样增加车孔刀的刚性？
6. 保证套类工件的同轴度、垂直度有哪些方法？
7. 常用的心轴有哪几种？各适用于什么场合？
8. 铰孔时，孔的表面粗糙度值大是什么原因？怎样预防？
9. 防止薄壁工件的变形有哪些方法？

四、参考答案及解析

（一）判断题

1. √　2. √　3. √　4. ×　5. √　6. √　7. ×　8. ×　9. √
10. ×　11. ×　12. ×　13. √　14. ×　15. ×　16. √　17. √　18. ×
19. √　20. √　21. √　22. √　23. √　24. ×　25. √　26. ×　27. ×
28. √　29. √　30. √　31. ×　32. ×　33. √　34. ×　35. √　36. √
37. √　38. √　39. ×　40. ×　41. √　42. √　43. ×　44. √　45. ×
46. √　47. ×　48. ×　49. √　50. √　51. √　52. √　53. ×　54. √
55 . ×　56. √　57. √　58. ×　59. √　60. √　61. ×　62. √　63. ×
64. √　65. √

（二）选择题

1. A　2. A　3. B　4. B　5. C　6. B　7. A　8. C　9. C
10. A　11. B　12. B　13. B　14. C　15. B　16. B　17. C　18. B
19. B　20. B　21. B　22. C　23. B　24. B　25. C　26. A　27. A
28. B　29. B　30. B　31. B　32. C　33. C　34. A　35. B　36. A
37. C　38. C　39. B　40. B　41. C

（三）计算题

1. 解　已知　$d_w = 25mm$、$v_c = 30m/min$

$$n = \frac{v_c \times 1000}{\pi d_w} = \frac{30m/min \times 1000}{3.14 \times 25mm} = 382r/min$$

答：工件转速为 382r/min。

2. 解　已知　$d_w = 30mm$、$v_c = 5m/min$

$$n = \frac{v_c \times 1000}{\pi d_w} = \frac{5m/min \times 1000}{3.14 \times 30mm} = 53r/min$$

答：工件转速为 53r/min。

3. 解　已知　$d_w = 20mm$、$n = 480r/min$

$$a_p = \frac{d_w - d_m}{2} = \frac{20mm - 0}{2} = 10mm$$

$$v_c = \frac{n\pi d_w}{1000} = \frac{3.14 \times 20mm \times 480r/min}{1000} = 30m/min$$

答：钻孔时的背吃刀量为 10mm；切削速度为 30m/min。

4. 解　已知　$d_w=15mm$、$v_c=21m/min$

$$a_p=\frac{d_w-d_m}{2}=\frac{15mm-0}{2}=7.5mm$$

$$n=\frac{v_c\times1000}{\pi d_w}=\frac{21m/min\times1000}{3.14\times15mm}=446r/min$$

答：钻孔时的背吃刀量为7.5mm；主轴转速为446r/min。

5. 解　已知　$d_{w钻}=25mm$、$n_{钻}=318r/min$、$d_{w扩}=50mm$、$n_{扩}=160r/min$

$$a_{p钻}=\frac{d_{w钻}-d_{m钻}}{2}=\frac{25mm-0}{2}=12.5mm$$

$$v_{c钻}=\frac{\pi d_{w钻}\ n_{钻}}{1000}=\frac{3.14\times25mm\times318r/min}{1000}=25m/min$$

$$a_{p扩}=\frac{d_{w扩}-d_{m钻}}{2}=\frac{50mm-25mm}{2}=12.5mm$$

$$v_{c扩}=\frac{\pi d_{w扩}\ n_{扩}}{1000}=\frac{3.14\times50mm\times160r/min}{1000}=25m/min$$

答：钻孔时的背吃刀量为12.5mm，切削速度为25m/min；扩孔时的背吃刀量为12.5mm，切削速度为25m/min。

6. 解　已知　$d_{w钻}=25mm$、$d_{w扩}=50mm$、$v_{c钻}=v_{c扩}=35m/min$

$$n_{钻}=\frac{v_{c钻}\times1000}{\pi d_{w钻}}=\frac{35m/min\times1000}{3.14\times25mm}=446r/min$$

$$n_{扩}=\frac{v_{c扩}\times1000}{\pi d_{w扩}}=\frac{35m/min\times1000}{3.14\times50mm}=223r/min$$

答：钻孔时工件转速为446r/min；扩孔时工件转速为223r/min。

7. 解　已知　$d_w=70mm$、$d_m=60mm$、$n=135r/min$

$$a_p=\frac{d_w-d_m}{2}=\frac{70mm-60mm}{2}=5mm$$

$$v_c=\frac{\pi d_w n}{1000}=\frac{3.14\times70mm\times135r/min}{1000}=30m/min$$

答：背吃刀量为5mm；切削速度为30m/min。

8. 解　已知　$d_w=70mm$、$d_m=60mm$、$v_c=25m/min$

$$a_p=\frac{d_w-d_m}{2}=\frac{70mm-60mm}{2}=5mm$$

$$n=\frac{v_c\times1000}{\pi d_w}=\frac{25m/min\times1000}{3.14\times70mm}=114r/min$$

答：背吃刀量为5mm；主轴转速为114r/min。

9. 解　已知　$\phi25H8\left(^{+0.033}_{\ \ 0}\right)$

铰刀公称尺寸为$\phi25mm$

上极限偏差=(2/3)×0.033mm=0.022mm

下极限偏差＝(1/3)×0.033mm＝0.011mm

答：铰刀最佳尺寸为$\phi25^{+0.022}_{+0.011}$mm。

10. 解　已知　$\phi30H7(^{+0.025}_{0})$

铰刀公称尺寸为$\phi30$mm

铰刀上极限偏差＝(2/3)×0.025mm＝0.016mm

铰刀下极限偏差＝(1/3)×0.025mm＝0.08mm

答：铰刀的尺寸为$\phi30^{+0.016}_{+0.008}$mm。

（四）简答题

1. 答：麻花钻的顶角一般为118°。如果顶角磨得不对称，钻削时，只有一个切削刃切削，另一切削刃不起作用，因而造成两边受力不平衡，使钻出的孔扩大和歪斜。

2. 答：由于普通麻花钻有以下几个缺点：①主切削刃上各点前角是变化的，靠外缘处前角大，接近钻心处已变为很大的负前角，使切削阻力增加，切削条件变差；②横刃太长，并在该处有很大的负前角，钻孔时实际上是挤压，产生的热量大，进给力大，定心差；③棱边上无后角，直接与孔壁发生摩擦以及外缘处速度最高，容易磨损。因此，在使用普通麻花钻时，需要进行修磨。常用的修磨方法有：①修磨横刃；②修磨前面；③双重刃磨。

3. 答：套类工件的车削要比车削外圆难，主要原因是：①套类工件的车削是在圆柱孔内部进行的，观察切削情况较困难，特别是孔小而较深时，根本无法看清；②刀柄尺寸由于受孔径和孔深的限制，不能有足够的强度，刚性较差；③排屑和冷却困难；④测量圆柱孔比测量外圆困难；⑤在装夹时容易产生变形（特别是壁厚较薄的套类工件），使车削更困难。

4. 答：为使已加工表面不至于被切屑划伤，车通孔的内孔车刀最好磨成正刃倾角，使切屑流向待加工表面，即前排屑；车不通孔的内孔车刀不能从前端排屑，只能从后端排屑，即后排屑，所以其刃倾角一般取-2°～0°。

5. 答：增加车孔刀刚性主要采取以下两项措施：①尽量增加刀杆的截面积，即车孔刀的刀尖应该位于刀杆的中心平面上；②刀杆的伸出长度尽可能缩短，即最好使用可调节伸出长度的刀杆。

6. 答：保证套类工件同轴度和垂直度主要有以下几种方法：①在一次装夹中加工内外圆和端面；②以内孔为基准使用心轴来保证位置精度；③用外圆为基准用软卡爪装夹来保证位置精度，但软卡爪一般只能保持位置精度在0.05mm以内。

7. 答：常用的心轴有：①小锥度心轴。小锥度心轴定位精度较高。但小锥度心轴装卸工件不太方便，轴向无法定位，因此只适用于批量较小、精度较高、轴向无定位要求的工件；②螺母压紧的台阶式心轴，适用于装夹多个工件以及工件精度要求不太高场合；③胀力心轴，因装卸工件方便，精度较高，适用于孔径公差较大的套类工件。

8. 答：铰孔时，铰刀磨损或切削刃上有崩口、毛刺，切削速度选得太高或缺少切削液，会使孔的表面粗糙度值增大。预防办法是修磨铰刀，刃磨后保管好，不允许碰毛。采用5m/min以下的切削速度，加注足够的切削液。

9. 答：为减小薄壁工件变形，可采用下列方法：①工件分粗、精车，粗车时夹紧力大些，精车时夹紧力小些，这样可减小工件变形；②使用开缝套筒。由于开缝套筒接触面大，夹紧力均匀分布在工件外圆上，工件不易产生变形，这种方法还可以提高自定心卡盘的安装精度，能达到较高的同轴度；③应用软卡爪。卡盘上换一副专用扇形卡爪，使工件与卡爪接触面增大，以减小变形。

理论知识模块5　圆锥面加工

一、考核范围（图2-6）

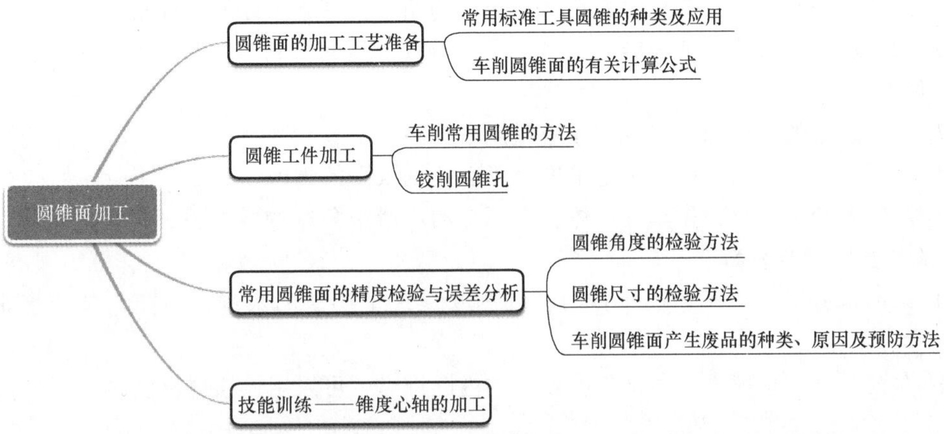

图2-6　考核范围

二、考核要点详解（表2-5）

表2-5　考核要点

序号	考核要点
1	常用标准工具圆锥的种类及应用
2	圆锥的四个基本参数及计算
3	车削常用圆锥的方法
4	铰削圆锥孔
5	常用圆锥面的精度检验与误差分析

三、练习题

（一）判断题（对的画“√”，错的画“×”）

1. 圆锥面作为两个相互配合的精密配合面，虽经多次装拆仍能保持良好的定心精度。（　）
2. 由圆锥表面与一定尺寸所限定的几何体称为圆锥。（　）
3. 圆锥工件的公称尺寸是指大端直径的尺寸。（　）
4. 在通过圆锥轴线的剖面内，两条圆锥素线的夹角叫锥度。（　）
5. 圆锥角是圆锥素线与圆锥轴线之间的夹角。（　）
6. 圆锥体的大、小直径之差与圆锥长度之比称为锥度。（　）
7. 由公式 $\tan\alpha = C$ 可以计算圆锥半角。（　）

8. 两圆锥面结合时，圆锥角越小，传递的轴向力越大。（ ）

9. 米制圆锥的锥度均为 1∶30。（ ）

10. 米制圆锥的号数是指大端直径。（ ）

11. 莫氏圆锥不是国际标准。（ ）

12. 莫氏圆锥各个号码的圆锥半角是相同的。（ ）

13. 大型机床和微型机床中常采用米制圆锥作为结合面。（ ）

14. 米制圆锥与莫氏圆锥的锥度值大小是不相等的。（ ）

15. 用转动小滑板法车圆锥时，小滑板转过的角度应等于工件的圆锥角。（ ）

16. 用转动小滑板法车削圆锥体，由于受小滑板行程的限制，且只能手动进给，工件表面粗糙度难控制。（ ）

17. 内外圆锥的尺寸和公差应用相应量规来检验。（ ）

18. 根据小滑板上的角度来确定锥度，可以达到很高的精度。（ ）

19. 车削配套圆锥时，先车外锥体，在不变动小滑板角度的情况下，再车内锥体，可以获得正确的圆锥配合表面。（ ）

20. 采用偏移尾座法车削圆锥体时，因为受尾座偏移量的限制，不能车削锥度很大的工件。（ ）

21. 车削圆锥半角很小、圆锥长度较长的内圆锥时，可采用偏移尾座法。（ ）

22. 采用偏移尾座法车削圆锥，偏移量 s 的计算公式是：$s=\dfrac{D-d}{L}L_0$（ ）

23. 用偏移尾座法车削圆锥时，如果工件的圆锥半角相同，尾座偏移量即相同。（ ）

24. 车圆锥角 $\alpha=45°$ 的圆锥孔，可采用靠模法车削。（ ）

25. 对于长度较长、锥度较小、精度要求较高的圆锥面，一般都用靠模法车削。（ ）

26. 靠模法车削锥度，适合于单件生产。（ ）

27. 对于长度较长、精度要求较高的圆锥面，一般不宜采用靠模法车削。（ ）

28. 加工锥齿轮坯时除采用转动小滑板法外，也可以采用靠模法车圆锥面。（ ）

29. 宽刃刀车削法，实质是属于成形面车削法。因此，宽刃刀的切削刃必须平直，切削刃与主轴轴线的夹角应等于工件的圆锥半角 $\alpha/2$。（ ）

30. 铰圆锥孔的锥形铰刀上都开有螺旋分屑槽。（ ）

31. 铰圆锥孔前，都必须把孔车削成锥孔，再用锥形铰刀铰孔。（ ）

32. 铰圆锥孔时，锥度小的工件，进给量要选小些，锥度大的工件应当选择较大的进给量。（ ）

33. 对于配合精度要求较高的圆锥工件，一般采用涂色检验法，以测量接触面大小来确定锥度精度。（ ）

34. 用圆锥塞规涂色检验内圆锥时，如果小端接触，大端没接触，说明内圆锥的圆锥角太大。（ ）

35. 圆锥的尺寸精度一般指锥体的大端（小端）直径的尺寸，可用圆锥界限量规来测量。（ ）

36. 由于车刀装得高于或低于工件中心，致使车出的圆锥素线不直形成双曲线误差。（ ）

37. 游标万能角度尺能测量圆锥体的角度和锥体尺寸。　（　）

38. 用千分尺加上一定的辅助量具，可以测量圆锥体的角度和大小端直径的精确尺寸。　（　）

39. 圆锥量规既能检验锥体的角度，又能检验锥体的尺寸。　（　）

40. 车内圆锥用圆锥塞规测量锥面时，塞规显示剂中间被擦去，这说明小滑板角度没有扳对。　（　）

41. 车内圆锥时，若刀尖高于工件轴线，车出的锥面，用锥形塞规检验时，会出现两端显示剂被擦去的现象。　（　）

42. 用尾座偏移法车削圆锥，尾座偏移位置不正确，会导致锥度不准确。　（　）

43. 车削莫氏 4 号圆锥面时，尾座偏移量均为 4mm。　（　）

44. 圆锥的大、小端直径可用圆锥界限量规来测量。　（　）

（二）选择题（将正确答案的序号填入括号内）

1. 米制圆锥的号码越大，其锥度（　）。

A. 越大　B. 越小　C. 不变　D. 不确定

2. 对于同一圆锥体来说，锥度总是（　）。

A. 等于斜度　B. 等于斜度的两倍　C. 等于斜度的一半　D. 与斜度无关

3. 圆锥的尺寸精度一般指锥体的（　）尺寸。

A. 素线　B. 大端或小端直径　C. 锥度　D. 圆锥角

4. 莫氏工具圆锥在（　）通用。

A. 国内　B. 原机械部内　C. 国际上　D. 工厂中

5. 米制圆锥的锥度为（　）。

A. 1∶20　B. 1∶16　C. 1∶5　D. 1∶8

6. 锥度的数学表达式为（　）。

A. $\tan\frac{\alpha}{2}=(D-d)/(2L)$　B. $C=(D-d)/L$

C. $S=(D-d)L_0/(2L)$　D. $C=2(D-d)/L$

7. 车 60°圆锥面可采用（　）法。

A. 转动小滑板　B. 靠模　C. 偏移尾座法　D. 直线

8. 用转动小滑板法车削圆锥面时，车床小滑板应转过的角度为（　）。

A. 圆锥角（α）　B. 圆锥半角（$\alpha/2$）　C. 2α　D. $\alpha/4$

9. 角度大的圆锥孔用（　）法车削。

A. 靠模　B. 转动小滑板　C. 偏移尾座　D. 直线

10. 一个工件上有多个圆锥面时，最好是采用（　）法车削。

A　转动小滑板　B. 偏移尾座　C. 靠模　D. 宽刃刀切削

11. 车圆锥面装夹车刀时，如刀尖和工件轴线不等高，则车出的圆锥面会造成（　）。

A. 粗糙度值大　B. 素线不直　C. 角度产生误差　D. 斜度大

12. 车圆锥面时，若刀尖装得高于或低于工件中心，则工件表面会产生（　）误差。

A　圆度　B. 双曲线　C. 尺寸精度　D. 表面粗糙度

13. 车内圆锥时，如果车刀的刀尖与工件轴线不等高，车出的内锥面形状呈

（　　）形。

A. 凸状双曲线　　B. 凹状双曲线　　C. 直线　　D. 圆

14. 在尾座上装夹锥铰刀铰锥孔，锥孔角度不正确的原因是（　　）造成的。

A. 尾座锥孔轴线与主轴轴线不同轴　　B. 留铰余量过大

C. 切削速度高　　D. 主轴转速低

15. 55°密封管螺纹的锥度是（　　）。

A. 1∶20　　B. 1∶5　　C. 1∶16　　D. 1∶20

16. 用宽刃刀切削法车圆锥体，装夹车刀低于工件轴线，车出的圆锥面会产生（　　）。

A　素线呈凸状曲线　　B. 素线呈凹状曲线

C　素线仍为直线　　D. 表面光滑

17. 检验精度高的圆锥面角度时，常采用（　　）测量。

A　样板　　B. 圆锥量规　　C. 游标万能角度尺　　D. 环规

18. 检验一般精度的圆锥面角度时，常采用（　　）测量。

A. 千分尺　　B. 圆锥量规　　C. 游标万能角度尺　　D. 正弦规

（三）计算题

1. 在车床上自制60°前顶尖，最大圆锥直径为 ϕ30mm，试计算圆锥长度。

2. 某圆锥 $D=25$mm，$D=24$mm，$L=25$mm，用近似公式计算圆锥半角。

3. 有一圆锥，$D=42$mm，$L=68$mm，$C=1:30$。用近似公式计算圆锥半角。

4. 计算 $C=1:10$ 圆锥孔的圆锥半角。

5. 某一圆锥的圆锥半角 $\alpha/2=1°25'56''$，计算该圆锥的锥度。

6. 某磨床主轴圆锥 $C=1:5$，小端直径为 ϕ35mm，圆锥长度为50mm，计算其大端直径。

7. 加工某圆锥，$D=68$mm，$D=64$mm，要求 $C=1:20$，计算圆锥长度。

8. 加工某锥度为1∶10圆锥孔，工艺规定磨削余量0.4~0.5mm，若用圆锥塞规测量，则塞规刻线中心离开工件端面距离是多少？

9. 根据表2-6所列圆锥的已知条件，通过计算，把 D、d、C、$\alpha/2$ 等未知数填入表内。

表 2-6

序号	D/mm	d/mm	L/mm	C	$\alpha/2$
1	100	80	40		
2	48		85	1∶16	
3		64	68	1∶20	
4	35		40		6°
5		33.8	85	1∶12	
6		25	38	1∶5	

10. 车削 $C=1:20$ 外圆锥，用套规测量时工件小端离开套规尺寸测量中心为8mm，问：采用多大的背吃刀量才能使直径尺寸合格？

11. 车削 $C=1:5$ 内圆锥，用塞规测量时，孔的端面到塞规尺寸测量中心的距离为

6mm，问：采用多大的背吃刀量才能使直径尺寸合格？

12. 用转动小滑板法车削如图 2-7 所示的滚轮，求小滑板应转动的角度。

13. 用转动小滑板法车削如图 2-8 所示的锥齿轮坯，求车削各圆锥面时，小滑板应转动的角度和方向。

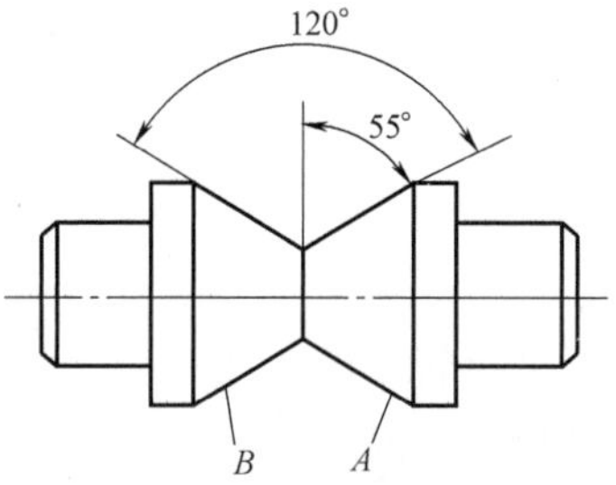

图 2-7　滚轮

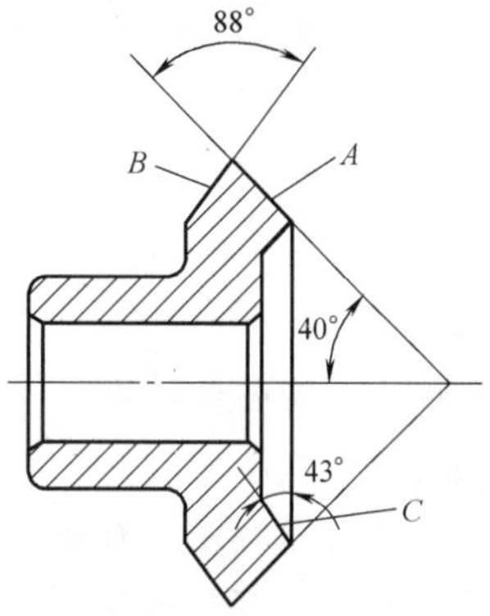

图 2-8　锥齿轮坯

14. 用偏移尾座法车削如图 2-9 所示的圆锥心轴，求尾座偏移量 s。

15. 用偏移尾座法车削一长度为 400mm 的外圆，车削后发现外圆锥度达 1 : 600，问：当不考虑刀具磨损时，尾座轴线对主轴轴线的偏移量是多少？

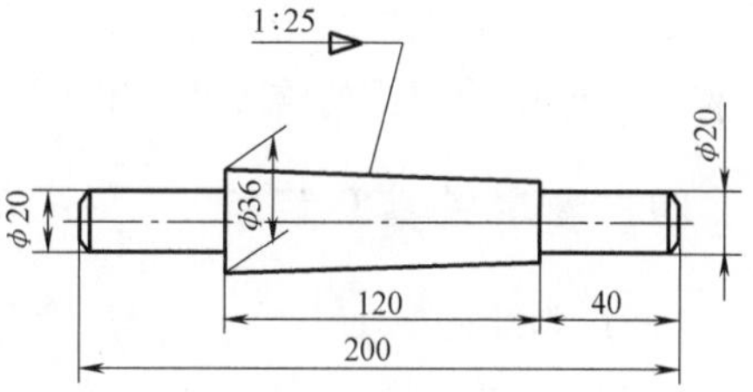

图 2-9　圆锥心轴

16. 在车削如图 2-10 所示的 A、B、C 三种工件的圆锥时，采用哪一种方法较好？计算出车削时所需的 $\alpha/2$ 角度值或尾座偏移量 s。

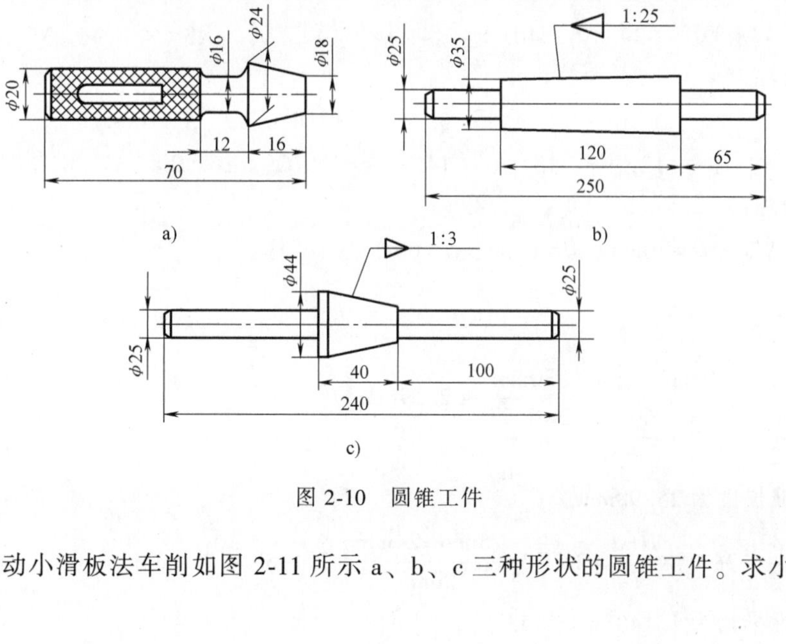

图 2-10　圆锥工件

17. 用转动小滑板法车削如图 2-11 所示 a、b、c 三种形状的圆锥工件。求小滑板应转动的角度。

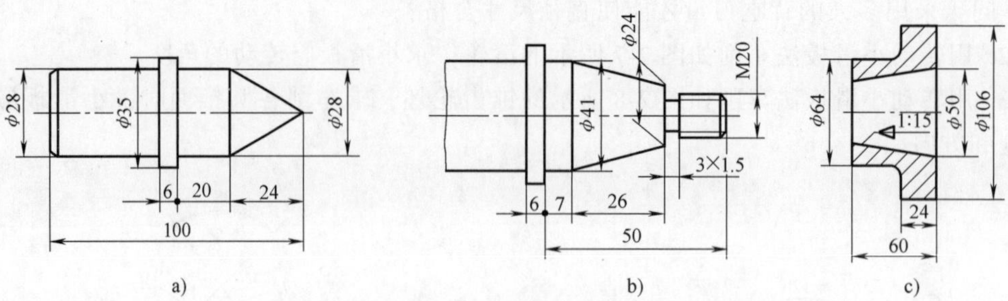

图 2-11　圆锥工件

（四）简答题

1. 圆锥面配合有哪些特点？

2. 转动小滑板法车锥度有什么优缺点？怎样来确定小滑板转动的角度？

3. 偏移尾座法车圆锥面有哪些优缺点？其适用在什么场合？

4. 靠模法车削锥度有哪些优缺点？

5. 车削左右对称的内圆锥时，怎样才能较方便地使两内圆锥锥度相等？

6. 车削一对内外圆锥面，用什么方法可以保证配合精度？

7. 怎样检验圆锥的锥度正确性？

四、参考答案及解析

（一）判断题

1. √	2. √	3. ×	4. ×	5. ×	6. √	7. ×	8. ×	9. ×
10. √	11. ×	12. ×	13. √	14. √	15. ×	16. √	17. √	18. ×
19. √	20. √	21. ×	22. ×	23. ×	24. ×	25. √	26. ×	27. ×
28. ×	29. √	30. ×	31. ×	32. ×	33. √	34. √	35. √	36. √
37. ×	38. √	39. √	40. ×	41. ×	42. √	43. ×	44. √	

（二）选择题

1. C	2. B	3. B	4. C	5. A	6. B	7. A	8. B	9. B
10. A	11. B	12. B	13. A	14. A	15. C	16. B	17. B	18. C

（三）计算题

1. 解　已知　$D=30\text{mm}$、$d=0\text{mm}$、$\alpha=60°$

$$\tan\frac{\alpha}{2}=\frac{D-d}{2L}$$

$$L=\frac{D-d}{2\tan\frac{\alpha}{2}}=\frac{30\text{mm}-0\text{mm}}{2\tan\frac{60°}{2}}=\frac{30\text{mm}}{2\times0.577}=25.98\text{mm}$$

答：圆锥长度为 25.98mm。

2. 解　$\frac{\alpha}{2}=28.7°\times\frac{D-d}{L}=28.7°\times\frac{25\text{mm}-24\text{mm}}{25\text{mm}}=1.148°=1°8'53''$

答：圆锥半角为 $1.148°=1°8'53''$。

3. 解　$\frac{\alpha}{2}=28.7°\times C=28.7°\times\frac{1}{30}=0.9567°=57'24''$

答：圆锥半角为 57′24″。

4. 解　$\frac{\alpha}{2}=28.7°\times C=28.7°\times\frac{1}{10}=2.87°=2°52'12''$

答：圆锥孔的圆锥半角为 2°52′12″。

5. 解　$C=\tan\frac{\alpha}{2}=2\tan1°25'56''=2\times0.02452\approx0.05=\frac{1}{20}$

答：该圆锥的锥度 $C=1:20$。

6. 解　$D=d+CL=35\text{mm}+50\text{mm}\times\frac{1}{5}=45\text{mm}$

答：磨床主轴圆锥大端直径为 45mm。

7. 解　$L=\frac{D-d}{C}=\frac{68\text{mm}-64\text{mm}}{1/20}=80\text{mm}$

答：圆锥长度为 80mm。

8. 解　$h=\frac{\Delta d_1}{C}=\frac{0.4}{1/10}\text{mm}=4\text{mm}$

$h_1=\frac{\Delta d_2}{C}=\frac{0.5}{1/10}\text{mm}=5\text{mm}$

答：塞规刻线中心离开工件端面距离是 4~5mm。

9. 解　（1）已知 $D=100\text{mm}$、$d=80\text{mm}$、$L=40\text{mm}$，求 C、$\alpha/2$

（2）已知　$D=48\text{mm}$、$L=85\text{mm}$、$C=1:16$，求 d、$\alpha/2$

（3）已知　$d=64\text{mm}$、$L=68\text{mm}$、$C=1:20$，求 D、$\alpha/2$

（4）已知　$D=35\text{mm}$、$L=40\text{mm}$、$\frac{\alpha}{2}=6°$，求 d、C

（5）已知　$d=33.8\text{mm}$、$L=85\text{mm}$、$C=1:12$，求 D、$\alpha/2$

（6）已知　$d=25\text{mm}$、$L=38\text{mm}$、$C=1:5$，求 D、$\alpha/2$

（1）$C=\frac{D-d}{L}=\frac{100\text{mm}-80\text{mm}}{40\text{mm}}=1:2$

$\tan\frac{\alpha}{2}=\frac{C}{2}=0.25$

$\frac{\alpha}{2}=14.036°=14°2'10''$

（2）$d=D-CL=48\text{mm}-\frac{1}{16}\times85\text{mm}=42.7\text{mm}$

$\tan\frac{\alpha}{2}=\frac{C}{2}=\frac{1/16}{2}=0.03125$

$\frac{\alpha}{2}=1.7899°=1°47'23''$

（3） $D=d+LC=64\ \text{mm}+\frac{1}{20}\times 68\ \text{mm}=67.4\text{mm}$

$\tan\frac{\alpha}{2}=\frac{C}{2}=\frac{1/20}{2}=0.025$

$\frac{\alpha}{2}=1.432°=1°25'55''$

（4） $d=D-2L\tan\frac{\alpha}{2}=35\text{mm}-2\times 40\text{mm}\times\tan 6°=26.6\text{mm}$

$C=2\tan\frac{\alpha}{2}=2\tan 6°=0.21\approx 1:5$

（5） $D=d+LC=33.8\text{mm}+85\text{mm}\times 1=40.9\text{mm}$

$\tan\frac{\alpha}{2}=\frac{C}{2}=\frac{1/12}{2}=0.0417$

$\frac{\alpha}{2}=2.39°=2°23'9''$

（6） $D=d+LC=25\text{mm}+38\text{mm}\times 1=32.6\text{mm}$

$\tan\frac{\alpha}{2}=\frac{C}{2}=\frac{1/5}{2}=0.1$

$\frac{\alpha}{2}=5.71°=5°42'38''$

答：各未知数见答表 2-6。

答表 2-6　各参数表

序号	D/mm	d/mm	L/mm	C	$\alpha/2$
1	100	80	40	1 : 2	14°2′
2	48	42.7	85	1 : 16	1°47′
3	67.4	64	68	1 : 20	1°25′
4	35	26.6	40	1 : 5	6°
5	40.9	33.8	85	1 : 12	2°23′9″
6	32.6	25	38	1 : 5	5°42′

10. 解　已知　$C=1:20$、$L=8\text{mm}$

$D-d=CL=\frac{1}{20}\times 8\text{mm}=0.4\text{mm}$

$a_p=\frac{D-d}{2}=0.4\text{mm}/2=0.2\text{mm}$

答：背吃刀量为 0.2mm 才能使直径尺寸合格。

11. 解　已知　$C=1:5$　$L=6\text{mm}$

$D-d=CL=\frac{1}{5}\times 6\text{mm}=1.2\text{mm}$

$a_p = \frac{D-d}{2} = \frac{1.2}{2} = 0.6\text{mm}$

答：背吃刀量为 0.6mm 才能使直径尺寸合格。

12. 解　加工 A 面：顺时针转动的角度 = 90°−55° = 35°

加工 B 面：逆时针转动的角度 = 180°−120°−35° = 25°

答：加工 A 面时，小滑板应顺时针转动 35°，加工 B 面时，小滑板应逆时针转动 25°。

13. 解　加工 A 面：逆时针转动的角度 = 40°

加工 B 面：顺时针转动的角度 = 180°−88°−40° = 52°

加工 C 面：顺时针转动的角度 = 180°−43°−90° = 47°

答：车削 A 面时小滑板应逆时针转动 40°；车削 B 面时小滑板应顺时针转动 52°；车削 C 面时，小滑板应顺时针转动 47°。

14. 解　已知　$C = 1:25$　$L_0 = 200\text{mm}$

$s = \frac{C}{2}L_0 = \frac{1/25}{2} \times 200\text{mm} = 4\text{mm}$

答：尾座偏移量 s 为 4mm。

15. 解　已知　$C = 1:600$　$L_0 = 400\text{mm}$

$S = \frac{C}{2}L_0 = \frac{1/600}{2} \times 400\text{mm} = 0.33\text{mm}$

答：尾座轴线对主轴轴线的偏移量为 0.33mm。

16. 解　已知　a）$D = 24\text{mm}$、$d = 18\text{mm}$、$L = 16\text{mm}$

b）$C = 1:25$、$L_0 = 250\text{mm}$

c）$C = 1:3$

a）由于这种工件的圆锥角较大，且圆锥部分长度较短，故用转动小滑板法车圆锥较合适。车床小滑板应转动角度为

$$\tan\frac{\alpha}{2} = \frac{D-d}{2L} = \frac{24\text{mm}-18\text{mm}}{2\times16\text{mm}} = 0.1875$$

$$\frac{\alpha}{2} = 10.62° = 10°37'10''$$

b）由于这种工件的锥度较小，工件较长，因此可用偏移车床尾座的方法车削。其尾座偏移量为

$$s = \frac{C}{2}L_0 = \frac{1/25}{2} \times 250\text{mm} = 5\text{mm}$$

如果有条件也可用靠模法车削。靠模应转动的角度为

$$\tan\frac{\alpha}{2} = \frac{C}{2} = \frac{1/25}{2} = 0.02$$

$$\frac{\alpha}{2} = 1.146° = 1°8'45''$$

c）由于这种工件圆锥角较大，且圆锥部分长度较短，故用转动小滑板法车削较好。车床小滑板应转动角度为

$$\tan\frac{\alpha}{2}=\frac{C}{2}=\frac{1/3}{2}=0.17$$

$$=9.462°=9°27'44''$$

答：a）和 c）用转动小滑板法车削，其转动的角度分别为 10°37′10″和 9°27′44″；b）用偏移尾座法车削或靠模法车削，尾座偏移量为 5mm，靠模转动的角度为 1°8′45″。

17. 解　已知 a）$D=28\text{mm}$、$d=0\text{mm}$、$L=24\text{mm}$

b）$D=41\text{mm}$、$d=24\text{mm}$、$L=26\text{mm}$

c）$C=1:15$　$D=50\text{mm}$　$L=60\text{mm}$

a）$\tan\frac{\alpha}{2}=\frac{D-d}{2L}=\frac{28\text{mm}-0\text{mm}}{2\times24\text{mm}}=0.05833$

$\frac{\alpha}{2}=30.256°=30°15'23''$

b）$\tan\frac{\alpha}{2}=\frac{D-d}{2L}=\frac{41\text{mm}-24\text{mm}}{2\times26\text{mm}}=0.3269$

$\frac{\alpha}{2}=18.1038°=18°6'13''$

c）$\tan\frac{\alpha}{2}=\frac{C}{2}=\frac{1/15}{2}=0.03333$

$\frac{\alpha}{2}=1.909°=1°54'33''$

答：车床小滑板应转动角度为 a）30°15′23″；b）18°6′13″；c）1°54′33″

（四）简答题

1. 答：圆锥面配合有以下几个特点：①当圆锥角较小（在 3°以下）时，可传递很大的转矩；②装卸方便，虽经多次装卸，仍能保证精确的定心作用；③圆锥面配合同轴度较高，并能做到无间隙配合。

2. 答：转动小滑板法车削锥度的优点是：①适于车削锥度较大，长度较短的内外圆锥；②操作简便，应用广泛，能保证一定的车削精度；③当工件圆锥半角超过小滑板转盘分度值范围时，可采用辅助刻线方法或游标万能角度尺调整等方法，确定小滑板转动角度的位置。缺点是：①不能机动进给而只能手动进给车削锥度，劳动强度大，工件表面粗糙度难控制；②工件锥度受小滑板行程的限制，只能车削较短的圆锥工件。根据图样要求，换算出圆锥半角 $\alpha/2$，$\alpha/2$ 就是车床小滑板应转过的角度。

3. 答：偏移尾座法车圆锥面的优点是可以利用车床自动进给，车出的工件表面粗糙度值较小，并能车较长的圆锥。缺点是不能车锥度较大的工件，中心孔接触不良，精度难以控制。适用于加工锥度较小，长度较长的工件。

4. 答：靠模法车削锥度的优点是调整锥度既方便、又准确；因中心孔接触良好，所以锥面质量高；可机动进给车外圆锥和内圆锥。但靠模装置的角度调节范围较小，一般在 12°以内，适合于批量生产。

5. 答：车削左右对称的内圆锥时，先把外端内圆锥加工准确，不转动小滑板的角度，将车刀反装，摇向对面再车里面一个内圆锥。这样，可获得两个内圆锥锥度相等且同轴度很高的工件。

6. 答：车削一对内外圆锥面时，可先把外圆锥车准确。不要变动小滑板角度，只需把车孔刀反装，主切削刃向下，再车削圆锥孔。由于小滑板角度不变，因此能保证配合精度。

7. 答：圆锥的锥度一般用圆锥量规结合涂色检验其接触面大小来确定锥度的正确性。

理论知识模块 6　成形面加工

一、考核范围（图 2-12）

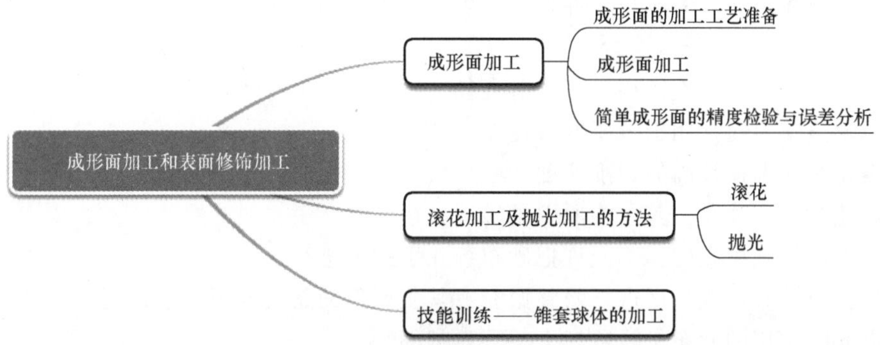

图 2-12　考核范围

二、考核要点详解（表 2-7）

表 2-7　考核要点

序号	考 核 要 点
1	常用的成形车刀种类
2	成形面加工
3	简单成形面的精度检验与误差分析
4	滚花刀的种类
5	滚花加工及抛光加工的方法

三、练习题

（一）判断题（对的画“√”，错的画“×”）

1. 车削曲面时应用圆头车刀车削。（　　）

2. 车圆球是由两边向中心车削，先粗车成形后再精车，逐渐将圆球面车圆整。（　　）

3. 车圆球前，两端用 45°车刀先倒角，主要是减小车圆球时的车削余量。（　　）

4. 成形表面的车削一般只能用成形刀进行加工。（　　）

5. 使用成形刀时，切削刃与工件接触面积大，容易引起振动，为防止振动，应选用较大的进给量和切削速度。（　　）

6. 用靠模法加工成形面质量稳定，适合于单件生产。（　　）

7. 使用靠模法车成形面，操作简单，形面准确。但只能加工成形表面变化不大的工件。（　　）
8. 数量较少或单件成形面工件，可采用双手控制车削。（　　）
9. 数量较少的成形面工件，可以用成形刀车削。（　　）
10. 圆形成形刀的主切削刃与中心等高时，其后角大于零度。（　　）
11. 检验成形面工件常用样板透光法。（　　）
12. 工件上滚花是为了增加摩擦力和使工件表面美观。（　　）
13. 滚花前根据工件材料的性质，须把滚花部分的直径车小（0.2~0.5）p（节距）。（　　）
14. 滚花刀在装夹时一般与工件表面产生一个很小的夹角，使刀具容易切入工件表面。（　　）
15. 滚花以后，工件直径小于滚花前直径。（　　）
16. 单轮滚花刀通常用于滚压网纹花。（　　）
17. 滚花时应选择较高的切削速度。（　　）
18. 滚花时产生乱纹，其主要原因是转速太慢。（　　）
19. 对工件外圆抛光时，不允许把砂布缠在手指上进行。（　　）
20. 用锉刀砂布对成形面进行修整抛光，其主要目的是使成形面表面光滑。（　　）
21. 抛光时选用的砂布，号数越大，颗粒越细。（　　）
22. 用砂布抛光时，工件转速应选得较高，并使砂布在工件表面上慢慢来回移动。（　　）
23. 成形面车削好后，不允许用锉刀修光。（　　）
24. 修整成形面时，一般使用三角锉。（　　）
25. 研磨工具的材料一般应比工件材料硬度大。（　　）
26. 滚花开始时，必须用较大的进给压力。（　　）
27. 花纹一般有直纹和网纹两种，并有粗细之分。（　　）
28. 普通成形刀，精度要求较高时可在工具磨床上刃磨。（　　）
29. 使用成形刀应选用较大的进给量和切削速度。（　　）
30. 用成形刀具对工件进行加工的方法叫成形法。（　　）

（二）选择题（将正确答案的序号填入括号内）

1. 数量较少或单件成形面工件，可采用（　　）进行车削。
A. 成形刀　　B. 双手控制法　　C. 靠模　　D. 偏移尾座法
2. 车圆球时移动滑板的顺序是（　　）。
A. 先移中滑板后移小滑板　　B. 先移小滑板后移中滑板
C. 同时移动中、小滑板　　D. 任意顺序
3. 粗车圆球时，要将球面的形状车正确，中滑板的进给速度必须（　　）。
A. 由慢逐步加快　　B. 由快逐步变慢　　C. 慢速　　D. 快速
4. 车削球形手柄时，为了使柄部与球面连接处轮廓清晰，可用（　　）车削。
A. 矩形沟槽车刀　　B. 圆形成形刀　　C. 45°车刀　　D. 90°车刀
5. 精车球面时，应（　　）。

A. 提高主轴转速　　B. 提高进给速度
C. 提高中小滑板的进给量　　D. 提高背吃刀量

6. 球面形状一般采用（　　）检验。
A. 样板　　B. 外径千分尺　　C. 游标卡尺　　D. 环规

7. 车削数量较多或有大圆角、圆弧槽或曲面狭窄而变化幅度较大的成形面时，一般采用（　　）。
A. 成形刀　　B. 双手控制法　　C. 靠模　　D. 直线法

8. 装夹成形车刀时，其主切削刃应（　　）。
A. 低于工件中心　　B. 与工件中心等高
C. 高于工件中心　　D. 任意高度

9. 成形车刀在切削时，应把车床主轴和滑板等各部分间隙调整得小一些，（　　）。
A. 切削速度低些，进给量小些　　B. 切削速度高些，进给量小些
C. 切削速度低些，进给量大些　　D. 切削速度高些，进给量大些

10. 圆形成形刀的主切削刃应比圆形成形刀的中心（　　）。
A. 高　　B. 低　　C. 等高　　D. 均可

11. 经过精车以后的工件表面，如果还不够光滑，可以用砂布进行（　　）。
A. 研磨　　B. 抛光　　C. 修光　　D. 打磨

12. 用平锉刀修整成形面时，工件余量一般为（　　）mm。
A. 0.1　　B. 0.5　　C. 0.02　　D. 0.2

13. 精修工件时可以用油光锉进行，其锉削余量一般在（　　）mm。
A. 0.1　　B. 0.05　　C. 0.5　　D. 0.2

14. 为了确保安全，在车床上锉削成形面时应（　　）握锉刀柄。
A. 左手　　B. 右手　　C. 双手　　D. 单手

15. 在车床上锉削时，推锉速度要（　　）。
A. 快　　B. 慢　　C. 缓慢且均匀　　D. 变化

16. 常用的抛光砂布中，（　　）号是细砂布。
A. 00　　B. 0　　C. 1　　D. 2

17. 常用的抛光砂布中，（　　）号是粗砂布。
A. 00　　B. 0　　C. 1　　D. 2

18. 使用砂布抛光工件时，（　　）。
A. 移动速度要均匀，转速应低些　　B. 移动速度要均匀，转速应高些
C. 移动速度要慢，转速应高些　　D. 移动速度要快，转速应低些

19. 对（　　）可以直接用手捏住砂布抛光。
A. 孔径比较大的工件　　B. 孔径比较小的工件
C. 外圆余量比较大的工件　　D. 任意工件

20. 滚花时因产生很大的挤压变形，因此，必须把工件滚花部分直径车（　　）mm（其中 p 是节距）。
A. 小（0.2~0.5）p　　B. 大（0.2~0.5）p
C. 小（0.08~0.12）p　　D. 大（0.08~0.12）p

21. 滚花开始时，必须用较（　　）的进给压力。

A. 大　　B. 小　　C. 轻微　　D. 变化

22. 滚花时应选择（　　）的切削速度。

A. 较高　　B. 中等　　C. 较低　　D. 变化

23. 滚花以后，工件直径（　　）滚花前直径。

A. 大于　　B. 等于　　C. 小于　　D. 不大于

24. 为了不产生乱纹，开始滚花时，挤压力要（　　）。

A. 大　　B. 均匀　　C. 小　　D. 变化

25. 滚花一般放在（　　）。

A. 粗车之前　　B. 精车之前　　C. 精车之后　　D. 粗车之后

26. （　　）滚花刀通常是压直花纹和斜花纹用的。

A. 单轮　　B. 双轮　　C. 六轮　　D. 四轮

27. 滚花的粗细由（　　）来决定。

A. 模数 m　　B. 节距 p　　C. 挤压深度 h　　D. 压力角 α

28. 滚花时，为了减小开始时的径向压力，滚花刀的装夹应（　　）。

A. 与工件表面平行　　B. 与工件轴心等高

C. 与工件表面平行，且与工件表面产生一个很小的夹角

D. 与工件表面垂直

（三）计算题

1. 车削如图 2-13 所示的球形凹面，求深度 H。

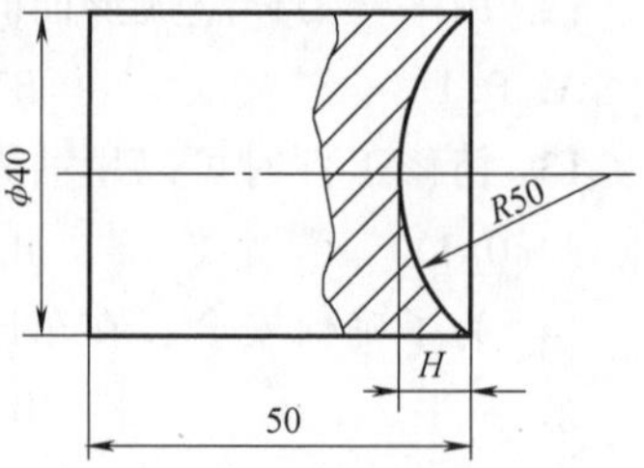

图 2-13　球形凹面

（四）简答题

1. 使用成形车刀时，怎样减少和防止振动？
2. 滚花时产生乱纹的原因有哪些？

四、参考答案及解析

（一）判断题

1. √　2. ×　3. √　4. ×　5. ×　6. ×　7. √　8. √　9. ×
10. ×　11. √　12. √　13. √　14. √　15. ×　16. ×　17. ×　18. ×
19. √　20. √　21. ×　22. √　23. ×　24. ×　25. ×　26. √　27. √
28. √　29. ×　30. √

（二）选择题

1. B　2. C　3. A　4. A　5. A　6. A　7. A　8. B　9. A
10. B　11. B　12. A　13. B　14. A　15. C　16. A　17. D　18. B
19. A　20. A　21. A　22. C　23. A　24. A　25. B　26. A　27. A
28. C

（三）计算题

1. 解　已知　$R=50\text{mm}$、$r=20\text{mm}$

$H=R-\sqrt{R^2-r^2}=50\text{mm}-\sqrt{50^2-20^2}\text{mm}=4.17\text{mm}$

答：深度 H 为 4.17mm。

（四）简答题

1. 答：使用成形车刀时，减少和防止振动的方法如下：①选用刚性较好的车床，并把车床主轴和车床滑板各部分的间隙调整得小些；②成形车刀要装得对准中心；③选用较小的进给量和切削速度并加注切削液。

2. 答：滚花时产生乱纹主要有以下原因：①工件外径周长不能被滚花刀节距 p 除尽；②滚花开始时，压力太小或接触面太大；③滚花刀转动不灵活，或滚花刀跟刀杆小轴配合间隙太大；④工件转速太高；⑤滚花前没有清除滚花刀齿中的细屑，或滚花刀齿部磨损。

理论知识模块7　螺纹加工

一、考核范围（图2-14）

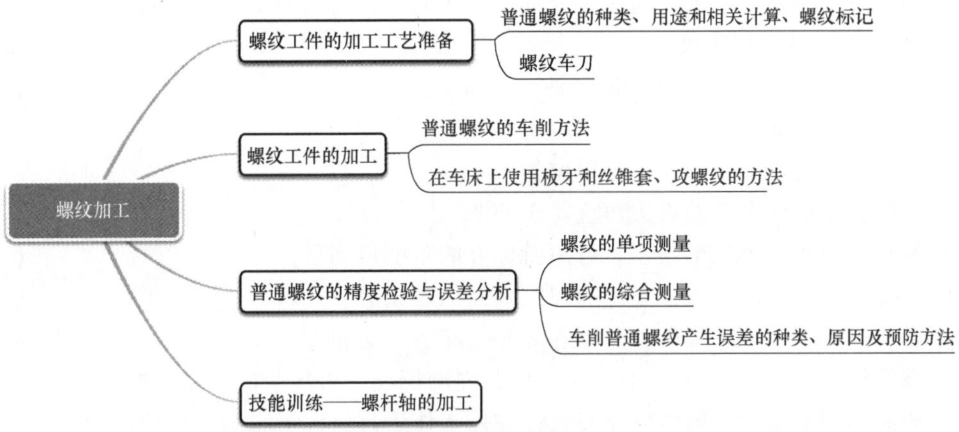

图2-14　考核范围

二、考核要点详解（表2-8）

表2-8　考核要点

序号	考核要点
1	普通螺纹的种类、用途及螺纹标记
2	螺纹几何参数的相关计算
3	螺纹车刀的种类及车刀角度对螺纹牙型角的影响
4	车削螺纹方法
5	板牙和丝锥套、攻螺纹的方法
6	普通螺纹的精度检验与误差分析

三、练习题

（一）判断题（对的画“√”，错的画“×”）

1. 车削螺纹可用45°车刀车削。（　　）

2. 车削不同螺距的螺纹可通过调换进给箱内的齿轮实现。（　）
3. 螺纹既可用于联接、紧固及调节，又可用来传递动力或改变运动形式。（　）
4. 圆柱体端面上只有一条螺纹起点称单线螺纹。（　）
5. 螺纹可分为圆柱螺纹和圆锥螺纹两大类。（　）
6. 导程是在同一螺旋线的中径线上对应两点之间的轴向距离。（　）
7. 粗牙普通螺纹的代号不必标注螺距。（　）
8. 普通内螺纹大径的基本尺寸要比外螺纹大径的基本尺寸略大一些。（　）
9. 普通内螺纹小径的基本尺寸和外螺纹小径的基本尺寸相等。（　）
10. 代表螺纹尺寸的直径叫公称直径。（　）
11. 外螺纹顶径就是指螺纹大径。（　）
12. 普通三角形螺纹，它的牙型角为55°。（　）
13. 公称直径相等的内、外螺纹中径的基本尺寸应相等。（　）
14. 细牙普通螺纹与粗牙普通螺纹公称直径相同时，它们的螺距也相同。（　）
15. M16×1.5是左旋螺纹。（　）
16. M14表示粗牙普通螺纹，螺距是1.5mm。（　）
17. 寸制螺纹的牙型角为55°。（　）
18. 寸制螺纹是用毫米作为计量单位的。（　）
19. 车削普通螺纹车刀的刀尖角应等于60°。（　）
20. 螺纹车刀刃磨得正确与否，可用游标万能角度尺测量。（　）
21. 有背前角的螺纹车刀，车出的螺纹表面比较光滑。（　）
22. 普通螺纹的基本牙型中，牙顶和牙底均在$H/4$处削平。（　）
23. 在螺纹代号后若注明“LH”字，则是左旋螺纹，未注明的为右旋螺纹。（　）
24. 刃磨车削右旋丝杠的螺纹车刀时，左侧工作后角应大于右侧工作后角。（　）
25. 磨螺纹车刀时，两个切削刃的后角都应磨成相同的角度。（　）
26. 攻螺纹和套螺纹时，切削速度高，会使螺纹中径尺寸不对。（　）
27. 精磨高速钢螺纹车刀选用F80氧化铝砂轮精磨。（　）
28. 用背前角为0°的硬质合金螺纹车刀高速车螺纹时，车刀的刀尖角应等于工件的牙型角。（　）
29. 硬质合金螺纹车刀的背前角取0°，高速车螺纹时，它的牙型角必须磨成60°。（　）
30. 用背前角较大的螺纹车刀车削螺纹时，车出的螺纹牙型两侧不是直线而是曲线。（　）
31. 装夹背前角为0°的螺纹车刀，如果车刀刀尖高于或低于工件轴线，车出的螺纹的牙型角要比车刀的刀尖角大。（　）
32. 螺纹车刀的刀杆刚性不好，车出的螺纹表面粗糙度值高。（　）
33. 三角形螺纹车刀装夹时，车刀刀尖角的中心线必须与工件轴线严格保持垂直，否则会产生牙型歪斜。（　）
34. 采用弹性刀柄螺纹车刀车削螺纹，当切削力超过一定值时，车刀能自动让开，使切屑保持适当的厚度，粗车时可避免“扎刀”现象。（　）

35. 螺纹车刀装夹时偏斜，车出的牙型角仍为60°，对工件的质量影响不会太大。（　）

36. 乱牙就是螺纹“破牙”，即在车削三角形螺纹时，第二刀车削的螺纹车刀刀头不在第一刀的槽内。（　）

37. 乱牙主要是在车床丝杠的螺距不是工件螺距整数倍的情况下车削所造成的。（　）

38. 车螺纹时，工件转1r，丝杠转4r，是不会产生乱牙的。（　）

39. 在丝杠螺距为12mm的车床上，车削螺距为3mm的螺纹要产生乱牙。（　）

40. 当工件转1r，丝杠转数是整数转时，不会产生乱牙。（　）

41. 车床丝杠螺距为12mm，车螺距为12mm的双线螺纹，会产生乱牙。（　）

42. 倒顺车法可以防止螺纹乱牙，适用于车削精度较高的螺纹，且不受螺距的限制。（　）

43. 倒顺车法退刀时应打开开合螺母。（　）

44. 低速车削普通螺纹时，可用一把车刀完成粗、精加工。（　）

45. 用直进法车削螺纹，螺纹齿面容易车光。（　）

46. 左右切削法车削螺纹齿面，可以获得很小的表面粗糙度值。（　）

47. 左右切削法所选的切削用量应比直进法的切削用量小。（　）

48. 螺距较大的螺纹，可采用直进法车削。（　）

49. 低速车削螺纹时，最好采用弹性刀杆，以避免扎刀。（　）

50. 高速车削螺纹比低速车削螺纹的生产率可提高10倍。（　）

51. 高速车削螺纹时，最好使用K10硬质合金螺纹车刀。（　）

52. 用硬质合金车刀高速车削三角形螺纹时，切削速度一般取10~20m/min。（　）

53. 高速车削螺纹时，车削的螺纹大径应比公称尺寸大0.2~0.4mm。（　）

54. 车螺纹过程中，如刀具损坏，换上新刀即可重新车削原来的螺纹。（　）

55. 用板牙套螺纹，一般用在加工不大于M20的螺纹。（　）

56. 为了使套螺纹时省力，工件大径应车到接近螺纹大径的上极限偏差。（　）

57. 套钢件螺纹时切削速度应选择2~4m/min，铜件为4~6m/min。（　）

58. 在车床上用板牙套螺纹实际上是一种成形面加工。（　）

59. 塑性材料套螺纹时应加切削液。（　）

60. 套螺纹时工件直径应偏小一些，否则容易产生乱牙。（　）

61. 套螺纹时，必须将套螺纹前的外圆直径按螺纹大径的基本尺寸车至要求。（　）

62. 套螺纹或攻螺纹时，攻、套出的螺纹中径尺寸不对是由于板牙或丝锥装夹歪斜造成的。（　）

63. 套螺纹或攻内螺纹时如果切削速度选得过高，套、攻出的螺纹会产生乱牙。（　）

64. 为了使螺纹的牙部材质紧密些，套螺纹时应将工件尺寸车得大一些。（　）

65. 攻小于M16的内螺纹一般先进行钻孔，倒角后直接用丝锥攻出，螺纹一次成形。（　）

66. 攻螺纹前的底孔直径大，会引起丝锥折断。（　）

67. 攻螺纹时孔的直径必须比螺纹的小径稍大一点。（　）

68. 丝锥的公差带有四个等级，其中H4公差等级最高，H1公差等级最低。（　）

69. 攻螺纹前的底孔尺寸，只要把螺纹公称尺寸减去 1mm 即可。（ ）

70. 在无进给箱的车床上车螺纹时，须计算出交换齿轮齿数并搭配在交换齿轮架上。（ ）

71. 螺纹的测量分单项测量和综合测量两类。（ ）

72. 螺距一般用螺纹千分尺来测量。（ ）

73. 螺纹中径必须用三针法测量。（ ）

74. 螺纹的综合测量应使用螺纹量规进行。（ ）

75. 用螺纹塞规检验内螺纹时，必须是通端和止端都能拧入，才是合格品。（ ）

76. 车削螺纹时，切入深度不够，会导致螺纹大径不正确。（ ）

77. 车削螺纹时，交换齿轮搭配错误会导致牙型不正确。（ ）

78. 车削螺纹时，车刀刀尖角刃磨不正确会造成螺纹牙型不正确。（ ）

79. 车一对互配的内外螺纹，配好后螺母调头却拧不进，分析原因是内外螺纹的牙型角都歪斜而造成的。（ ）

（二）选择题（将正确答案的序号填入括号内）

1. 车床的长丝杠是用来车削（ ）的。

A. 圆柱面和曲面　B. 螺纹和蜗杆　C. 内外圆锥面　D. 成形面

2. 普通螺纹的牙型角为（ ）。

A. 30°　B. 55°　C. 60°　D. 45°

3. 在机械加工中，通常采用（ ）的方法来加工螺纹。

A. 车削螺纹　B. 滚压螺纹　C. 搓螺纹　D. 铣螺纹

4. 车普通螺纹时，车刀的刀尖角应等于（ ）。

A. 30°　B. 55°　C. 60°　D. 80°

5. 螺纹的导程 P_h 和螺距 P 的关系是（ ）（n 是螺纹的线数）。

A. $P=nP_h$　B. $P_h=nP$　C. $P=P_h$　D. $P_h=2nP$

6. M16×1.5 表示该螺纹为（ ）。

A. 公称直径是 16mm，螺距为 1.5mm 的粗牙普通螺纹

B. 公称直径是 16mm，螺距为 1.5mm 的细牙普通螺纹

C. 公称直径是 16mm，螺距为 1.5mm 的左旋普通螺纹

D. 公称直径是 16mm，导程为 1.5mm 的普通螺纹

7. 车削工件材料为中碳钢的普通内螺纹，计算孔径尺寸的近似公式为（ ）。

A. $D_{孔}=D-P$　B. $D_{孔}=D-1.05P$

C. $D_{孔}=D-1.0825P$　D. $D_{孔}=P-D$

8. 用带有较大背前角的螺纹车刀车普通螺纹时，必须使刀尖角（ ）牙型角。

A. 大于　B. 小于　C. 等于　D. 不小于

9. 用硬质合金螺纹车刀高速车削普通螺纹时，须将刀尖角磨成（ ）。

A. 60°　B. 59°30′　C. 60°±10′　D. 55°

10. 螺纹车刀的刀尖圆弧太大，会使车出的三角形螺纹底径太宽，造成（ ）。

A. 螺纹环规通端旋进，止规旋不进　B. 螺纹环规通端旋不进，止规旋进

C. 螺纹环规通端和止规都旋不进　D. 螺纹环规通端和止端都能旋进

11. 粗磨高速钢螺纹车刀切削刃时应选用（　　）砂轮。

A. 碳化硼　　B. 氧化铝　　C. 碳化硅　　D. 金刚石

12. 粗磨高速钢螺纹车刀后面，必须使刀柄与砂轮外圆水平方向成（　　），垂直方向倾斜 8°~10°。

A. 30°　　B. 45°　　C. 20°　　D. 60°

13. 高速钢螺纹车刀后面磨好后应用（　　）检查刀尖角。

A. 螺纹样板　　B. 角度样板　　C. 游标万能角度尺　　D. 环规

14. 高速钢车刀低速车削三角形螺纹，能获得（　　）。

A. 较高的螺纹精度和较低的表面粗糙度值

B. 较低的螺纹精度和较高的表面粗糙度值

C. 较高的螺纹精度和较高的表面粗糙度值

D. 较低的螺纹精度和表面粗糙度值

15. 硬质合金车刀高速车削螺纹，适应于（　　）。

A. 单件生产　　B. 特殊规格的螺纹

C. 成批生产　　D. 少量生产

16. （　　）适用于螺距小于 2mm 或脆性材料的螺纹车削。

A. 直进法　　B. 左右切削法　　C. 斜进法切削　　D. 仿形法

17. 高速钢车刀粗车时的切削速度应取为（　　）m/min。

A. 5~10　　B. 10~15　　C. 15~20　　D. 20~30

18. 高速钢车刀精车时的切削速度应取为（　　）m/min。

A. 5~10　　B. 10~15　　C. 15~20　　D. 20~30

19. 硬质合金车刀车螺纹的切削速度一般取（　　）m/min。

A. 30~50　　B. 50~70　　C. 70~90　　D. 90~110

20. 用硬质合金车刀车削螺纹时只能用（　　）进给。

A. 直进法　　B. 左右切削法　　C. 斜进法切削　　D. 仿形法

21. 高速车削三角形螺纹的螺距一般在（　　）。

A. 3mm 以下　　B. 1.5~3mm 之间　　C. 3mm 以上　　D. 3~5mm

22. 高速车削螺纹时，切削速度达到（　　）m/min 以上时，不会产生积屑瘤。

A. 70　　B. 30　　C. 150　　D. 50

23. 用（　　）车出的螺纹能获得较小的表面粗糙度值。

A. 直进法　　B. 左右切削法　　C. 斜进法切削　　D. 仿形法

24. 高速钢梯形螺纹粗车刀的刀尖角应（　　）。

A. 略小于螺纹牙型角　　B. 略大于螺纹牙型角

C. 等于螺纹牙型角　　D. 任意值

25. 高速钢梯形螺纹精车刀的刀尖角应（　　）。

A. 略小于螺纹牙型角　　B. 略大于螺纹牙型角

C. 等于螺纹牙型角　　D. 任意值

26. 车螺纹时产生扎刀和顶弯工件的原因是（　　）。

A. 车刀背前角太大　　B. 车床丝杠和主轴有窜动

C. 车刀装夹不正确，产生半角误差　　D. 背吃刀量太小

27. 螺纹孔口的倒角，直径要大于（　　）。

A. 螺纹大径　　B. 螺纹中径　　C. 螺纹小径　　D. 导程

28. 套螺纹时必须先将工件外圆车小，然后将端面倒角，倒角后的端面直径（　　），使板牙容易切入工件。

A. 小于螺纹大径　　B. 小于螺纹中径

C. 小于螺纹小径　　D. 大于螺纹小径

29. 用板牙套螺纹时，应选择（　　）的切削速度。

A. 较高　　B. 中等　　C. 较低　　D. 变化

30. 精度高的螺纹要用（　　）测量它的螺距。

A. 游标卡尺　　B. 钢直尺　　C. 螺距规　　D. 螺纹千分尺

31. 一般精度的螺纹用（　　）测量它的螺距。

A. 游标卡尺　　B. 钢直尺　　C. 螺距规　　D. 螺纹千分尺

32. 用螺纹千分尺可测量外螺纹的（　　）。

A. 大径　　B. 小径　　C. 中径　　D. 螺距

33. 用三针测量法可测量螺纹的（　　）。

A. 大径　　B. 小径　　C. 中径　　D. 螺距

34. 螺纹的综合测量应使用（　　）。

A. 螺纹千分尺　　B. 游标卡尺　　C. 钢直尺　　D. 螺纹环规

35. 车出的螺纹表面粗糙度值大，是因为选用（　　）造成的。

A. 较低的切削速度　　B. 中等切削速度

C. 较高的切削速度　　D. 变化的切削速度

36. 车螺纹时螺距不正确是（　　）等原因造成的。

A. 车刀背前角太大　　B. 车床丝杠和主轴有窜动

C. 车刀装夹不正确，产生半角误差　　D. 车刀径向前角太小

（三）计算题

1. 根据表 2-9 所列的已知条件，写出螺距并计算出螺纹中径 d_2、内螺纹小径 D_1，并填入表中。

表 2-9　螺纹参数

螺纹代号	螺距 P/mm	螺纹中径 d_2/mm	内螺纹小径 D_1/mm
M12			
M48×2			
M16			
M36×3			

2. 有一台卧式车床，中滑板刻度盘圆周等分 200 格，每转 1 格时，中滑板移动距离为 0.02mm，这台车床的中滑板丝杠螺距是多少毫米？

3. 车削工件外圆，选用背吃刀量 2mm，在圆周等分为 200 格的中滑板刻度盘上正好转过 1/4 周，求刻度盘每格为多少毫米？中滑板丝杠螺距是多少毫米？

（四）简答题

1. 刃磨螺纹车刀时，应达到哪些要求？
2. 装夹螺纹车刀时，应达到哪些要求？
3. 车螺纹时，在什么情况下要采用倒顺车法？什么情况下可使用开合螺母？
4. 高速车削螺纹时，应注意哪些问题？
5. 攻螺纹前，螺纹小径（孔径）太小会产生什么后果？如何确定普通螺纹攻螺纹前的孔径？
6. 车螺纹时牙型不正确是什么原因造成的？
7. 车螺纹时产生扎刀是什么原因造成的？

四、参考答案及解析

（一）判断题

1. ×	2. ×	3. √	4. √	5. √	6. ×	7. √	8. ×	9. √	10. √
11. √	12. ×	13. √	14. ×	15. ×	16. ×	17. √	18. ×	19. √	20. ×
21. √	22. √	23. √	24. √	25. √	26. √	27. √	28. ×	29. ×	30. √
31. √	32. √	33. √	34. √	35. ×	36. √	37. ×	38. ×	39. ×	40. ×
41. √	42. √	43. ×	44. ×	45. ×	46. √	47. √	48. ×	49. √	50. √
51. √	52. ×	53. ×	54. ×	55. ×	56. ×	57. √	58. √	59. √	60. √
61. ×	62. √	63. ×	64. ×	65. √	66. ×	67. √	68. ×	69. ×	70. √
71. √	72. ×	73. ×	74. √	75. ×	76. ×	77. ×	78. √	79. √	

（二）选择题

1. B	2. C	3. A	4. C	5. B	6. B	7. A	8. B	9. B	10. B
11. B	12. A	13. A	14. A	15. C	16. A	17. B	18. A	19. B	20. A
21. B	22. A	23. B	24. A	25. C	26. A	27. A	28. C	29. C	30. C
31. B	32. C	33. C	34. D	35. B	36. B				

（三）计算题

1. 解 已知 （1）M12 （2）M48×2 （3）M16 （4）M36×3

（1）$P=1.75\text{mm}$

$d_2=d-0.6495P=12\text{mm}-0.6495\times1.75\text{mm}=10.863\text{mm}$

$D_1=d-1.0825P=12\text{mm}-1.0825\times1.75\text{mm}=10.106\text{mm}$

（2）$P=2\text{mm}$

$d_2=d-0.6495P=48\text{mm}-0.6495\times2\text{mm}=46.701\text{mm}$

$D_1=d-1.0825P=48\text{mm}-1.0825\times2\text{mm}=45.835\text{mm}$

（3）$P=2\text{mm}$

$d_2=d-0.6495P=16\text{mm}-0.6495\times2\text{mm}=14.701\text{mm}$

$D_1=d-1.0825P=16\text{mm}-1.0825\times2\text{mm}=13.835\text{mm}$

（4）$P=3\text{mm}$

$d_2=d-0.6495P=36\text{mm}-0.6495\times3\text{mm}=34.052\text{mm}$

$D_1=d-1.0825P=36\text{mm}-1.0825\times3\text{mm}=32.753\text{mm}$

答：螺纹各参数见表2-10。

表2-10 螺纹各参数

螺纹代号	螺距 P/mm	螺纹中径 d_2/mm	内螺纹小径 D_1/mm
M12	1.75	10.863	10.106
M48×2	2	46.701	45.835
M16	2	14.701	13.835
M36×3	3	34.502	32.753

2. 解　已知　$n=200$ 格、$a=0.02$mm

$P=an=0.02\text{mm}\times200=4\text{mm}$

答：中滑板丝杠螺距是4mm。

3. 解　已知　$a_p=2$mm、$n=200$ 格

$$a=\frac{2\text{mm}}{200\times1/4}=0.04\text{mm}$$

$P=an=0.04\text{mm}\times200=8\text{mm}$

答：刻度盘每格为0.04mm；中滑板丝杠螺距为8mm。

（四）简答题

1. 答：刃磨螺纹车刀时，应达到以下要求：①车刀的刀尖角等于牙型角；②车刀的背前角 $\gamma_p=0°$。粗车时允许有 $5°\sim15°$ 的背前角；③车刀后角因螺纹升角的影响，应磨得不同，进给方向的后角较大；④车刀的左右切削刃必须是直线（滚珠丝杠螺纹除外）。

2. 答：车削管螺纹时为了保证螺纹牙型正确，对装夹螺纹车刀提出了严格的要求：1）装刀时刀尖高度必须对准工件旋转中心；2）车刀刀尖角的中心线必须与工件轴线严格保持垂直，装刀时可用样板来对刀。如果车刀装斜，就会产生牙型歪斜。

3. 答：车螺纹时，如果产生乱牙，可采用倒顺车法。如果不产生乱牙，可使用开合螺母。

4. 答：高速车螺纹时，应注意以下问题：①螺纹大径应比基本尺寸小0.2~0.4mm；②因切削力较大，工件必须夹持牢固；③要及时退刀，以防碰伤工件或损坏机床；④背吃刀量开始可大些，以后逐渐减小，车削到最后一次时，背吃刀量不能太小（一般在0.15~0.25mm）。

5. 答：攻螺纹前如果钻孔孔径钻得太小，因工件材料的挤压，使切削转矩大大增加，容易折断丝锥。攻螺纹时的孔径可按下式计算：

加工钢及塑性材料时：$D_{孔}=d-P$

加工铸铁或脆性材料时：$D_{孔}=d-1.05P$

式中　$D_{孔}$——攻螺纹前的钻孔直径（mm）；

d——螺纹大径（mm）；

P——螺距（mm）。

6. 答：车螺纹时，牙型不正确主要有以下几个原因：①车刀安装不正确，产生牙型半角误差；②车刀刀尖角磨得不正确；③车刀磨损。

7. 答：车螺纹时产生扎刀主要原因是：①车刀前角太大，中滑板丝杠间隙较大；②工件刚性差，而切削用量选择太大。

第三部分

操作技能考核指导

操作技能1　车　喷　嘴

1. 考件图样（图 3-1）

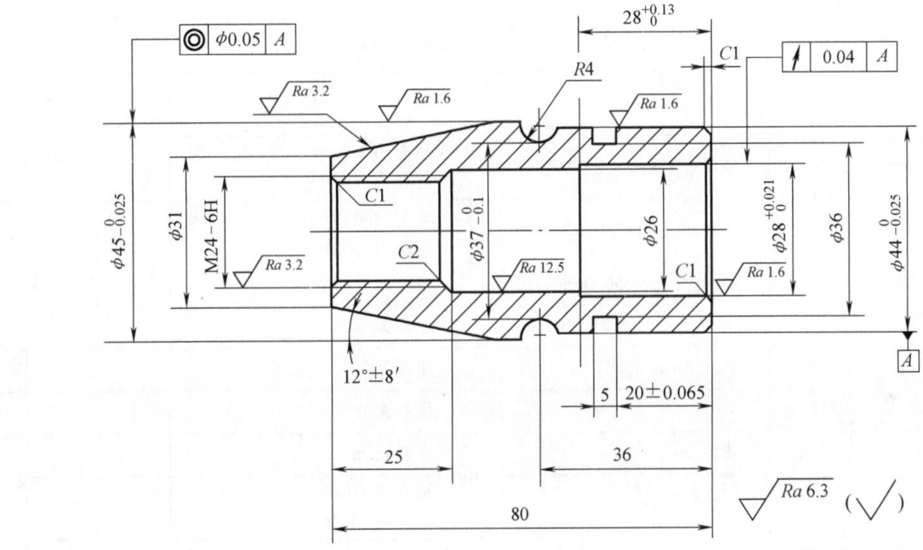

名称	喷嘴
材料	45

图 3-1　喷嘴

2. 准备要求

1）考件材料为 45 热轧圆钢，锯断尺寸为 ϕ50mm×85mm。

2）钻孔、攻螺纹用切削液。

3）检验锥度用显示剂。

4）相关工具、量具、刃具。

3. 考核内容

（1）考核要求

1）考件的各尺寸精度、几何精度、表面粗糙度达到图样规定要求。

2）不准使用砂布对考件进行修整加工。

3）$R4$mm 圆弧允许使用自磨成形车刀加工。

4）M24 内螺纹允许使用丝锥攻螺纹。

5）$\phi28^{+0.021}_{0}$mm 不准使用铰刀加工。

6）不允许使用车削用心轴装夹车外圆。

7）未注公差尺寸按 IT14 等级加工。

8）考件与图样严重不符的，应扣去该考件的全部配分。

（2）时间定额 3.5h（不含考前准备时间）。提前完工不加分，超时间定额 15min 扣 5 分，超 25min 扣 10 分，超 25min 以上则应停止考试。

（3）安全文明生产

1）正确执行安全技术操作规程。

2）按企业有关文明生产的规定，做到工作场地整洁，工件、刀具、工具、量具摆放整齐。

4. 配分与评分标准（表 3-1）

表 3-1 车喷嘴配分与评分标准

序号	作业项目	配分	考核内容	评分标准	考核记录	扣分	得分
1	车外圆	8分	$\phi45^{0}_{-0.025}$mm	超差 0.01mm 扣 5 分，超差 0.01mm 以上无分			
		8分	$\phi44^{0}_{-0.025}$mm	超差 0.01mm 扣 5 分，超差 0.01mm 以上无分			
		6分	同轴度公差 $\phi0.05$mm	超差无分			
		6分	径向圆跳动公差 0.04mm	超差无分			
		4分	$Ra1.6\mu m$（2 处）	超差无分			
		0.5分	$C1$	超差无分			
2	车内孔	3分	$\phi26$mm	超差无分			
		10分	$\phi28^{+0.021}_{0}$mm	超差 0.01mm 扣 5 分，超差 0.01mm 以上无分			
		2分	25mm	超差无分			
		5分	$28^{+0.13}_{0}$mm	超差 0.06mm 扣 3 分，超差 0.06mm 以上无分			
		2分	$Ra1.6\mu m$	超差无分			
		1分	$Ra12.5\mu m$	超差无分			
		1分	$C1$	超差无分			
		1分	$C2$	超差无分			
3	车圆锥体	6分	$12°\pm8'$	$\alpha/2=12°\pm10'$扣 3 分，$\alpha/2>12°\pm10'$无分			
		2分	$\phi31$mm	超差无分			
		2分	$Ra3.2\mu m$	超差无分			
		6分	接触面积大于或等于 60%	接触面积 50%~59%扣 3 分，<50%无分			

（续）

序号	作业项目	配分	考核内容	评分标准	考核记录	扣分	得分
4	车内螺纹	5分	M24-6H	用螺纹塞规检验、通端不通过或者止端通过无分			
		2分	$Ra3.2\mu m$	超差无分			
		0.5分	$C1$	超差无分			
5	车沟槽	3分	5mm×φ36mm	超差无分			
		3分	(20±0.065)mm	超差0.03mm扣2分，超差0.03mm以上无分			
		4分	$R4mm\times\phi37_{-0.10}^{\ 0}mm$	超差0.05mm扣2分，超差0.01mm以上无分			
		1分	36mm	超差无分			
		4分	$Ra6.3\mu m$（4处）	超差无分			
6	车长度	2分	80mm	超差无分			
		2分	$Ra6.3\mu m$（2处）	超差无分			
7	安全文明生产		遵守安全操作规程，正确使用工具、量具，操作现场整洁	按达到规定的标准程度评定，一项不符合要求在总分中扣2.5分			
			安全用电，防火，无人身、设备事故	因违规操作而引发重大人身、设备事故，此卷按0分计算			
合计		100分					

操作技能2　车　磨　杆

1. 考件图样（图3-2）

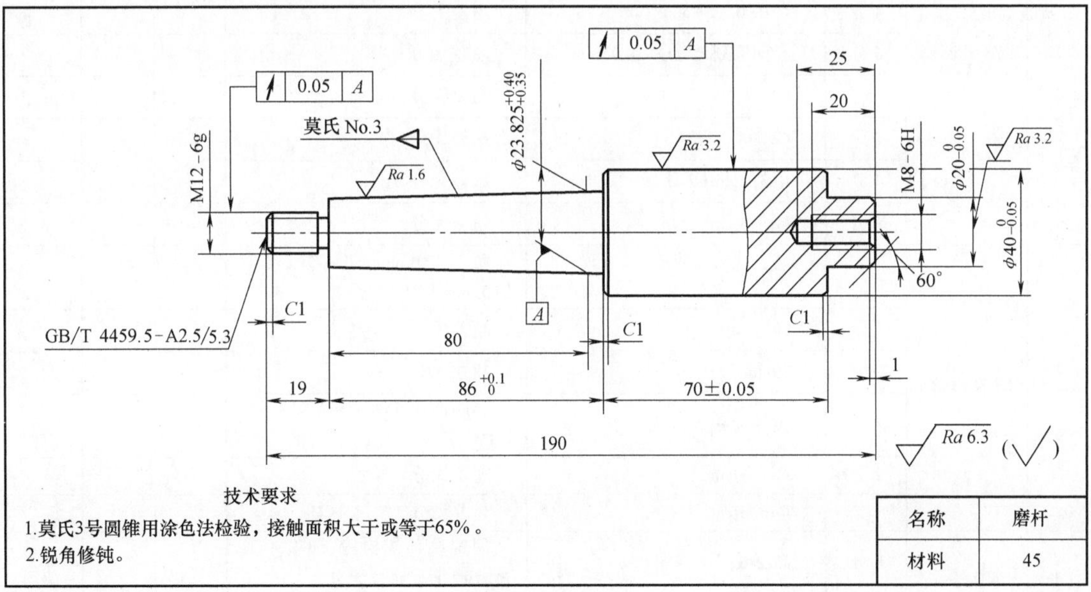

图3-2　磨杆

2. 准备要求

1）考件材料为 45 热轧圆钢，锯断尺寸为 ϕ45mm×195mm。

2）钻孔、攻螺纹用切削液。

3）检验锥度用显示剂。

4）相关工具、量具、刃具。

3. 考核内容

（1）考核要求

1）考件的各尺寸精度、几何精度、表面粗糙度达到图样规定要求。

2）不准使用砂布对考件修整加工。

3）未注公差尺寸按 IT14 等级加工。

4）考件与图样严重不符的应扣去该考件的全部配分。

（2）时间定额　3h（不含考前准备时间）。提前完工不加分，超时间定额 15min 扣 5 分，超 25min 扣 10 分，超 25min 以上则应停止考试。

（3）安全文明生产

1）正确执行安全技术操作规程。

2）按企业有关文明生产的规定，做到工作场地整洁，工件、刃具、工具、量具摆放整齐。

4. 配分与评分标准（表 3-2）

表 3-2　车磨杆配分与评分标准

序号	作业项目	配分	考核内容	评分标准	考核记录	扣分	得分
1	车外圆	10 分	$\phi40_{-0.05}^{0}$mm	超差 0.02mm 扣 5 分，超差 0.02mm 以上无分			
		10 分	$\phi20_{-0.05}^{0}$mm	超差 0.02mm 扣 5 分，超差 0.02mm 以上无分			
		4 分	(70±0.05)mm	超差无分			
		6 分	径向圆跳动公差 0.05mm	超差无分			
		1.5 分	60°	超差无分			
		1 分	$C1$	超差无分			
		4 分	$Ra3.2\mu m$（2 处）	超差无分			
		1 分	$Ra6.3\mu m$	超差无分			
2	车圆锥体	8 分	$\phi23.825_{+0.35}^{+0.40}$ mm	超差 0.02mm 扣 4 分，超差 0.02mm 以上无分			
		5 分	$86_{0}^{+0.1}$mm	超差无分			
		2 分	80mm	超差无分			
		8 分	接触面积大于或等于 65%	接触面积 55%～64%扣 4 分，<55%无分			
		2 分	$Ra1.6\mu m$	超差无分			
		1 分	$Ra6.3\mu m$	超差无分			
3	车外螺纹	8 分	M12-6g	用螺纹环规检验，通端不通过或者止端通过无分			
		3 分	19mm	超差无分			

（续）

序号	作业项目	配分	考核内容	评分标准	考核记录	扣分	得分
3	车外螺纹	6 分	径向圆跳动公差 0.05mm	超差无分			
		0.5 分	*C*1	超差无分			
		2 分	*Ra*6.3μm	超差无分			
4	攻内螺纹	6 分	M8-6H	用螺纹塞规检验，通端不通过或者止端通过无分			
		2 分	20mm	超差无分			
		2 分	25mm	超差无分			
		1 分	1mm	超差无分			
5	钻中心孔	2 分	GB/T 4459.5-A2.5/5.3	超差无分			
6	车总长	2 分	190mm	超差无分			
		2 分	*Ra*6.3μm（2 处）	超差无分			
7	安全文明生产		遵守安全操作规程，正确使用工具、量具、操作现场整洁	按达到规定的标准程度评定，一项不符合要求在总分中扣 2.5 分			
			安全用电，防火，无人身、设备事故	因违规操作而引发重大人身、设备事故，此卷按 0 分计算			
8	合计	100 分					

操作技能 3　车　带　轮

1. 考件图样（图 3-3）

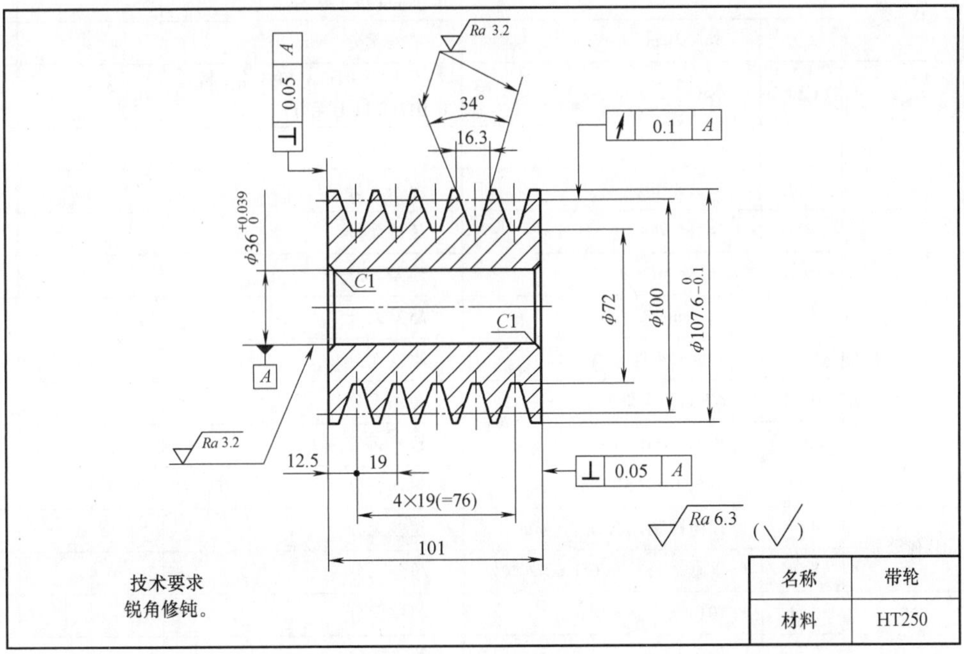

图 3-3　带轮

2. 准备要求

1）考件材料为 HT250 铸件，毛坯尺寸为 ϕ115mm×110mm。

2）相关工具、量具、刃具。

3. 考核内容

（1）考核要求

1）考件的各尺寸精度、几何精度、表面粗糙度达到图样规定要求。

2）不准使用砂布对考件修整加工。

3）孔 $\phi36^{+0.039}_{0}$mm 不准使用铰刀加工。

4）不允许使用车削用心轴装夹。

5）允许使用锉刀对 V 形槽口锐角倒钝。

6）未注公差尺寸按 IT14 等级加工。

7）考件与图样严重不符的应扣去该考件的全部配分。

（2）时间定额　3.5h（不含考前准备时间）。提前完工不加分，超时间定额 15min 扣 5 分，超 25min 扣 10 分，超 25min 以上则应停止考试。

（3）安全文明生产

1）正确执行安全技术操作规程。

2）按企业有关文明生产的规定，做到工作场地整洁，工件、刃具、工具、量具摆放整齐。

4. 配分与评分标准（表 3-3）

表 3-3　车带轮配分与评分标准

序号	作业项目	配分	考核内容	评分标准	考核记录	扣分	得分
1	车外圆	5 分	$\phi107.6^{0}_{-0.1}$mm	超差 0.05mm 扣 3 分，超差 0.05mm 以上无分			
		2 分	$Ra6.3\mu m$	超差无分			
2	车内孔	6 分	$\phi36^{+0.039}_{0}$mm	超差 0.01mm 扣 3 分，超差 0.01mm 以上无分			
		1 分	C1（2 处）	超差无分			
		3 分	$Ra3.2\mu m$	超差无分			
3	车 V 形槽	10 分	34°（5 处）	超差无分			
		10 分	16.3mm（5 处）	超差无分			
		4 分	12.5mm（2 处）	超差无分			
		8 分	19mm（4 处）	超差无分			
		10 分	ϕ72mm（5 处）	超差无分			
		20 分	$Ra3.2\mu m$（10 处）	超差无分			
		5 分	$Ra6.3\mu m$（5 处）	超差无分			
4	几何公差	4 分	径向圆跳动公差 0.1mm	超差无分			
		8 分	垂直度公差 0.05mm（2 处）	超差无分			
5	车总长	2 分	101mm	超差无分			
		2 分	$Ra6.3\mu m$（2 处）	超差无分			

（续）

序号	作业项目	配分	考核内容	评分标准	考核记录	扣分	得分
6	安全文明生产		遵守安全操作规程，正确使用工具、量具、操作现场整洁	按达到规定的标准程度评定，一项不符合要求在总分中扣 2.5 分			
			安全用电，防火，无人身、设备事故	因违规操作而引发重大人身、设备事故，此卷按 0 分计算			
7	合计	100 分					

操作技能 4　车 螺 纹 套

1. 考件图样（图 3-4）

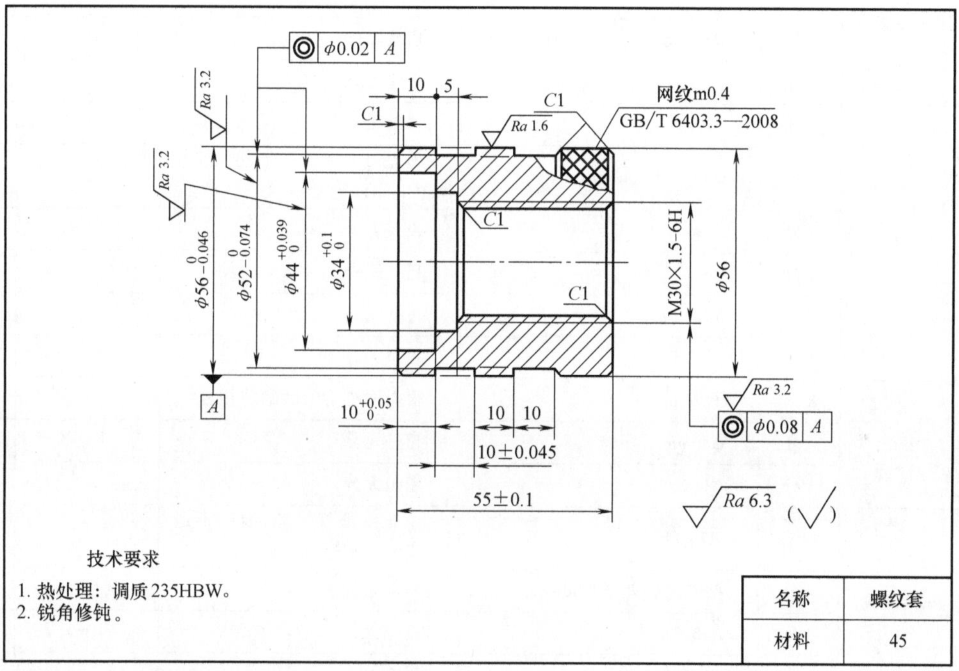

图 3-4　螺纹套

2. 准备要求

1）考件材料为 45 热轧圆钢，锯断尺寸为 ϕ60mm×60mm。

2）钻孔用切削液。

3）相关工具、量具、刃具。

3. 考核内容

（1）考核要求

1）考件的各尺寸精度、几何精度、表面粗糙度达到图样规定要求。

2）不准使用砂布对考件修整加工。

3）未注公差尺寸按 IT14 等级加工。

4）考件与图样严重不符的应扣去该考件的全部配分。

（2）时间定额　3h（不含考前准备时间）。提前完工不加分，超时间定额 10min 扣 5 分，超 20min 扣 10 分，超 20min 以上则应停止考试。

（3）安全文明生产

1）正确执行安全技术操作规程。

2）按企业有关文明生产的规定，做到工作场地整洁，工件、刃具、工具、量具摆放整齐。

4. 配分与评分标准（表 3-4）

表 3-4　车螺纹套配分与评分标准

序号	作业项目	配分	考核内容	评分标准	考核记录	扣分	得分
1	车外圆	10 分	$\phi 56_{-0.046}^{0}$ mm	超差 0.01mm 扣 5 分，超差 0.01mm 以上无分			
		4 分	$Ra1.6\mu m$	超差无分			
		1 分	$C1$	超差无分			
2	车内孔	2 分	10mm	超差无分			
		10 分	$\phi 44_{0}^{+0.039}$ mm	超差 0.01mm 扣 5 分，超差 0.01mm 以上无分			
		2 分	5mm	超差无分			
		5 分	$\phi 34_{0}^{+0.10}$ mm	超差无分			
		2 分	$Ra3.2\mu m$	超差无分			
		1 分	$Ra6.3\mu m$	超差无分			
3	滚花	8 分	网纹 m0.4	根据网纹清晰度酌情扣分			
		4 分	ϕ56mm	超差无分			
		1 分	$C1$（2 处）	超差无分			
4	车内螺纹	10 分	M24-6H	用螺纹塞规检验，通端不通过或者止端通过无分			
		5 分	同轴度公差 ϕ0.08mm	超差无分			
		2 分	$Ra3.2\mu m$	超差无分			
		1 分	$C1$（2 处）	超差无分			
5	车沟槽	5 分	$\phi 52_{-0.074}^{0}$ mm	超差 0.01mm 扣 3 分，超差 0.01mm 以上无分			
		3 分	(10 ± 0.045) mm	超差无分			
		3 分	$10_{0}^{+0.05}$ mm	超差无分			
		4 分	10mm（2 处）	超差无分			
		5 分	同轴度公差 ϕ0.02mm	超差无分			
		4 分	$Ra3.2\mu m$（2 处）	超差无分			
		4 分	$Ra6.3\mu m$（4 处）	超差无分			
6	车长度	2 分	(55 ± 0.10) mm	超差无分			
		2 分	$Ra6.3\mu m$（2 处）	超差无分			

（续）

序号	作业项目	配分	考核内容	评分标准	考核记录	扣分	得分
7	安全文明生产		遵守安全操作规程，正确使用工具、量具，操作现场整洁	按达到规定的标准程度评定，一项不符合要求在总分中扣 2.5 分			
			安全用电，防火，无人身、设备事故	因违规操作而引发重大人身、设备事故，此卷按 0 分计算			
8	合计	100 分					

操作技能 5　车　端　盖

1. 考件图样（图 3-5）

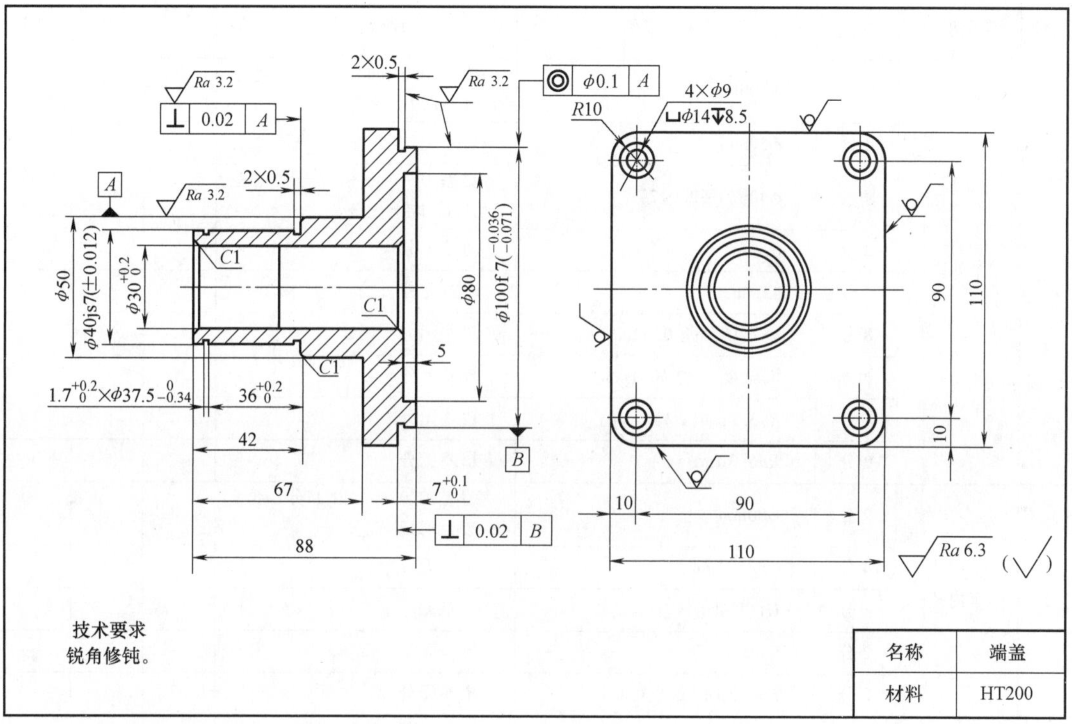

图 3-5　端盖

2. 准备要求

1）考件材料为 HT200 铸件。

2）钻孔用切削液。

3）相关工具、量具、刃具。

3. 考核内容

（1）考核要求

1）考件的各尺寸精度、几何精度、表面粗糙度达到图样规定要求。

2）不准使用砂布对考件修整加工。

3）不准使用铰刀对孔 $\phi30^{+0.20}_{0}$mm 铰削加工。

4）未注公差尺寸按 IT14 等级加工。

5）考件与图样严重不符的，应扣去该考件的全部配分。

（2）时间定额 4h（不含考前准备时间），提前完工不加分，超时间定额 15min 扣 5 分，超 25min 扣 10 分，超 25min 以上则应停止考试。

（3）安全文明生产

1）正确执行安全技术操作规程。

2）按企业有关文明生产的规定，做到工作场地整洁，工件、刀具、工具、量具摆放整齐。

4. 配分与评分标准（表 3-5）

表 3-5　车端盖配分与评分标准

序号	作业项目	配分	考核内容	评分标准	考核记录	扣分	得分
1	车外圆	10 分	$\phi100f7^{-0.036}_{-0.071}$	超差 0.01mm 扣 5 分，超差 0.01mm 以上无分			
		2 分	$\phi50$mm	超差无分			
		10 分	$\phi40js7(\pm0.012)$	超差 0.01mm 扣 5 分，超差 0.01mm 以上无分			
		2 分	67mm	超差无分			
		2 分	42mm	超差无分			
		8 分	垂直度公差 0.02mm	超差无分			
		6 分	同轴度公差 $\phi0.1$mm	超差无分			
		4 分	$Ra3.2\mu m$（2 处）	超差无分			
		2 分	$Ra6.3\mu m$	超差无分			
2	车内孔	2 分	$\phi80$mm	超差 0.02mm 扣 1 分，超差 0.02mm 以上无分			
		4 分	$\phi30^{+0.2}_{0}$mm	超差无分			
		1 分	$C1$（2 处）	超差无分			
		2 分	5mm	超差无分			
		2 分	$Ra6.3\mu m$（2 处）	超差无分			
3	车沟槽	4 分	2mm×0.5mm（2 处）	用螺纹环规检验，通端不通过或者止端通过无分			
		4 分	$7^{+0.1}_{0}$mm	超差无分			
		8 分	$1.7^{+0.2}_{0}$mm×$\phi37.5^{0}_{-0.34}$mm	超差无分			
		5 分	$36^{+0.2}_{0}$mm	超差 0.05mm 扣 3 分，超差 0.05mm 以上无分			
		6 分	垂直度公差 0.02mm	超差无分			
		1 分	$C1$	超差无分			
		4 分	$Ra3.2\mu m$（2 处）	超差无分			
		7 分	$Ra6.3\mu m$（7 处）	超差无分			

（续）

序号	作业项目	配分	考核内容	评分标准	考核记录	扣分	得分
4	车总长	2 分	88mm	超差无分			
		2 分	*Ra*6.3μm(2 处)	超差无分			
5	安全文明生产		遵守安全操作规程,正确使用工具、量具、操作现场整洁	按达到规定的标准程度评定,一项不符合要求在总分中扣 2.5 分			
			安全用电,防火,无人身、设备事故	因违规操作而引发重大人身、设备事故,此卷按 0 分计算			
6	合计	100 分					

操作技能 6　车光杠接手

1. 考件图样（图 3-6）

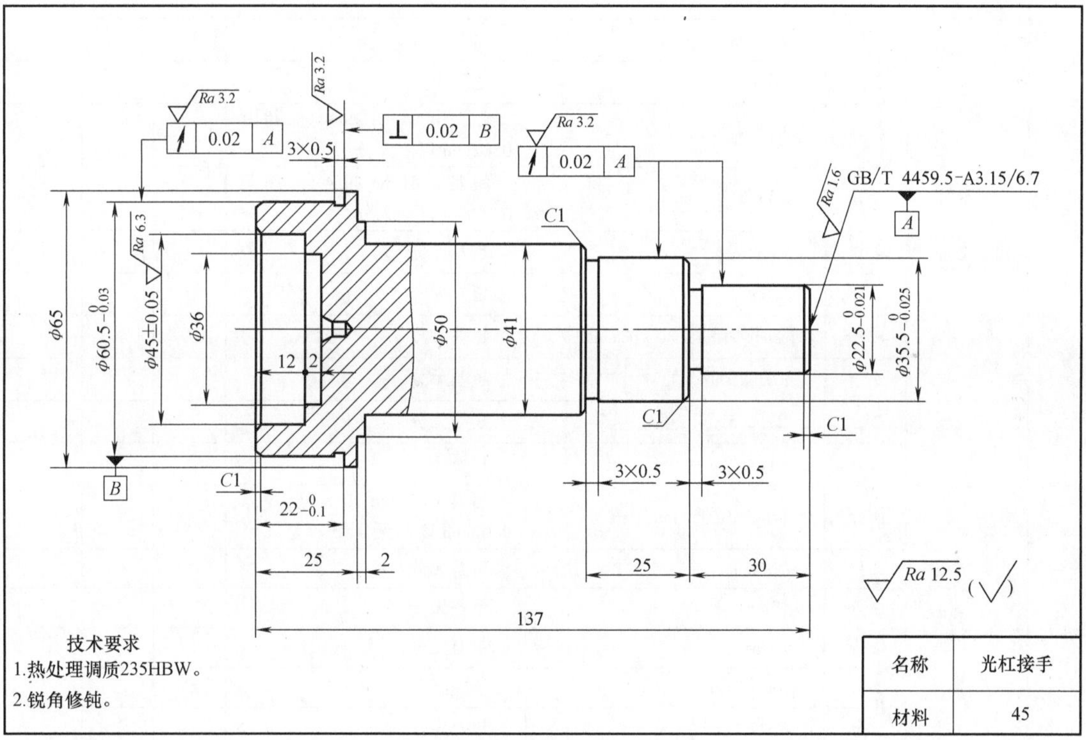

图 3-6　光杠接手

2. 准备要求

1）考件材料为 45 热轧圆钢、锯断尺寸为 ϕ70mm×142mm。

2）相关工具、量具、刃具。

3. 考核内容

（1）考核要求

1）考件的各尺寸精度、几何精度、表面粗糙度达到图样规定要求。

2）不准使用锉刀、砂布对考件修整加工。

3）未注公差尺寸按 IT14 等级加工。

4）考件与图样严重不符的，应扣去该考件的全部配分。

（2）时间定额 3h（不含考前准备时间），提前完工不加分，超时间定额 10min 扣 5 分，超 20min 扣 10 分，超 20min 以上则应停止考试。

（3）安全文明生产

1）正确执行安全技术操作规程。

2）按企业有关文明生产的规定，做到工作场地整洁，工件、刃具、工量具摆放整齐。

4. 配分与评分标准（表 3-6）

表 3-6 车光杠接手配分与评分标准

序号	作业项目	配分	考核内容	评分标准	考核记录	扣分	得分
1	车外圆	8 分	$\phi60.5_{-0.03}^{0}$mm	超差 0.01mm 扣 4 分，超差 0.02mm 以上无分			
		2 分	ϕ50mm	超差无分			
		2 分	ϕ41mm	超差无分			
		2 分	ϕ65mm	超差无分			
		8 分	$\phi22.5_{-0.021}^{0}$mm	超差 0.01mm 扣 4 分，超差 0.02mm 以上无分			
		8 分	$\phi35.5_{-0.025}^{0}$mm	超差 0.01mm 扣 4 分，超差 0.02mm 以上无分			
		2 分	25mm	超差无分			
		2 分	2mm	超差无分			
		12 分	径向圆跳动公差 0.02mm（3 处）	超差无分			
		6 分	$Ra3.2\mu m$（3 处）	超差无分			
		2 分	$Ra12.5\mu m$（2 处）	超差无分			
		2 分	$C1$（4 处）	超差无分			
2	车内孔	4 分	（$\phi45\pm0.05$）mm	超差 0.01mm 扣 3 分，超差 0.02mm 以上无分			
		2 分	ϕ36mm	超差无分			
		2 分	12mm	超差无分			
		2 分	2mm	超差无分			
		2 分	$Ra6.3\mu m$	超差无分			
		3 分	$Ra12.5\mu m$（3 处）	超差无分			
3	车沟槽	3 分	3mm× 0.5mm	超差无分			
		4 分	$20_{-0.1}^{0}$ mm	超差无分			
		2 分	25mm	超差无分			
		2 分	30mm	超差无分			
		4 分	垂直度公差 0.02mm	超差无分			
		2 分	$Ra3.2\mu m$	超差无分			
		4 分	$Ra12.5\mu m$（4 处）	超差无分			

（续）

序号	作业项目	配分	考核内容	评分标准	考核记录	扣分	得分
4	钻中心孔	2分	GB/T 4495.5—A3.15/6.7	超差无分			
		2分	Ra1.6μm	超差无分			
5	车总长	2分	137mm	超差无分			
		2分	Ra12.5μm（2处）	超差无分			
6	安全文明生产		遵守安全操作规程，正确使用工具、量具，操作现场整洁	按达到规定的标准程度评定，一项不符合要求在总分中扣2.5分			
			安全用电，防火，无人身、设备事故	因违规操作而引发重大人身、设备事故，此卷按0分计算			
7	合计	100分					

操作技能7　车　球　阀

1. 考件图样（图3-7）

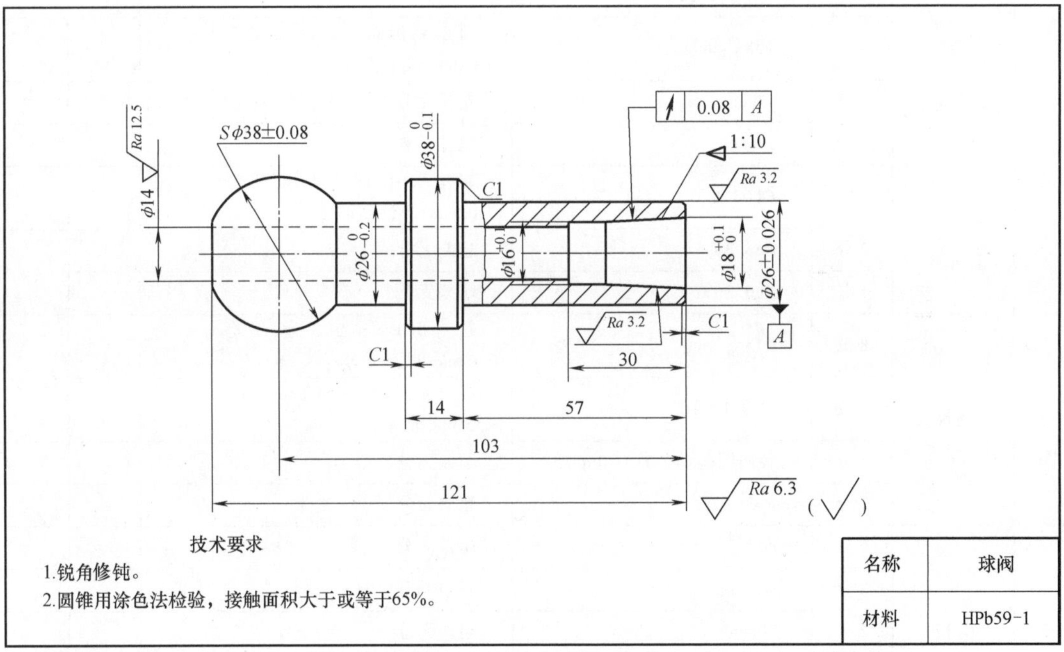

图3-7　球阀

2. 准备要求

1）考件材料为HPb59-1铜棒，锯断尺寸为ϕ40mm×125mm。

2）钻孔用切削液。

3）检验锥度用的显示剂。

4）相关工具、量具、刃具。

3. 考核内容

（1）考核要求

1）考件的各尺寸精度、几何精度、表面粗糙度达到图样规定要求。

2）不准使用锉刀、砂布对考件修整加工。

3）不允许使用成形刀对圆球 $S\phi38mm\pm0.08mm$ 加工。

4）未注公差尺寸按 IT14 等级加工。

5）考件与图样严重不符的，应扣去该件的全部配分。

（2）时间定额　3.5h（不含考前准备时间），提前完工不加分，超时间定额 15min 扣 5 分，超 25min 扣 10 分，超 25min 以上则应停止考试。

（3）安全文明生产

1）正确执行安全技术操作规程。

2）按企业有关文明生产的规定，做到工作场地整洁，工件、刀具、工量具摆放整齐。

4. 配分与评分标准（表 3-7）

表 3-7　车球阀配分与评分标准

序号	作业项目	配分	考核内容	评分标准	考核记录	扣分	得分
1	车外圆	4 分	$(\phi26\pm0.026)$mm	超差无分			
		8 分	$\phi38_{-0.1}^{0}$mm	超差 0.01mm 扣 4 分，超差 0.01mm 以上无分			
		2 分	57mm	超差无分			
		2 分	14mm	超差无分			
		3 分	C1（3 处）	超差 0.01mm 扣 4 分，超差 0.02mm 以上无分			
		2 分	$Ra3.2\mu m$	超差无分			
		1 分	$Ra6.3\mu m$	超差无分			
2	车内锥孔	8 分	$\phi18_{0}^{+0.1}$mm	超差 0.01mm 扣 3 分，超差 0.02mm 以上无分			
		15 分	锥度 1∶10	接触面积 55%～64%扣 4 分，<55%无分			
		4 分	径向圆跳动公差 0.08mm	超差无分			
		2 分	$Ra3.2\mu m$	超差无分			
3	车内孔	4 分	$\phi16_{0}^{+0.1}$mm	超差无分			
		2 分	$\phi14$mm	超差无分			
		2 分	30mm	超差无分			
		2 分	$Ra6.3\mu m$	超差无分			
		1 分	$Ra12.5\mu m$	超差无分			
4	车成形面	4 分	$\phi26_{-0.2}^{0}$mm	超差无分			
		20 分	$(S\phi38\pm0.08)$mm	尺寸公差为±0.12mm 扣 10 分，±0.12mm 以上无分			
		6 分	103mm	超差无分			
		4 分	$Ra6.3\mu m$（2 处）	超差无分			

(续)

序号	作业项目	配分	考核内容	评分标准	考核记录	扣分	得分
5	车总长	2 分	121mm	超差无分			
		2 分	$Ra6.3\mu m$(2 处)	超差无分			
6	安全文明生产		遵守安全操作规程,正确使用工具、量具、操作现场整洁	按达到规定的标准程度评定,一项不符合要求在总分中扣 2.5 分			
			安全用电,防火,无人身、设备事故	因违规操作而引发重大人身、设备事故,此卷按 0 分计算			
7	合计	100 分					

操作技能 8　车锥齿轮坯

1. 考件图样(图 3-8)

模数	m	2.5mm
齿数	m_{z1}	20
压力角	α	20°
公差等级	10　GB 11365—1989	

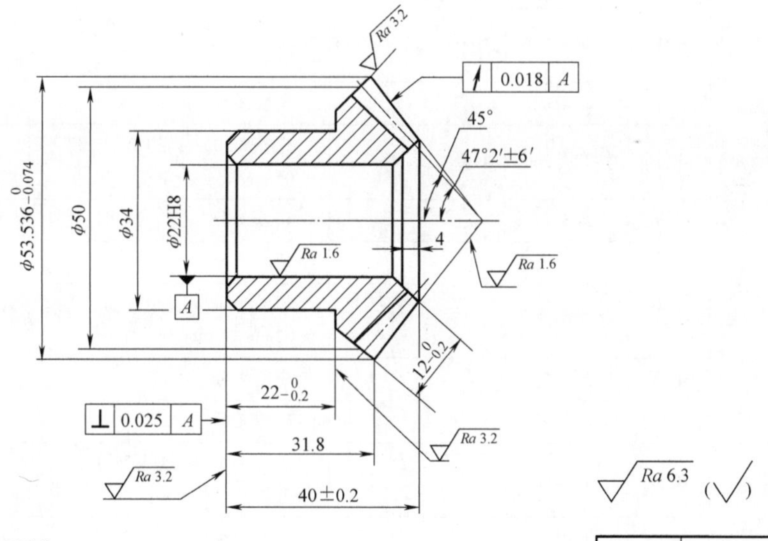

技术要求
1.倒角C1。
2.锐角修钝。

名称	锥齿轮坯
材料	45

图 3-8　锥齿轮坯

2. 准备要求

1）考件材料为 45 热轧圆钢，锯断尺寸为 ϕ55mm×45mm。

2）钻孔用切削液。

3）相关工具、量具、刃具。

3. 考核内容

（1）考核要求

1）考件的各尺寸精度、几何精度、表面粗糙度达到图样规定要求。

2）不准使用砂布对考件修整加工。

3）不允许使用心轴装夹加工。

4）孔 ϕ22H8 不准使用铰刀加工。

5）未注公差尺寸按 IT14 等级加工。

6）考件与图样严重不符的，应扣去该考件的全部配分。

（2）时间定额　2h（不含考前准备时间），提前完工不加工，超时间定额 10min 扣 5 分，超 15min 扣 10 分，超 15min 以上则应停止考试。

（3）安全文明生产

1）正确执行安全技术操作规程。

2）按企业有关文明生产的规定，做到工作场地整洁，工件、刃具、工具、量具摆放整齐。

4. 配分与评分标准（表 3-8）

表 3-8　车锥齿轮坯配分与评分标准

序号	作业项目	配分	考核内容	评分标准	考核记录	扣分	得分
1	车外圆	6 分	$\phi 53.536_{-0.074}^{0}$ mm	超差 0.01mm 扣 3 分，超差 0.01mm 以上无分			
		3 分	ϕ34mm	超差无分			
		4 分	$22_{-0.2}^{0}$ mm	超差 0.05mm 扣 2 分，超差 0.05mm 以上无分			
		3 分	$Ra3.2\mu m$	超差无分			
		2 分	$Ra6.3\mu m$	超差无分			
2	车内孔	6 分	ϕ22H8	超差 0.02mm 扣 3 分，超差 0.02mm 以上无分			
		4 分	$Ra1.6\mu m$	超差无分			
		1 分	$C1$	超差无分			
3	车锥度	10 分	47°2′±6′	角度公差为±8′扣 5 分，±8′以上无分			
		10 分	45°	超差无分			
		6 分	4mm	超差无分			
		8 分	$12_{-0.2}^{0}$ mm	超差 0.05mm 扣 4 分，超差 0.05mm 以上无分			
		8 分	31.8mm	超差无分			
		8 分	径向圆跳动公差 0.018mm	超差无分			

（续）

序号	作业项目	配分	考核内容	评分标准	考核记录	扣分	得分
3	车锥度	4分	Ra1.6μm	超差无分			
		3分	Ra3.2μm	超差无分			
		2分	Ra6.3μm	超差无分			
4	车总长	2分	(40±0.20)mm	超差无分			
		8分	垂直度0.025mm	超差无分			
		2分	Ra3.2μm	超差无分			
5	安全文明生产		遵守安全操作规程，正确使用工具、量具、操作现场整洁	按达到规定的标准程度评定，一项不符合要求在总分中扣2.5分			
			安全用电，防火，无人身、设备事故	因违规操作而引发重大人身、设备事故，此卷按0分计算			
6	合计	100分					

操作技能9　车　冲　头

1. 考件图样（图3-9）

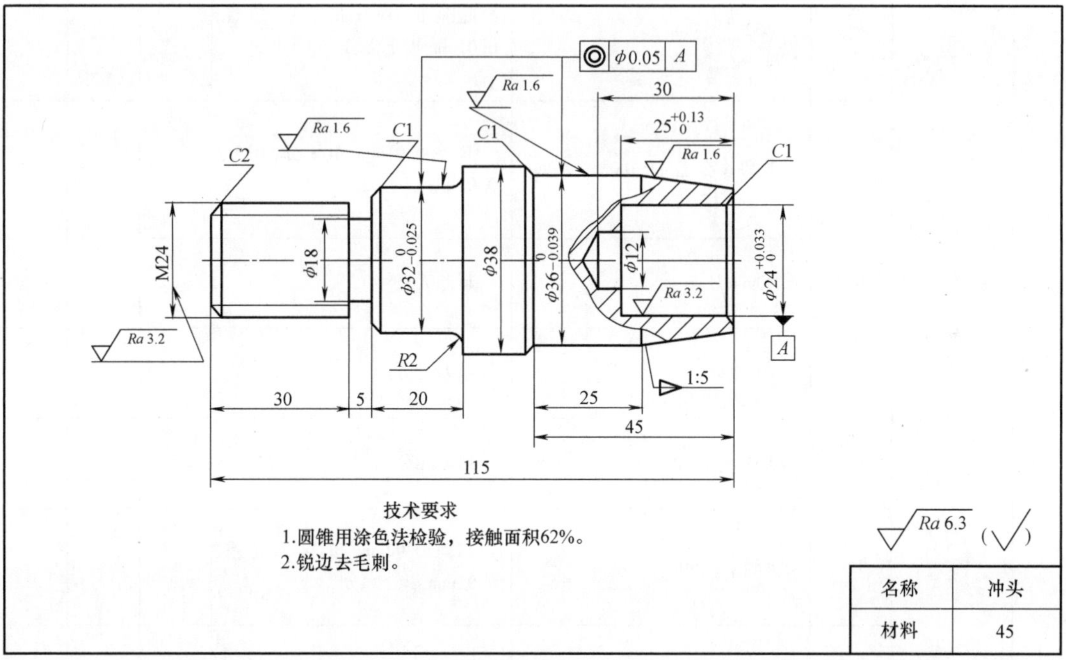

图3-9　冲头

2. 准备要求

1）考件材料为 45 热轧圆钢，锯断尺寸为 ϕ45mm×120mm。

2）钻孔用切削液。

3）相关工具、量具、刃具。

3. 考核内容

（1）考核要求

1）考件的各尺寸精度、几何精度、表面粗糙度达到图样规定要求。

2）不准使用锉刀、砂布对考件修整加工。

3）未注公差尺寸按 IT14 等级加工。

4）考件与图样严重不符的应扣去该考件的全部配分。

（2）时间定额　4h（不含考前准备时间）。提前完工不加分，超时间定额 10min 扣 5 分，超 20min 扣 10 分，超 20min 以上则应停止考试。

（3）安全文明生产

1）正确执行安全技术操作规程。

2）按企业有关文明生产的规定，做到工作场地整洁，工件、刃具、工具、量具摆放整齐。

4. 配分与评分标准（表 3-9）

表 3-9　车冲头配分与评分标准

序号	作业项目	配分	考核内容	评分标准	考核记录	扣分	得分
1	车外圆	8 分	$\phi32_{-0.025}^{\ 0}$mm	超差 0.01mm 扣 3 分，超差 0.01mm 以上无分			
		6 分	同轴度公差 ϕ0.05mm（2 处）	超差 0.01mm 扣 3 分，超差 0.01mm 以上无分			
		4 分	20mm	超差无分			
		2 分	$C1$（2 处）	超差无分			
		4 分	$Ra1.6$μm（2 处）	超差无分			
		8 分	$\phi36_{-0.039}^{\ 0}$mm	超差 0.02mm 扣 3 分，超差 0.01mm 以上无分			
		2 分	ϕ38mm	超差无分			

（续）

序号	作业项目	配分	考核内容	评分标准	考核记录	扣分	得分
2	车内孔	10分	$\phi24^{+0.033}_{0}$mm	超差0.02mm扣5分，超差0.01mm以上无分			
		7分	$25^{+0.13}_{0}$mm	超差无分			
		2分	$Ra3.2\mu m$	超差无分			
		1分	$C1$	超差无分			
3	车螺纹	12分	M24	用螺纹环规检验，通规不通过或者止规通过无分			
		4分	30mm	超差无分			
		4分	$Ra3.2\mu m$	超差无分			
		2分	$C2$	超差无分			
4	车锥度	6分	20mm	超差无分			
		10分	$C=1:5$　接触面积≥60%	接触面积在50%～59%范围内扣5分，接触面积<50%无分			
		4分	$Ra1.6\mu m$	超差无分			
5	车沟槽	4分	5mm×ϕ18mm	超差无分			
6	安全文明生产		遵守安全操作规程，正确使用工具、量具、操作现场整洁	按达到规定的标准程度评定，一项不符合要求在总分中扣2.5分			
			安全用电，防火，无人身、设备事故	因违规操作而引发重大人身、设备事故，此卷按0分计算			
7	合计	100分					

操作技能 10　车砂轮卡盘体

1. 考件图样（图 3-10）

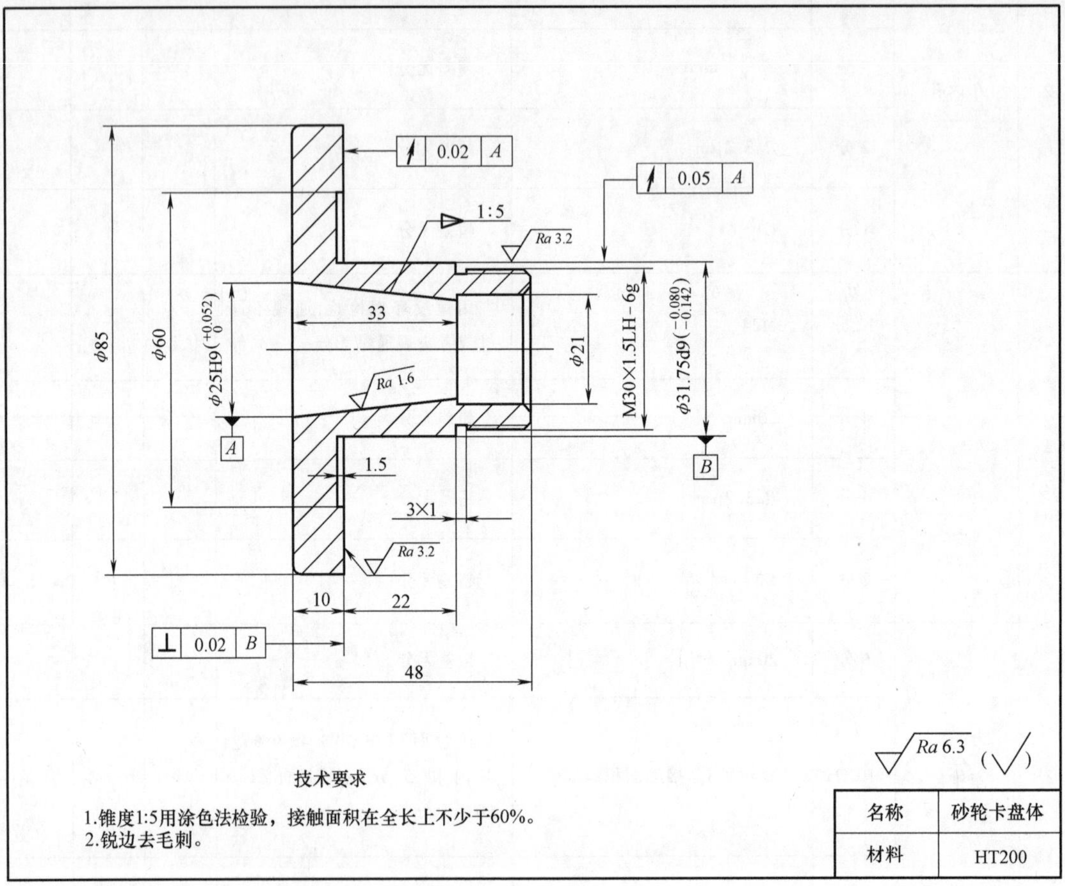

图 3-10　砂轮卡盘体

2. 准备要求

1）考件材料为 HT200，坯料尺寸为 φ90mm×55mm。

2）钻孔用切削液。

3）相关工具、量具、刃具。

3. 考核内容

（1）考核要求

1）考件的各尺寸精度、几何精度、表面粗糙度达到图样规定要求。

2）不准使用锉刀对考件修整加工。

3）未注公差尺寸按 IT14 等级加工。

4）考件与图样严重不符的应扣去该考件的全部配分。

（2）时间定额　3.5h（不含考前准备时间）。提前完工不加分，超时间定额 10min 扣

5分，超20min扣10分，超20min以上则应停止考试。

（3）安全文明生产

1）正确执行安全技术操作规程。

2）按企业有关文明生产的规定，做到工作场地整洁，工件、刃具、工具、量具摆放整齐。

4. 配分与评分标准（表3-10）

表3-10　车砂轮卡盘体配分与评分标准

序号	作业项目	配分	考核内容	评分标准	考核记录	扣分	得分
1	车外圆	6分	ϕ85mm	超差无分			
		3分	10mm	超差无分			
		6分	端面跳动公差0.02mm	超差0.01mm扣3分，超差0.01mm以上无分			
		1分	$Ra3.2\mu m$（端面）	超差无分			
		10分	$\phi 31.75d9(^{-0.080}_{-0.142})$	超差0.01mm扣5分，超差0.01mm以上无分			
		2分	22mm	超差无分			
		8分	径向圆跳动公差0.05mm	超差0.01mm扣4分，超差0.01mm以上无分			
		1分	$Ra3.2\mu m$	超差无分			
2	车内孔	8分	ϕ21mm	超差无分			
		1分	$Ra3.2\mu m$	超差无分			
		1分	C1	超差无分			
3	车螺纹	10分	M30×1.5LH-6g	用螺纹环规检验，通规不通过或者止规通过无分			
		4分	$Ra3.2\mu m$	超差无分			
		1分	C1	超差无分			
4	车圆锥孔	8分	$\phi 25H9(^{+0.052}_{0})$	超差0.01mm扣4分，超差0.03mm以上无分			
		8分	C1：5　接触面积≥60%	接触面积在50%～59%范围内扣4分，接触面积<50%无分			
		2分	33mm	超差无分			
		2分	$Ra1.6\mu m$	超差无分			
5	车沟槽	4分	ϕ60mm	超差无分			
		4分	3mm×1mm	超差无分			
		4分	1.5mm	超差无分			
		1分	$Ra6.3\mu m$	超差无分			
6	车长度	4分	48mm	超差无分			
		1分	$Ra6.3\mu m$	超差无分			
7	安全文明生产		遵守安全操作规程，正确使用工具、量具、操作现场整洁	按达到规定的标准程度评定，一项不符合要求在总分中扣2.5分			
			安全用电，防火，无人身、设备事故	因违规操作而引发重大人身、设备事故，此卷按0分计算			
8	合计	100分					

操作技能 11　车内螺纹轴

1. 考件图样（图 3-11）

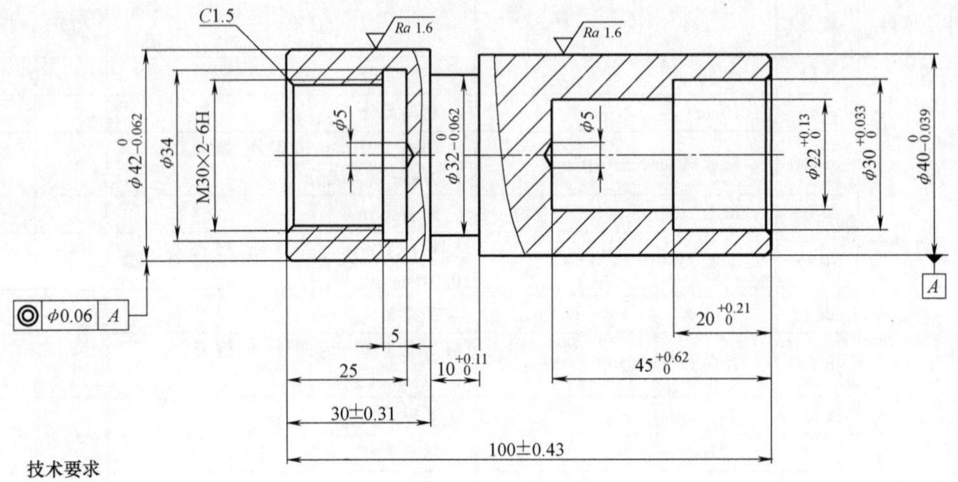

技术要求

1.未注倒角C1。

2.锐角修钝C0.2。

名称	内螺纹轴
材料	45

图 3-11　内螺纹轴

2. 准备要求

1）考件材料为 45 热轧圆钢，锯断尺寸为 φ45mm×100mm。

2）钻孔用切削液。

3）相关工具、量具、刃具。

3. 考核内容

（1）考核要求

1）考件的各尺寸精度、几何精度、表面粗糙度达到图样规定要求。

2）不准使用砂布对考件修整加工。

3）内螺纹 M30×2-6H 不允许用丝锥攻制。

4）未注公差尺寸按 IT14 等级加工。

5）考件与图样严重不符的应扣去该考件的全部配分。

（2）时间定额　4h（不含考前准备时间）。提前完工不加分，超时间定额 10min 扣 5

分，超 20min 扣 10 分，超 20min 以上则应停止考试。

（3）安全文明生产

1）正确执行安全技术操作规程。

2）按企业有关文明生产的规定，做到工作场地整洁，工件、刃具、工具、量具摆放整齐。

4. 配分与评分标准（表 3-11）

表 3-11　车内螺纹轴配分与评分标准

序号	作业项目	配分	考核内容	评分标准	考核记录	扣分	得分
1	车外圆	8 分	$\phi42_{-0.062}^{0}$mm	超差 0.02mm 扣 4 分，超差 0.01mm 以上无分			
		8 分	$\phi40_{-0.039}^{0}$mm	超差 0.02mm 扣 4 分，超差 0.01mm 以上无分			
		4 分	$Ra1.6\mu m$（2 处）	超差无分			
		2 分	$C1$（2 处）	超差无分			
		6 分	同轴度 $\phi0.06$mm	超差无分			
2	车内孔	10 分	$\phi30_{0}^{+0.033}$mm	超差 0.02mm 扣 5 分，超差 0.01mm 以上无分			
		8 分	$\phi22_{0}^{+0.13}$mm	超差 0.01mm 扣 4 分，超差 0.01mm 以上无分			
		4 分	$45_{0}^{+0.62}$mm	超差无分			
		5 分	$20_{0}^{+0.21}$mm	超差无分			
		2 分	$Ra3.2\mu m$（2 处）	超差无分			
		1 分	$C1$	超差无分			
		1 分	锐角倒钝	超差无分			
3	车内螺纹	12 分	M30×2-6H	用螺纹塞规检验，通端不通过或者止端通过无分			
		3 分	25mm	超差无分			
		5 分	$Ra3.2\mu m$	超差无分			
		1 分	$C1.5$	超差无分			
4	车沟槽	8 分	$\phi32_{-0.062}^{0}$mm	超差 0.03mm 扣 4 分，超差 0.03mm 以上无分			
		3 分	(30±0.31)mm	超差无分			
		3 分	$10_{0}^{+0.11}$mm	超差无分			
		2 分	$Ra3.2\mu m$（2 处）	超差无分			
5	车长度	2 分	(100±0.43)mm	超差无分			
		2 分	$Ra3.2\mu m$（2 处）	超差无分			
6	安全文明生产		遵守安全操作规程，正确使用工具、量具，操作现场整洁	按达到规定的标准程度评定，一项不符合要求在总分中扣 2.5 分			
			安全用电，防火，无人身、设备事故	因违规操作而引发重大人身、设备事故，此卷按 0 分计算			
7	合计	100 分					

操作技能 12　车圆锥要素组合轴

1. 考件图样（图 3-12）

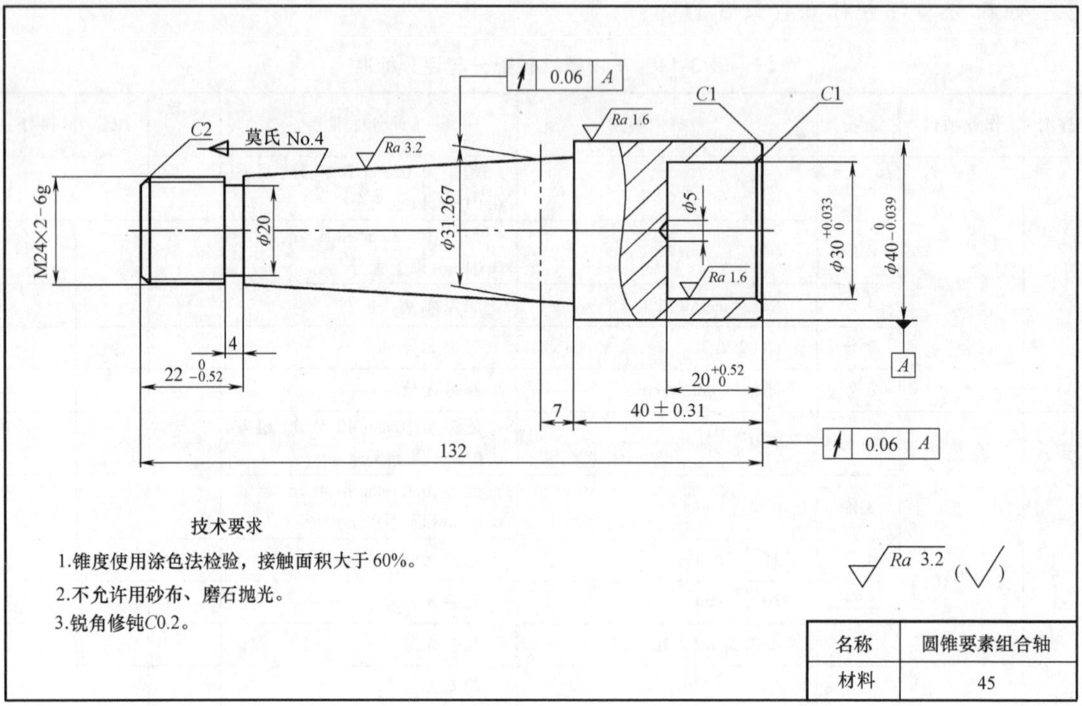

图 3-12　圆锥要素组合轴

2. 准备要求

1）考件材料为 45 热轧圆钢，锯断尺寸为 ϕ45mm×135mm。

2）钻孔用切削液。

3）相关工具、量具、刃具。

3. 考核内容

（1）考核要求

1）考件的各尺寸精度、几何精度、表面粗糙度达到图样规定要求。

2）不准使用砂布对考件修整加工。

3）内螺纹 M24×2-6g 不允许用板牙套制。

4）未注公差尺寸按 IT14 等级加工。

5）考件与图样严重不符的应扣去该考件的全部配分。

（2）时间定额　4h（不含考前准备时间）。提前完工不加分，超时间定额 10min 扣 5 分，超 20min 扣 10 分，超 20min 以上则应停止考试。

（3）安全文明生产

1）正确执行安全技术操作规程。

2）按企业有关文明生产的规定，做到工作场地整洁，工件、刃具、工具、量具摆放整齐。

4. 配分与评分标准（表 3-12）

表 3-12　车圆锥要素组合轴配分与评分标准

序号	作业项目	配分	考核内容	评分标准	考核记录	扣分	得分
1	车外圆	10 分	$\phi 40_{-0.039}^{0}$ mm	超差 0.01mm 扣 5 分，超差 0.01mm 以上无分			
		8 分	(40±0.31) mm	超差无分			
		3 分	$Ra1.6\mu m$	超差无分			
		1 分	$C1$	超差无分			
2	车内孔	12 分	$\phi 30_{0}^{+0.033}$ mm	超差 0.02mm 扣 6 分，超差 0.01mm 以上无分			
		4 分	$20_{0}^{+0.52}$ mm	超差无分			
		3 分	$Ra1.6\mu m$	超差无分			
		1 分	$C1$	超差无分			
3	车内螺纹	12 分	M24×2-6g	用螺纹环规检验，通规不通过或者止规通过无分			
		3 分	$Ra3.2\mu m$	超差无分			
		1 分	$C2$	超差无分			
4	车圆锥	6 分	ϕ31.267mm	超差 0.03mm 扣 4 分，超差 0.03mm 以上无分			
		12 分	莫氏 4 号　接触面积≥60%	接触面积在 50%～59% 范围内扣 6 分，接触面积 <50% 无分			
		3 分	径向圆跳动公差 0.06mm	超差 0.01mm 扣 1.5 分，超差 0.01mm 以上无分			
		2 分	$Ra3.2\mu m$	超差无分			
5	车沟槽	2 分	ϕ20mm	超差无分			
		4 分	$22_{-0.52}^{0}$ mm	超差无分			
		1 分	4mm	超差无分			
		1 分	$Ra3.2\mu m$	超差无分			
6	车长度	4 分	132mm	超差无分			
		6 分	轴向圆跳动公差 0.06mm	超差 0.01mm 扣 3 分，超差 0.01mm 以上无分			
		1 分	$Ra3.2\mu m$	超差无分			
7	安全文明生产		遵守安全操作规程，正确使用工具、量具、操作现场整洁	按达到规定的标准程度评定，一项不符合要求在总分中扣 2.5 分			
			安全用电，防火，无人身、设备事故	因违规操作而引发重大人身、设备事故，此卷按 0 分计算			
8	合计	100 分					

操作技能 13　车球头半联轴器

1. 考件图样（图 3-13）

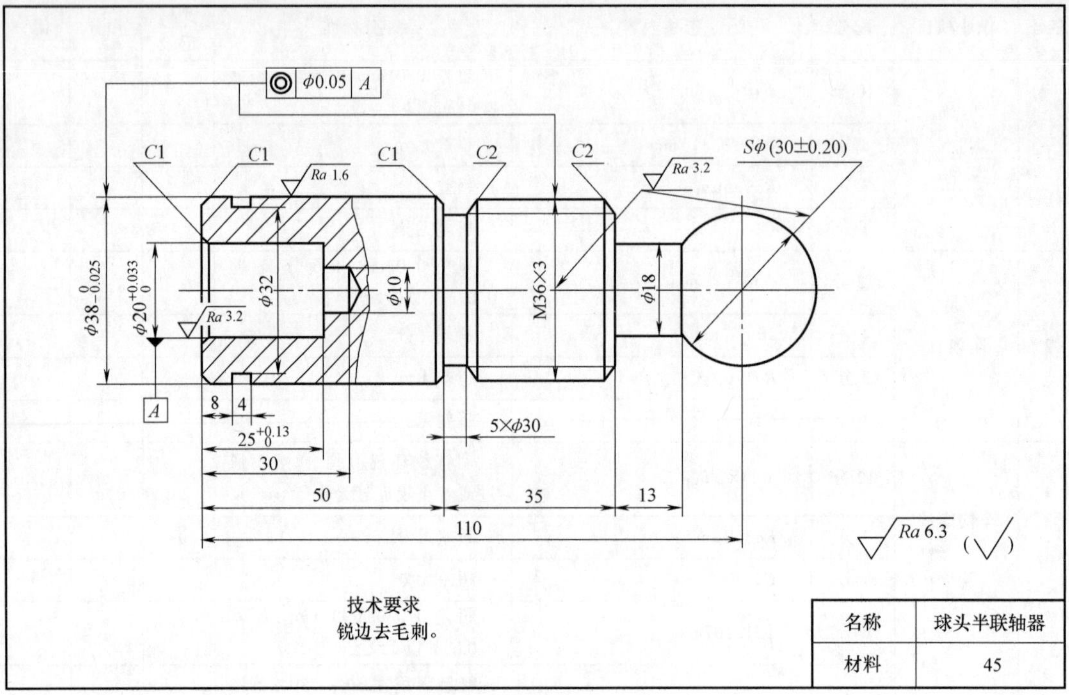

图 3-13　球头半联轴器

2. 准备要求

1）考件材料为 45 热轧圆钢，锯断尺寸为 φ40mm×115mm。

2）钻孔用切削液。

3）相关工具、量具、刃具。

3. 考核内容

（1）考核要求

1）考件的各尺寸精度、几何精度、表面粗糙度达到图样规定要求。

2）未注公差尺寸按 IT14 等级加工。

3）考件与图样严重不符的应扣去该考件的全部配分。

（2）时间定额　4h（不含考前准备时间）。提前完工不加分，超时间定额 10min 扣 5 分，超 20min 扣 10 分，超 20min 以上则应停止考试。

（3）安全文明生产

1）正确执行安全技术操作规程。

2）按企业有关文明生产的规定，做到工作场地整洁，工件、刃具、工具、量具摆放整齐。

4. 配分与评分标准（表 3-13）

表 3-13　车球头半联轴器配分与评分标准

序号	作业项目	配分	考核内容	评分标准	考核记录	扣分	得分
1	车外圆	10 分	$\phi38_{-0.025}^{0}$mm	超差 0.01mm 扣 5 分，超差 0.01mm 以上无分			
		8 分	同轴度公差 ϕ0.05mm	超差 0.01mm 扣 4 分，超差 0.01mm 以上无分			
		4 分	50mm	超差无分			
		2 分	$C1$(2 处)	超差无分			
		4 分	$Ra1.6\mu m$	超差无分			
		2 分	ϕ18mm	超差无分			
2	车内孔	10 分	$\phi20_{0}^{+0.033}$mm	超差 0.02mm 扣 5 分，超差 0.01mm 以上无分			
		7 分	$25_{0}^{+0.13}$mm	超差无分			
		2 分	$Ra3.2\mu m$	超差无分			
		1 分	$C1$	超差无分			
3	车螺纹	10 分	M36×3	用螺纹环规检验，通规不通过或者止规通过无分			
		4 分	35mm	超差无分			
		4 分	$Ra3.2\mu m$	超差无分			
		2 分	$C2$(2 处)	超差无分			
4	车球头	6 分	110mm	超差无分			
		10 分	$S\phi(30\pm0.20)$mm	超差 0.02mm 扣 5 分，超差 0.01mm 以上无分			
		4 分	$Ra1.6\mu m$	超差无分			
5	车沟槽	4 分	5mm×ϕ30mm	超差无分			
		2 分	4mm	超差无分			
		4 分	ϕ32mm	超差无分			
6	安全文明生产		遵守安全操作规程，正确使用工具、量具、操作现场整洁	按达到规定的标准程度评定，一项不符合要求在总分中扣 2.5 分			
			安全用电，防火，无人身、设备事故	因违规操作而引发重大人身、设备事故，此卷按 0 分计算			
7	合计	100 分					

操作技能 14　车三件台阶组合件

1. 考件图样（图 3-14）。

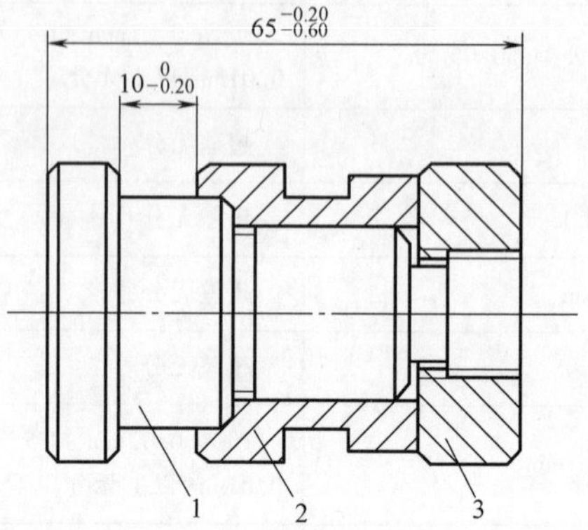

件号	名称	数量	材料	备注		
3	螺母	1	45			
2	套	1	45			
1	轴	1	45		名称	三件台阶组合件
					材料	45

a) 组合件

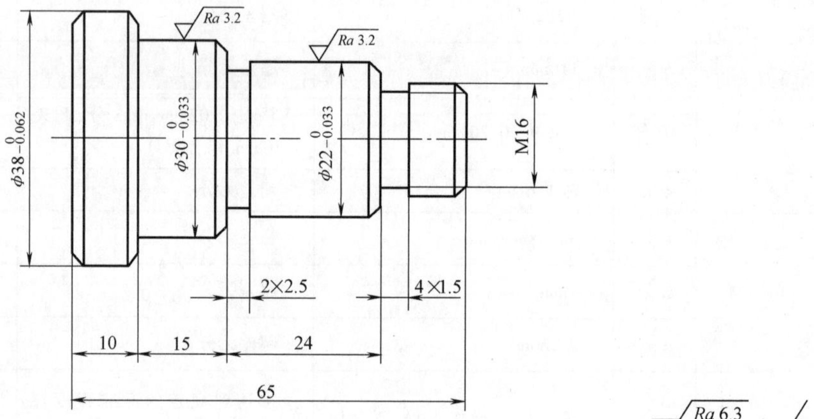

技术要求

1.倒角C1。

2.锐角修钝。

名称	轴(件1)
材料	45

b) 轴

图 3-14　三件台阶组合件

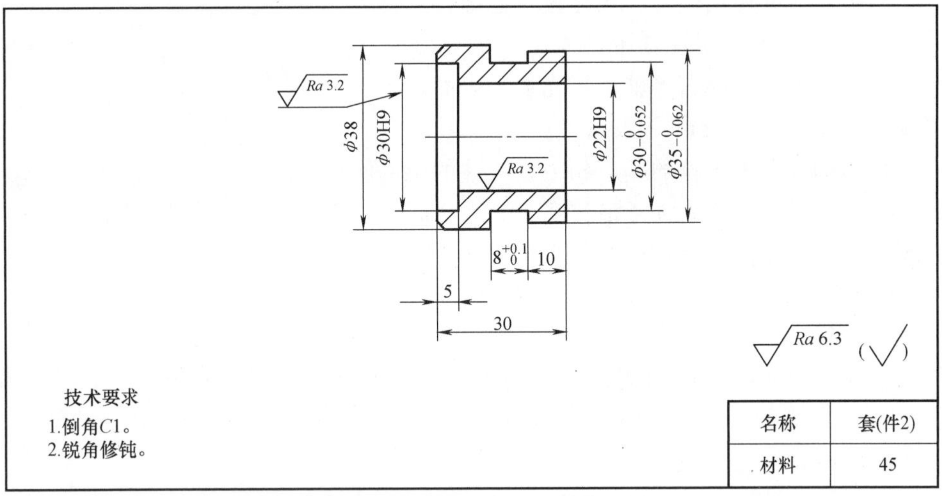

c) 套

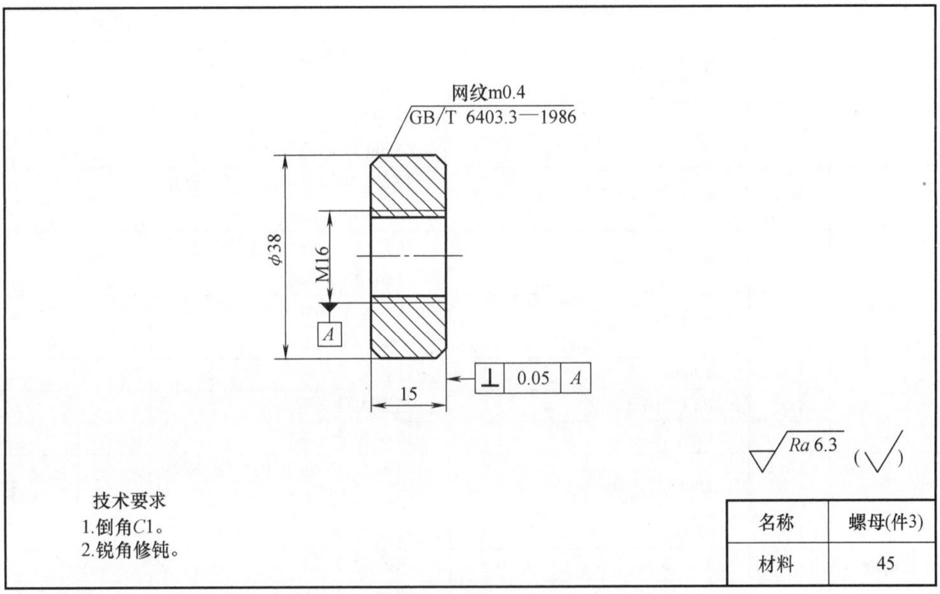

d) 螺母

图 3-14　三件台阶组合件（续）

2. 准备要求

1）考件材料为 45 热轧圆钢，锯断尺寸为 ϕ40mm×130mm。

2）钻孔，攻、套螺纹用切削液。

3）相关工具、量具、刃具。

3. 考核内容

（1）考核要求

1）各考件的尺寸精度、几何精度、表面粗糙度达到图样规定要求；三件组合后应达到装配图样规定尺寸 $65_{-0.60}^{-0.20}$mm、$10_{-0.20}^{\ 0}$mm。

2）内外螺纹允许使用丝锥、板牙攻、套螺纹。

3）孔 ϕ22H9 不准使用铰刀加工。

4）不准使用砂布、磨石等辅助打光加工表面。

5）未注公差尺寸按 IT14 等级加工。

6）考件与图样严重不符的，应扣去该考件的全部配分。

（2）时间定额　4h（不含考前准备时间）。提前完工不加分，超时间定额 15min 扣 5 分，超 25min 扣 10 分，超 25min 以上则应停止考试。

（3）安全文明生产

1）正确执行安全技术操作规程。

2）按企业有关文明生产的规定，做到工作场地整洁，工件、刃具、工具、量具摆放整齐。

4. 配分与评分标准（表 3-14）

表 3-14　车三件台阶组合件配分与评分标准

件名	作业项目	配分	考核内容	评分标准	考核记录	扣分	得分
组合件	组装后装配尺寸	25分	$62^{-0.20}_{-0.60}$ mm	超差 0.05mm 扣 13 分，超差 0.05mm 以上无分			
		10分	$10^{0}_{-0.20}$ mm	超差 0.05mm 扣 5 分，超差 0.05mm 以上无分			
轴	车外圆	3分	$\phi38^{0}_{-0.062}$ mm	超差 0.01mm 扣 1.5 分，超差 0.05mm 以上无分			
		2分	$\phi30^{0}_{-0.033}$ mm	超差 0.01mm 扣 1 分，超差 0.01mm 以上无分			
		3分	$\phi22^{0}_{-0.033}$ mm	超差 0.01mm 扣 1.5 分，超差 0.05mm 以上无分			
		1分	10mm	超差无分			
		2分	Ra3.2μm（2 处）	超差无分			
		0.5分	Ra6.3μm	超差无分			
	车沟槽	1分	2mm×2.5mm	超差 0.02mm 扣 0.5 分，超差 0.02mm 以上无分			
		1分	15mm	超差无分			
		1分	4×1.5mm	超差无分			
		1分	24mm	接触面积 55%～64% 扣 0.5 分，<55% 无分			
		1.5分	Ra6.3μm（2 处）	超差无分			
	车套螺纹	4分	M16	用螺纹环规检验，通端不通过或者止端通过无分			
		2分	Ra6.3μm（4 处）	超差无分			
	车总长	1分	65mm	超差无分			
		1分	Ra6.3μm（2 处）	超差无分			
套	车外圆	1分	ϕ38mm	超差无分			
		2分	$\phi35^{0}_{-0.062}$ mm	超差 0.03mm 扣 1 分，超差 0.02mm 以上无分			
		1分	C1	超差无分			
		1分	Ra6.3μm（2 处）	超差无分			

（续）

件名	作业项目	配分	考核内容	评分标准	考核记录	扣分	得分
套	车内孔	4分	$\phi30H9$	超差0.02mm扣2分，超差0.02mm以上无分			
		4分	$\phi22H9$	超差0.02mm扣2分，超差0.02mm以上无分			
		1分	5mm	超差无分			
		2分	$Ra3.2\mu m$（2处）	超差无分			
	车沟槽	3分	$8^{+0.1}_{0}mm\times\phi30^{0}_{-0.052}mm$	超差0.02mm扣1.5分，超差0.02mm以上无分			
		1分	10mm	超差无分			
		3分	$Ra6.3\mu m$（3处）	超差无分			
	车总长	1分	30mm	超差无分			
		1分	$Ra6.3\mu m$（2处）	超差无分			
螺母	滚花	5分	网纹m0.4	超差无分			
		1分	$\phi38$	超差无分			
		1分	$C1$（2处）	超差无分			
	车（攻）螺纹	3分	M16	超差无分			
	车总长	1分	15mm	超差无分			
		3分	垂直度公差0.05mm	超差无分			
		1分	$Ra6.3\mu m$（2处）	超差无分			
	安全文明生产		遵守安全操作规程，正确使用工具、量具、操作现场整洁	按达到规定的标准程度评定，一项不符合要求在总分中扣2.5分			
			安全用电，防火，无人身、设备事故	因违规操作而引发重大人身、设备事故，此卷按0分计算			
	合计	100分					

配分与评分标准由选题人员编制。下面各考件的配分系数供参考，配分系数见表3-15。

表3-15　配分系数表

序号	考核项目	配分系数	备注
1	轴	25%	
2	套	25%	
3	螺母	15%	
4	组合件	35%	

操作技能 15　车三件圆锥组合体

1. 考件图样（图 3-15a、b、c、d）

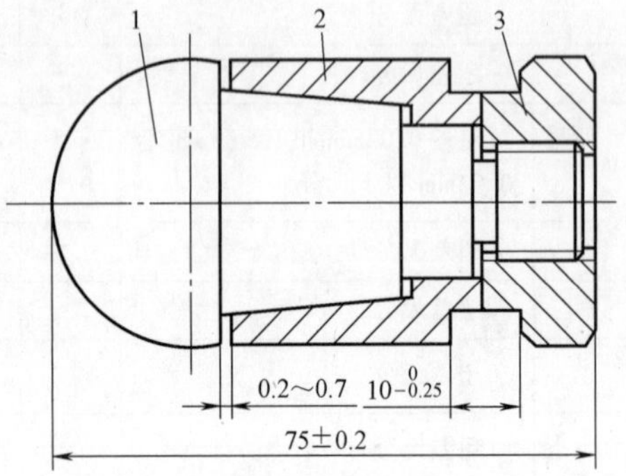

技术要求

圆锥用涂色法检验，接触面积大于或等于60%。

3	螺母	1	45			
2	锥体	1	45		名称	三件圆锥组合体
1	锥轴	1	45			
件号	名称	数量	材料	备注	材料	45

a) 组合体

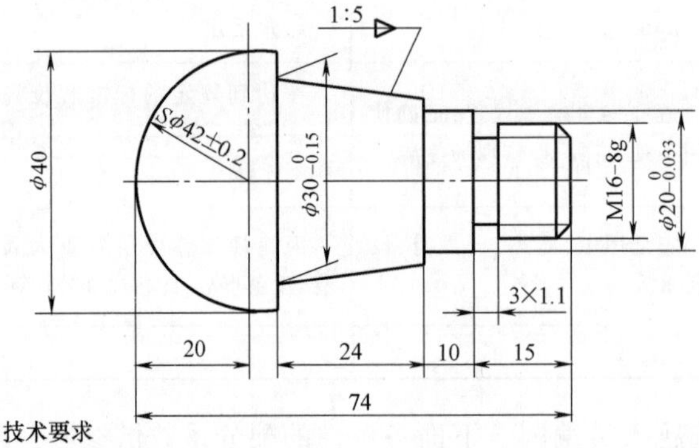

$\sqrt{Ra\ 3.2}$ ($\sqrt{\ }$)

技术要求

1.圆锥面与件2锥体的接触面积大于或等于60%。
2.倒角$C1$。
3.锐角修钝。

名称	锥轴
材料	45

b) 锥轴

图 3-15　三件圆锥组合体

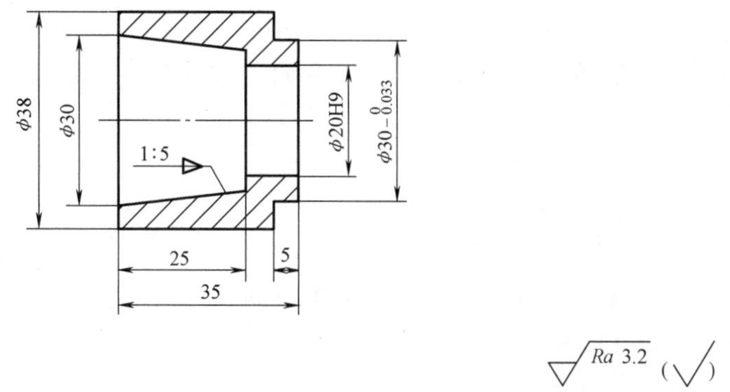

技术要求

1.圆锥面与件1锥轴的接触面积大于或等于60%。

2.锐角修钝。

名称	锥体
材料	45

c) 锥体

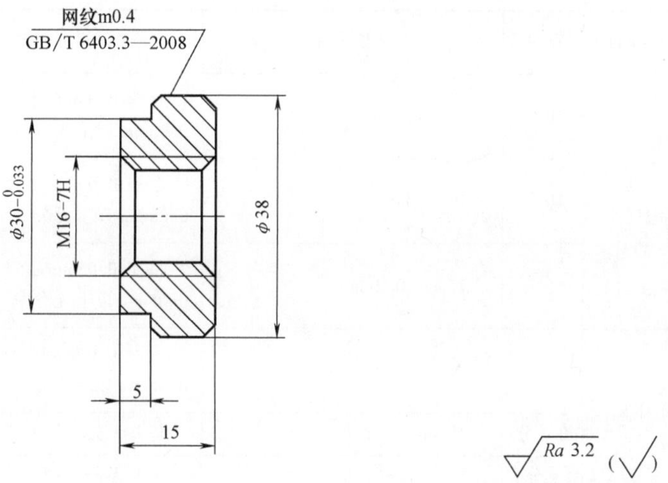

技术要求

1.倒角C1。

2.锐角修钝。

名称	螺母
材料	45

d) 螺母

图 3-15　三件圆锥组合体（续）

2. 准备要求

1）考件材料为 45 热轧圆钢，锯断尺寸分别为 φ45mm×78mm、φ40mm×65mm。

2）钻孔，攻、套螺纹用切削液。

3）检验锥度用显示剂。

4）相关工具、量具、刃具。

3. 考核内容

（1）考核要求

1）考件的各尺寸精度、几何精度、表面粗糙度达到图样规定要求；三件组合后应达到装配图样规定尺寸（75±0.2）mm、$10_{-0.25}^{0}$ mm 及 0.2~0.7mm 间隙。

2）螺纹 M16-7H、M16-8g 允许使用丝锥、板牙攻、套螺纹。

3）圆球 $S\phi42$mm±0.2mm 不允许使用成形刀加工。

4）不准使用锉刀、砂布对考件修整加工。

5）未注公差尺寸按 IT14 等级加工。

6）考件与图样严重不符的，应扣去该考件的全部配分。

（2）时间定额　5.5h（不含考前准备时间）。提前完工不加分，超时间定额 20min 扣 5 分，超 40min 扣 10 分，超 40min 以上则应停止考试。

（3）安全文明生产

1）正确执行安全技术操作规程。

2）按企业有关文明生产的规定，做到工作场地整洁，工件、刃具、工具、量具摆放整齐。

4. 配分与评分标准（表 3-16）

表 3-16　车三件圆锥组合体配分与评分标准

件名	作业项目	配分	考核内容	评分标准	考核记录	扣分	得分
组合件	组装后装配尺寸	10 分	0.2~0.7mm	超差 0.05mm 扣 5 分，超差 0.05mm 以上无分			
		10 分	$10_{-0.25}^{0}$ mm	超差 0.05mm 扣 5 分，超差 0.05mm 以上无分			
		15 分	75mm±0.2mm	超差 0.05mm 扣 8 分，超差 0.05mm 以上无分			
锥轴	车外圆	2 分	$\phi20_{-0.033}^{0}$ mm	超差 0.01mm 扣 1 分，超差 0.05mm 以上无分			
		0.5 分	10mm	超差无分			
		1 分	$Ra3.2\mu m$（2 处）	超差无分			
	车锥度	0.5 分	24mm	超差无分			
		2 分	$\phi30_{-0.15}^{0}$ mm	超差无分			
		4 分	锥度 1∶5	接触面积 50%~59%扣 2 分，<50%无分			
		1 分	$Ra3.2\mu m$（2 处）	超差无分			
	车套螺纹	3 分	M16-8g	用螺纹环规检验，通端不通过或者止端通过无分			
		0.5 分	3mm×1.1mm	超差无分			
		0.5 分	15mm	超差无分			
		1.5 分	$Ra3.2\mu m$（3 处）	超差无分			

（续）

件名	作业项目	配分	考核内容	评分标准	考核记录	扣分	得分
锥轴	车成形面	4 分	$S\phi(42\pm0.2)$mm	超差无分			
		0.5 分	20mm	超差无分			
		0.5 分	ϕ40mm	超差无分			
		0.5 分	Ra3.2μm	超差无分			
	车总长	1 分	74mm	超差无分			
		1 分	Ra3.2μm	超差无分			
椎体	车外圆	2 分	ϕ38mm	超差无分			
		4 分	$\phi30_{-0.033}^{\ 0}$mm	超差 0.03mm 扣 1 分，超差 0.02mm 以上无分			
		1 分	5mm	超差无分			
		1 分	Ra3.2μm（2 处）	超差无分			
	车内孔	4 分	ϕ20H9	超差 0.02mm 扣 2 分，超差 0.02mm 以上无分			
		2 分	Ra3.2μm	超差无分			
	车锥孔	4 分	锥度 1∶5	接触面积 50%～59%扣 2 分，<50%无分			
		2 分	ϕ30mm	超差无分			
		1 分	25mm	超差无分			
		1 分	Ra3.2μm	超差无分			
	车总长	1 分	35mm	超差无分			
		1 分	Ra3.2μm（2 处）	超差无分			
螺母	滚花	5 分	网纹 m0.4	超差无分			
		1 分	ϕ38	超差无分			
		1 分	C1（2 处）	超差无分			
	车（攻）螺纹	3 分	M16	超差无分			
	车外圆	3 分	$\phi30_{-0.033}^{\ 0}$mm	超差 0.01mm 扣 1.5 分，超差 0.02mm 以上无分			
		1 分	5mm	超差无分			
		1 分	Ra3.2μm（2 处）	超差无分			
	车总长	1 分	15mm	超差无分			
		1 分	Ra6.3μm（2 处）	超差无分			
	安全文明生产		遵守安全操作规程，正确使用工具、量具、操作现场整洁	按达到规定的标准程度评定，一项不符合要求在总分中扣 2.5 分			
			安全用电，防火，无人身、设备事故	因违规操作而引发重大人身、设备事故，此卷按 0 分计算			
	合计	100 分					

第四部分

模拟试卷样例

理论知识考试模拟试卷

一、判断题（对的画√，错的画×；每题 1 分，共 30 分）

1. 变换主轴箱外手柄的位置可使主轴得到各种不同转速。（ ）
2. 对车床来说，如第一位数字是“6”，代表的是落地及卧式车床组。（ ）
3. 车床主轴箱内注入的新油油面不得高于油标中心线。（ ）
4. 切削液的主要作用是降低温度和减少摩擦。（ ）
5. 车削加工时，清除切屑必须使用专用的钩子，不可用手直接清除。（ ）
6. 高速钢刀具韧性比硬度合金好，因此，常用于承受冲击力较大的场合。（ ）
7. 钨钴类硬质合金的韧性较好，因此适用于加工铸铁等脆性材料或冲击较大的场合。（ ）
8. 涂层硬质合金刀具的耐磨性比未涂层的硬质合金刀具高 1~3 倍。（ ）
9. 刃倾角是主切削刃与基面之间的夹角，刃倾角是在切削平面内测量的。（ ）
10. 粗车刀的主偏角越小越好。（ ）
11. 刃磨后的车刀切削刃，应用磨石进行研磨。（ ）
12. 车刀在切削工件时，使工件上形成已加工表面、切削平面和待加工表面。（ ）
13. 车削非铁金属和非金属材料时，应当选取较低的切削速度。（ ）
14. 车削铸铁材料时由于强度低，故可选取较低的切削速度。（ ）
15. 在加工一般钢件时（中碳钢），精车时用乳化液，粗车时用切削油。（ ）
16. 切削用量中对断屑影响最大的是切削速度，其次是进给量和背吃刀量。（ ）
17. 中心孔根据工件的直径（或工件的质量），按国家标准来选用。（ ）
18. 车外圆时，车刀刀杆的中心线与进给量方向不垂直，这时车刀的前角和后角的数值都发生变化。（ ）
19. 可以在两顶尖装夹的情况下切断工件。（ ）
20. 一次装夹车削方法没有定位误差，适应于单件小批量生产中。（ ）
21. 麻花钻主切削刃上的前角、后角都是变化的。外缘处前角、后角都最大。（ ）
22. 钻孔时的背吃刀量，就是钻头的直径尺寸。（ ）
23. 用麻花钻扩孔时，为了防止钻头扎刀，应把钻头外缘处的前角修磨得小一些。（ ）
24. 在通过圆锥轴线的剖面内，两条圆锥母线的夹角叫锥度。（ ）

25. 莫氏圆锥不是国际标准。（　　）

26. 车削圆锥半角很小、圆锥长度较长的内圆锥时，可采用偏移尾座法。（　　）

27. 游标万能角度尺能测量圆锥体的角度和锥体尺寸。（　　）

28. 使用成形刀时，切削刃与工件接触面积大，容易引起振动，为防止振动，应选用较大的进给量和切削速度。（　　）

29. 单轮滚花刀通常用于滚压网花纹。（　　）

30. 车削螺纹时，车刀刀尖角刃磨不正确会造成螺纹牙型不正确。（　　）

二、选择题（将正确答案的选项填入括号内；每题 1 分，共 20 分）

1. （　　）的作用是把主轴旋转运动传递给进给箱。

A. 主轴箱　　B. 溜板箱　　C. 交换齿轮箱　　D. 变速箱

2. 卧式车床型号中的主参数代号是用（　　）折算值表示的。

A. 中心距　　B. 刀架上最大回转直径

C. 床身上最大工件回转直径　　D. 主轴转速

3. 弹子油杯润滑（　　）至少加油一次。

A. 每周　　B. 每班次　　C. 每天　　D. 每月

4. 刀具的后角是后面与（　　）之间的夹角。

A. 前面　　B. 基面　　C. 切削平面　　D. 端面

5. 精车刀的前角应取（　　）。

A. 正值　　B. 零度　　C. 负值　　D. 任意值

6. 45°车刀的主偏角和（　　）都等于 45°。

A. 楔角　　B. 刀尖角　　C. 副偏角　　D. 前角

7. 钻中心孔时，如果（　　）就不易使中心钻折断。

A. 主轴转速较高　　B. 工件端面不平

C. 进给量较大　　D. 钻头直径小

8. 在切断工件时，切断刀切削刃装得低于工件轴线，使前角（　　）。

A. 增大　　B. 减小　　C. 不变　　D. 不确定

9. 切断时的切削速度按（　　）计算。

A. 被切工件的外径　　B. 平均直径

C. 瞬时直径　　D. 主轴转速

10. 采用软卡爪反撑内孔装夹工件，软卡爪的定位圆环应放在卡爪的（　　）。

A. 里面　　B. 外面

C. 外面里面都可以　　D. 两端

11. 麻花钻的顶角增大时，前角（　　）。

A. 减小　　B. 不变　　C. 增大　　D. 不确定

12. 钻孔时，为了减小进给力，应对麻花钻的（　　）进行修磨。

A. 主切削刃　　B. 横刃　　C. 棱边　　D. 前面

13. 为了保证孔的尺寸精度，铰刀尺寸最好选择在被加工孔公差带（　　）左右。

A. 上面 1/3　　B. 下面 1/3　　C. 中间 1/3　　D. 1/3

14. 用百分表检验工件的径向圆跳动时，百分表的（　　）就是径向圆跳动误差。

A. 读数差　　B. 读数差的1/2

C. 读数差的2倍　　D. 读数差的3倍

15. 车60°圆锥面可采用（　　）法。

A. 转动小滑板　　B. 靠模

C. 偏移尾座法　　D. 直线

16. 一个工件上有多个圆锥面时，最好是采用（　　）法车削。

A. 转动小滑板　　B. 偏移尾座　　C. 靠模　　D. 宽刃刀切削

17. 经过精车以后的工件表面，如果还不够光洁，可以用砂布进行（　　）。

A. 研磨　　B. 抛光　　C. 修光　　D. 打磨

18. 滚花开始时，必须用（　　）的进给压力。

A. 较大　　B. 较小　　C. 较轻微　　D. 变化

19. 螺纹的导程 P_h 和螺距 P 的关系是（　　）（n 是螺纹的线数）。

A. $P=nP_h$　　B. $P_h=nP$　　C. $P=P_h$　　D. $P_h=2P$

20. （　　）车出的螺纹能获得较小的表面粗糙度值。

A. 直进法　　B. 左右切削法　　C. 斜进法切削　　D. 仿形法

三、计算题（每题5分，共20分）

1. 在车床上车削直径为 ϕ40mm 的轴，选用主轴转速 $n=600$r/min，如果用相同的切削速度车削直径为 ϕ15mm 的轴，问：这时主轴的转速为多少？

2. 用高速钢切断刀切断直径为 ϕ100mm 的棒料，试计算该切断刀的刀头宽度和刀头长度，如果切削速度选为35m/min，求机床转速。

3. 在车床上自制60°前顶尖，最大圆锥直径为 ϕ30mm，试计算圆锥长度。

4. 在车削如图2-11所示的a、b、c三种工件的圆锥时，采用哪一种方法较好？计算出车削时所需的 $\alpha/2$ 角度值或尾座偏移量 S。

四、简答题（共30分）

1. 简介车床日常保养的内容。（8分）

2. 什么叫背吃刀量、进给量和切削速度？（5分）

3. 切屑有哪几种类型？一般有哪几种形状？（4分）

4. 车削内孔比车削外圆困难，主要表现在哪些方面？（7分）

5. 靠模法车削锥度有哪些优缺点？（6分）

理论知识考试模拟试卷参考答案

一、判断题

1. √　2. √　3. ×　4. √　5. √　6. √　7. √　8. √　9. √　10. ×

11. √　12. ×　13. ×　14. √　15. ×　16. ×　17. √　18. ×　19. ×　20. √

21. ×　22. ×　23. √　24. ×　25. ×　26. ×　27. ×　28. ×　29. ×　30. √

二、选择题

1. C　2. C　3. B　4. C　5. A　6. C　7. A　8. B　9. A　10. B
11. C　12. B　13. C　14. A　15. A　16. A　17. B　18. A　19. B　20. B

三、计算题

1. 解　已知　$d_{w1}=40\text{mm}$、$n_1=600\text{r/min}$、$d_{w2}=15\text{mm}$、$v_{c1}=v_{c2}$

$v_{c1}=\pi d_{w1}n/1000=3.14\times40\text{mm}\times600\text{r/min}/1000=75.36\text{m/min}$

$v_{c2}=\pi d_{w2}n_2/1000v_{c1}=v_{c2}$

$n_2=1000v_{c2}/\pi d_{w2}=1000v_{c1}/(\pi d_{w2})=1000\times75.36/(3.14\times15)\text{r/min}=1600\text{r/min}$

答：这时主轴转速为1600r/min。

2. 解　已知　$d_w=100\text{mm}$、$v_c=35\text{m/min}$

$b_0=(0.5\sim0.6)\sqrt{d_w}=(0.5\sim0.6)\sqrt{100}\text{mm}=5\sim6\text{mm}$

$L_0=h+(2\sim3)\text{mm}=\dfrac{d_w}{2}+(2\sim3)\text{mm}=\dfrac{100\text{mm}}{2}+(2\sim3)\text{mm}=52\sim53\text{mm}$

$n=1000v_c/\pi d_w=1000\times35/(3.14\times100)\text{r/min}=111.5\text{r/min}$

答：该切断刀的刀头宽度为5~6mm；刀头长度为52~53mm；机床转速为111.5r/min。

3. 解　已知　$D=30\text{mm}$、$d=0\text{mm}$、$\alpha=60°$

$\tan\dfrac{\alpha}{2}=\dfrac{D-d}{2L}$

$L=\dfrac{D-d}{2\tan\dfrac{\alpha}{2}}=\dfrac{30\text{mm}-0\text{mm}}{2\tan\dfrac{60°}{2}}=\dfrac{30\text{mm}}{2\times0.577}=25.98\text{mm}$

答：圆锥长度为25.98mm。

4. 解　已知　a）$D=24\text{mm}$、$d=18\text{mm}$、$L=16\text{mm}$

b）$C=1:25$、$L_0=250\text{mm}$

c）$C=1:3$

a）由于这种工件的圆锥角较大，且圆锥部分长度较短，故用转动小滑板法车圆锥较合适。车床小滑板应转动角度为

$$\tan\frac{\alpha}{2}=\frac{D-d}{2L}=(24\text{mm}-18\text{ mm})/(2\times16\text{mm})=0.1875$$

$$\frac{\alpha}{2}=10.62°=10°37'10''$$

b）由于这种工件的锥度较小，工件较长，因此可用偏移车床尾座的方法车削。其尾座偏移量为

$$S=\frac{C}{2}L_0=\frac{1/25}{2}\times250\text{mm}=5$$

如果有条件也可用靠模法车削。靠模应转动的角度为

$$\tan\frac{\alpha}{2}=\frac{C}{2}=\frac{1/25}{2}=0.02$$

$$\frac{\alpha}{2}=1.146°=1°8'45''$$

c）由于这种工件圆锥角较大，且圆锥部分长度较短，故用转动小滑板法车削较好。车床小滑板应转动角度为

$$\tan\frac{\alpha}{2}=\frac{C}{2}=\frac{\frac{1}{3}}{2}=0.17$$

$$=9.462°=9°27'44''$$

答：a）和c）用转动小滑板法车削，其转动的角度分别为10°37′10″和9°27′44″；b）用偏移尾座法车削或靠模法车削，尾座偏移量为5mm，靠模转动的角度为1°8′45″。

四、简答题

1. 答：车床日常保养的主要内容有：

1）外保养：①清洗机床外表面及各罩盖，保持内外清洁，无锈蚀，无油污；②清洗长丝杠、光杠和操纵杆；③检查并补齐螺钉、手柄等，检查清洗机床附件。

2）主轴箱：①清洗过滤器，使其无杂物；②检查主轴螺母有无松动，紧固螺钉是否锁紧；③调整摩擦片间隙及制动器的松紧。

3）溜板：①拆卸刀架，调整中、小滑板镶条间隙；②清洗并调整中、小滑板丝杠螺母的间隙。

4）交换齿轮箱：①清洗齿轮、轴套并注入新油脂；②调整各齿轮啮合间隙；③检查轴套有无晃动现象。

5）尾座：清洗尾座，保持内外清洁。

6）冷却润滑系统：①清洗冷却泵、过滤器、盛液盘，清除贮液箱杂物；②清洗油绳、油毡，保证油孔、油路清洁畅通；③检查油质是否良好，油杯要齐全，油窗应明亮。

7）电器部分：①清扫电动机、电器箱；②电器装置应固定完好，并保持清洁整齐。

2. 答：工件上已加工表面与待加工表面之间的垂直距离叫背吃刀量。工件每转一转，车刀沿进给方向移动的距离叫进给量。切削速度是主运动的线速度。

3. 答：切屑有四种类型：①带状切屑；②挤裂切屑；③粒状切屑；④崩碎切屑。

切屑的形状一般有带状、C形、崩碎型、螺卷形、长螺卷形、发条状和宝塔状。

4. 答：车削内孔要比车削外圆难，主要原因是：①车削内孔是在圆柱孔内部进行的，观察切削情况较困难，特别是孔小而较深时，根本无法看清；②刀柄尺寸由于受孔径和孔深的限制，不能有足够的强度，刚性较差；③排屑和冷却困难；④测量圆柱孔比测量外圆困难；⑤在装夹时容易产生变形（特别是壁厚较薄的套类工件），使车削更困难。

5. 答：靠模法车削锥度的优点是调整锥度既方便、又准确；因中心孔接触良好，所以锥面质量高；可机动进给车外圆锥和内圆锥。但靠模装置的角度调节范围较小，一般在12°以内，适合于批量生产。

技能操作考核模拟试卷

车 阶 梯 轴

1. 模拟考试图样（图 4-1）

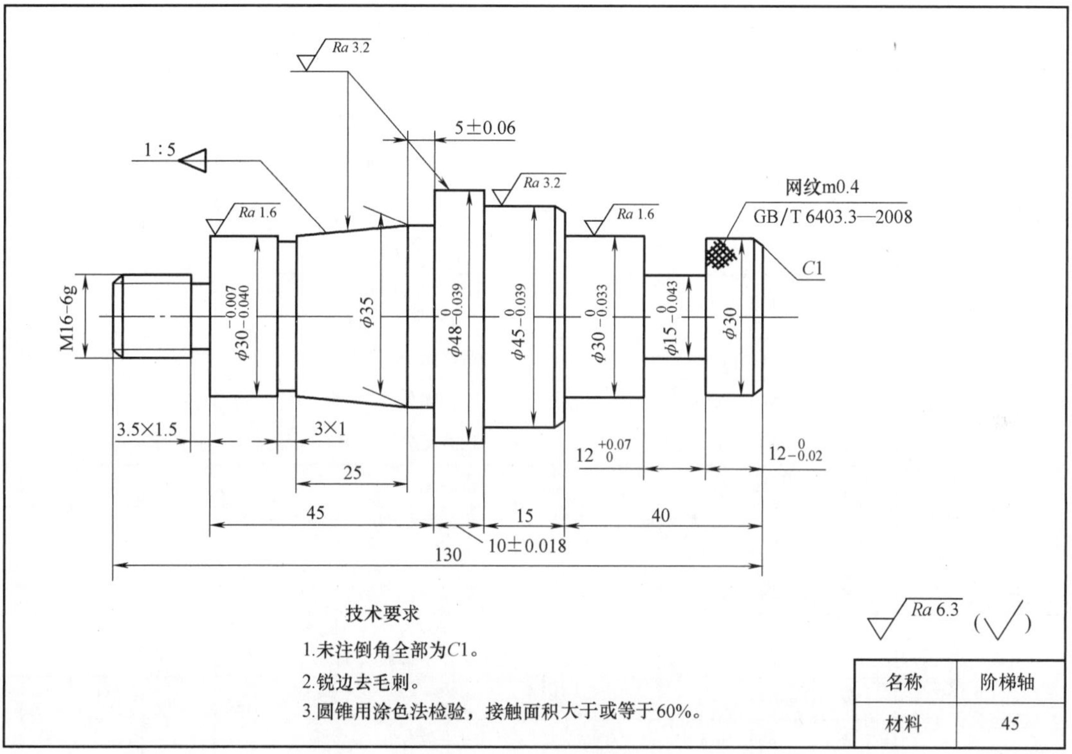

图 4-1　阶梯轴

2. 准备要求

1）考件材料为 45 热轧圆钢，坯料尺寸为 ϕ55mm×135mm

2）切削液。

3）检查锥度用显示剂。

4）相关工具、量具、刃具。

3. 考核内容

（1）考核要求

1）考件各项尺寸精度、几何精度、表面粗糙度等应达到图样规定的要求。

2）不允许用锉刀、砂布等对考件进行修整加工。

3）未注公差尺寸按 IT14 等级加工。

4）考件与图样严重不符的应扣去考件的全部配分。

（2）时间定额　240min（不含考前准备时间）。提前完工不加分，超时间定额 20min 在总评分中扣去 5 分，超 40min 扣去 10 分，超出 40min 未完成则应停止考试。

（3）安全文明生产

1）正确执行安全技术操作规程。

2）按企业有关文明生产的规定，做到工作场地整洁，工件、工具、量具摆放整齐。

4. 配分与评分标准（表 4-1）

表 4-1　车阶梯轴配分与评分标准

序号	作业项目	配分	考核内容	评分标准	考核记录	扣分	得分
1	车外圆	8 分	$\phi30_{-0.040}^{-0.007}$mm	超差 0.01mm 扣 4 分，超差 0.01mm 以上无分			
		8 分	$\phi48_{-0.039}^{0}$mm	超差 0.01mm 扣 4 分，超差 0.01mm 以上无分			
		8 分	$\phi45_{-0.039}^{0}$mm	超差 0.01mm 扣 4 分，超差 0.01mm 以上无分			
		8 分	$\phi30_{-0.033}^{0}$mm	超差 0.01mm 扣 4 分，超差 0.01mm 以上无分			
		8 分	$\phi15_{-0.043}^{0}$mm	超差 0.01mm 扣 4 分，超差 0.01mm 以上无分			
		4 分	*Ra*1.6μm（2 处）	超差无分			
		2 分	*Ra*3.2μm（2 处）	超差无分			
2	车圆锥体	2 分	ϕ35mm	超差无分			
		2 分	25mm	超差无分			
		10 分	*C*＝1∶5 接触面积大于或等于 60%	接触面积 50%～59%扣 5 分，<50%无分			
		2 分	*Ra*3.2μm	超差无分			
3	车螺纹	10 分	M16-6g	用螺纹环规检验，通端不通过或者止端通过无分			
		1 分	*C*1	超差无分			
		2 分	*Ra*3.2μm	超差无分			
4	车长度	4 分	（10±0.018）mm	超差 0.01mm 扣 2 分，超差 0.01mm 以上无分			
		4 分	$12_{-0.02}^{0}$mm	超差无分			
		4 分	$12_{0}^{+0.07}$mm	超差无分			
		2 分	130mm	超差无分			
		2 分	*Ra*6.3μm	超差无分			
5	滚网纹	6 分	网纹 m0.4	超差无分			
		2 分	ϕ30mm	超差无分			
		1 分	*C*1	超差无分			
6	安全文明生产		遵守安全操作规程，正确使用工具、量具、操作现场整洁	按达到规定的标准程度评定，一项不符合要求在总分中扣 2.5 分			
			安全用电，防火，无人身、设备事故	因违规操作而引发重大人身、设备事故，此卷按 0 分计算			
7	合计	100 分					

车工（中级）

第五部分

考核重点和试卷结构

一、考核重点

以国家职业技能标准为依据，按车工中级（四级）的理论、操作鉴定考核要求，进行理论知识考核和操作技能考核，考核重点为：车工中级（四级）基础知识、车床的维护保养与调整、轴类工件加工、套筒薄壁工件加工、偏心工件及曲轴的加工、畸形工件加工、螺纹加工。理论知识和技能要求权重如下：

车工（中级）理论知识权重

项目		权重(%)	
		普通车工	数控车工
基本要求	职业道德	5	5
	基础知识	20	20
相关知识要求	轴类工件加工	15	15
	套类工件加工	15	15
	螺纹加工	20	20
	偏心工件及曲轴加工	10	10
	畸形工件加工	15	10
	设备维护与保养	5	5
合计		100	100

车工（中级）技能要求权重

项目		权重(%)	
		普通车工	数控车工
相关知识要求	轴类工件加工	20	20
	套类工件加工	20	20
	螺纹加工	20	20
	偏心工件及曲轴加工	20	20
	畸形工件加工	15	15
	设备维护与保养	5	5
合计		100	100

二、试卷结构

车工中级（四级）的鉴定方式分为理论知识考试和技能操作考核，理论知识考试时间不少于 90min，试卷题型由判断题、选择题、计算题、简答题组成。试题的编写立足于对基础知识和基本操作技能的检验，改变了以往单纯对概念进行考查的局限性，注意将理论知识和实际操作相联系，注重加工工艺分析，考查学员对知识的理解和应用能力，题目灵活、难度适中、覆盖面广，题目较以前有所增加，有较大的实用性，能够较全面考查学员的综合素质。操作技能考核时间不少于 360min，具体时间、评分标准依图样而定，要求在规定的时间内独立完成工件的加工。综合评审时间不少于 30min。

三、考试技巧

车工中级（四级）理论知识考试内容广泛，包括很多门专业理论课的内容，和常用的操作知识，需要学员在平时积累。而《车工（中级）》教材中由于版面的限制无法一一叙述，需要学员学习其他课程。理论知识题目与生产实践实际操作相结合，学员要在多理解后再解题，并应联系实际完成各种习题。车工初级理论考核中需要学员要有一定的答题技巧，在考试时尽量完成答题不要出现不答题的情况。操作技能考核时要认真阅读图样，分析工艺，准备刀具完成考件加工，根据评分标准合理完成整个操作技能考核。

四、注意事项

本题库面广量大，题库中的很多题目具有一定的灵活性，考生在答题前应认真阅读试卷，填写考试必需的相应信息并仔细核对。在答题过程中，应认真阅读每一道题目，按先易后难的原则做题，分值高的题目优先，不会做或答不全的放后面做，对于没有掌握的知识出现在判断题或选择题中时必须完成答题，在考试过程中保持良好的心态。

五、复习策略

对于理论知识考试，应该认真阅读教材，理解教材中的各项理论知识，学习时做到理论与实际相结合，有些理论题目要与实际操作相结合，这样更有利于习题掌握。为了获得好的复习效果，应以教材为中心，强化基础知识和基本技能的学习，弄清楚重点和难点，这样才能收到事半功倍的效果。复习时要有针对性，做到有的放矢、注重实效，切忌贪多求全。复习时要学会整合知识点，对需要学习的知识进行分类以便于记忆，同时要把理论学习与实际操作结合起来更能促进理解，加深记忆。

第六部分

理论知识考核指导

理论知识模块1　基础知识

一、考核范围（图6-1）

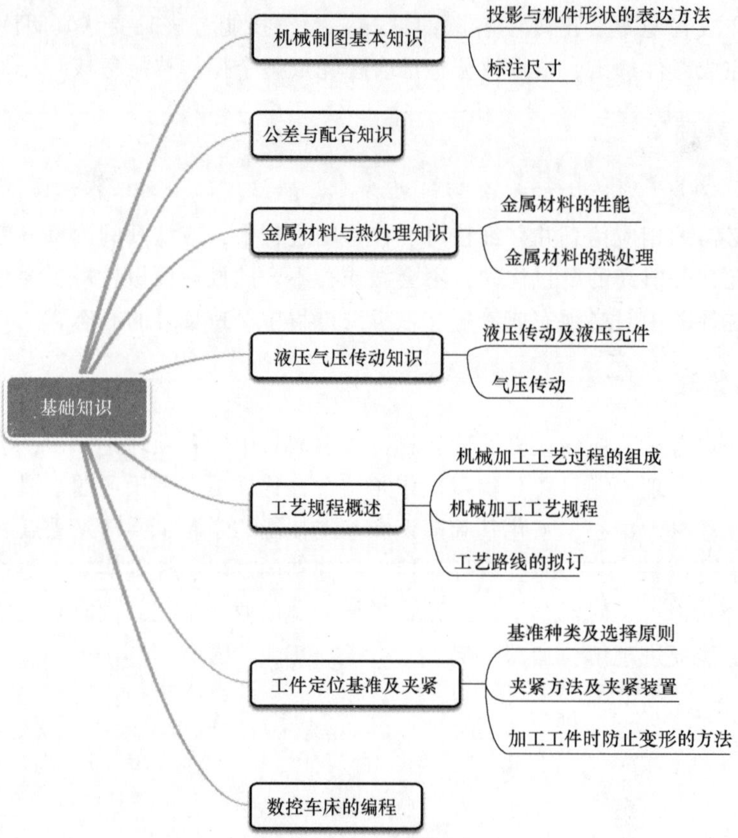

图6-1　考核范围

二、考核要点详解（表6-1）

表6-1　考核要点

序号	考核要点
1	三视图投影规律、机件形状表达方法、尺寸标注
2	公差配合的类型

（续）

序号	考核要点
3	金属材料的性能、热处理
4	液压传动、气压传动原理、元件
5	工艺过程的组成、原则、拟订
6	基准种类及选择原则、定位、夹紧、防变形方法
7	数控车床系统、编程介绍

三、练习题

（一）判断题（对的画“√”，错的画“×”）

1. 采用机械加工方法改变毛坯的形状、尺寸，使其成为成品的过程称为机械加工工艺过程。（　）

2. 机械加工工艺过程是按一定顺序安排的工序组成的。（　）

3. 划分工序的主要依据是工作场地（或设备）是否变动和加工过程是否连续。（　）

4. 工件经多次装夹后所完成的那一部分工序称为安装。（　）

5. 工件的装夹次数越多，引起的误差就越大，所以在一道工序中，只能有一次装夹。（　）

6. 为了提高生产率，采用多刀同时加工几个表面的工步称为复合工步，在加工工艺上，复合工步应视作一个工步。（　）

7. 单件生产时，应尽量使用现有的通用设备和工具。（　）

8. 在成批生产中，既采用通用机床和标准附件，也采用高效率的机床和专用工艺设备。（　）

9. 当工件的相对位置精度要求较高时，采用工序分散法容易保证。（　）

10. 当操作人员的平均技术水平较低时，宜采用工序集中法。（　）

11. 工艺卡是以工序为单位说明一个工件的全部加工过程的工艺文件。（　）

12. 技术检查卡是技术检验人员的重要文件，但它不属于工艺文件。（　）

13. 在机械加工工艺过程中，安排热处理工序的目的是改变材料的力学性能和消除内应力。（　）

14. 退火和正火的目的是改善切削性能，消除毛坯制造时的内应力，细化晶粒，均匀组织。（　）

15. 调质的目的是提高材料的综合力学性能，为以后的热处理作准备，用于各种中碳结构钢或中碳合金钢。（　）

16. 淬火的目的是提高低碳钢或低碳合金材料硬度、强度和耐磨性。（　）

17. 渗碳淬火使钢件表面层具有高硬度，以增加工件的耐磨性及疲劳强度，而心部仍保持足够的塑性和韧性。（　）

18. 由于渗氮处理温度低，工件变形小，渗氮层较薄，工序一般安排在精磨之前。（　）

19. 工件相邻两工序尺寸之差，称为工序余量（加工余量）。（　）

20. 在图样上所采用的基准，称为工艺基准。（　）

21. 装配时用来确定工件或部件在产品中的相对位置所采用的基准，称为定位基准。（ ）

22. 工件的各表面不需要全部加工时，应以不加工面作为粗基准。（ ）

23. 所有表面都要加工的工件，应以加工余量较大的表面作为基准。（ ）

24. 采用基准统一原则，可减少定位误差，提高加工精度，有利于保证其位置精度。（ ）

25. 工件在夹具中的六个自由度完全被限制了，即处于完全确定的位置，这种定位称为完全定位。（ ）

26. 工件以平面定位时，为保证定位的稳定可靠，一般采用四点定位。（ ）

27. 使用锥度心轴装夹工件时，心轴的锥度越大，定心精度越高。（ ）

28. 在夹具中装夹工件时，夹紧力方向应尽量垂直作用于主要定位面，以保证定位正确。（ ）

29. 在夹具中装夹工件时，夹紧力作用点应靠近加工表面，以增加工件的装夹刚性，减小振动。（ ）

30. 表达工件内部结构可采用剖视图，剖视图有全剖、半剖、局部剖三种。（ ）

31. 平行于 V 面的直线是水平线。（ ）

32. 过空间两条相交直线的平面有且只有一个。（ ）

33. 对现有的工件实物进行绘制、测量和确定技术要求的过程，称为工件测绘。（ ）

34. 标注尺寸合理是指所标注尺寸要便于工件的加工和检验。（ ）

35. 国家标准规定，在剖视图中表示螺纹连接时，其旋合部分应按外螺纹的画法表示，非旋合部分仍按各自的画法表示。（ ）

36. 螺纹标注中，左旋螺纹可以不标注旋向。（ ）

37. 在齿轮的规定画法中，分度圆和分度线用细实线绘制。（ ）

38. 平面度公差属于位置公差。（ ）

39. 表面粗糙度量值越小，其表面光洁程度越高。（ ）

40. 表面粗糙度不是工件质量的技术指标。（ ）

41. 工件图由一组图形、完整的尺寸、技术要求及标题栏组成。（ ）

42. 过渡配合是可能具有间隙或过盈的配合。（ ）

43. 公称尺寸相同的、相互结合的孔和轴公差带之间的关系称为配合。（ ）

44. 基孔制的下极限偏差为零，基本偏差代号为 H。（ ）

45. 基本偏差为一定的孔的公差带与不同基本偏差的轴的公差带形成各种配合，称为基轴制配合。（ ）

46. 基轴制配合的轴称为基准轴，其基本偏差代号为 h，上极限偏差为零。（ ）

47. 配合公差等于互相配合的孔公差与轴公差之差。（ ）

48. 极限偏差是允许尺寸变化的两个界限值，它以实际尺寸为基数。（ ）

49. 几何公差分为 20 个公差等级。（ ）

50. 公差带的方向即公差带放置的方向，由被测要素与基准的几何关系（垂直、平行或倾斜任一角度）确定。（ ）

51. 要求在图样上给定几何公差时，应选择和确定几何公差的项目、基准、公差数

值等。（　　）

52. 当位置公差的两要素（被测要素和基准要素）允许互换时，即为任选基准时，就不再画基准符号，两边都用箭头表示。（　　）

53. 工件表面上具有较小间距和峰谷的微观几何形状特性，称为表面粗糙度。（　　）

54. 工件表面粗糙度的选择，应该满足工件表面的技术要求，又要考虑加工合理。（　　）

55. 表面粗糙度代号，应注在可见轮廓线、尺寸界线、引出线或它们的延长线上，并尽可能靠近有关尺寸线。（　　）

56. 互换性，即从同一规格的一批工件中任取一件，经过修配就能装到机器或部件上，并能保证使用要求。（　　）

57. 调质处理是指淬火和高温回火相结合的一种工艺。（　　）

58. 半精加工阶段是继续减小加工余量、为精加工作准备、主要面加工的阶段。（　　）

59. 在机器装配或工件加工过程中，由相互连接的尺寸形成的封闭尺寸组称为尺寸链。（　　）

60. 封闭环的公差等于所有组成环公差之差。（　　）

61. 工艺过程是指生产过程中直接改变生产对象的形状、尺寸、相对位置和性质，使其成为成品或半成品的过程。（　　）

62. 机械加工工艺过程由工序、工步、工位、走刀和安装五个部分组成。（　　）

63. 在机械加工中，采用设计基准作为定位基准，这称为符合基准统一原则。（　　）

64. 如果毛坯余量较大且不均匀或精度要求较高，可不分加工阶段，一道工序加工成形即可。（　　）

65. 工艺规程是规定产品或零部件制造工艺过程和操作方法等的工艺文件。（　　）

66. 工件的表面粗糙度值越小，越易加工。（　　）

67. 任何加工方法所得到的实际参数都不会绝对精确，从工件的功能看，只要加工误差在工件图要求的误差范围内，就认为保证了加工精度。（　　）

68. 主视图反映物体的长度和宽度；俯视图反映物体的长度和高度；左视图反映物体的高度和宽度。（　　）

69. 主视图反映物体的上下和左右方位；俯视图反映物体的上下和前后方位；左视图反映物体的左右和前后方位。（　　）

70. 主、俯视图长对正，主、左视图高平齐，俯、左视图宽相等，即“长对正、高平齐、宽相等”。（　　）

71. 点、线、面、体等几何元素在三面的投影面（V、H、W）体系中的投影，称为三面投影。（　　）

72. 物体在三投影面（X、Y、Z）体系中的投影，称为三视图。（　　）

73. 同一机件在各剖视图中的剖面符号应方向相反、间距相等。（　　）

74. 断面图与剖视图的区别是：剖视图只画出机件的断面形状，而断面图除了断面形状以外，还要画出机件剖切之后的投影。（　　）

75. 局部放大图在标注尺寸时，应按放大尺寸标注，与放大倍数有关。（　　）

76. 当截平面平行于圆锥体轴线截切圆锥时，其截交线为椭圆。（　　）

77. 标注一个尺寸，一般应包括尺寸界线、尺寸线和尺寸数字三个部分。（ ）

78. 数控机床重新开机后，一般需先回机床零点。（ ）

79. 气压传动是研究以有压流体为能源介质，实现各种机械传动和手动控制的学科。（ ）

80. 气动执行元件是在气动系统中将压缩空气的压力能转变成机械能的元件。（ ）

81. 气缸按活塞端面受压状态可分为普通气缸和特殊气缸。（ ）

82. 方向控制阀是控制压缩空气流动方向以控制执行元件动作的一类气动执行元件。（ ）

83. 按控制方式不同，方向阀分为手动控制、气动控制、电动控制、机动控制、电气控制等类型。（ ）

84. 压力控制阀是利用压缩空气作用在阀芯上的力和弹簧力相抵消的原理进行工作的。（ ）

85. 节流阀属于流量控制阀。（ ）

86. 压缩空气站的压力通常高于每台装置所需的工作压力，且压力波动较大，因此在系统入口处需要安装一个具有减压、稳压作用的元件，即安全阀。（ ）

87. 在气压系统中，为防止管路、气罐等破坏，应限制回路中的最高压力，此时应采用安全阀。（ ）

88. 液压传动不易实现过载保护。（ ）

89. 液压传动是以液压油为工作介质进行能量传递和控制的一种传动形式。（ ）

90. 在一粗细不等的管道中，横截面小的部位流速较高，液体的压力就较低；反之，压力就较高。（ ）

91. 液压传动由于采用油液作为工作介质，元件相对运动表面间能自行润滑，故磨损小，使用寿命长。（ ）

92. 液压系统主要由动力元件、执行元件、控制元件、辅助元件和工作介质五部分组成。（ ）

93. 液压系统辅助元件包括油箱、过滤器、油管及管接头、密封圈、压力表、油位油温计等。（ ）

94. 增压回路的增压比取决于大、小缸口的直径比。（ ）

95. 检查过滤器滤网上的附着物，如金属粉末过多，往往标志着液压泵磨损或液压缸拉缸。（ ）

96. 去应力退火（又称低温退火）可消除应力，钢的组织也发生变化。（ ）

97. 淬火热处理一般安排在粗加工之后，精加工之前。（ ）

98. 常用的淬火冷却介质有盐水、水、矿物油、空气等。（ ）

99. 调质处理的目的是获得均匀细小的奥氏体组织。（ ）

100. 模具工件淬火后马上进行回火处理，可提高钢的韧性，延长模具的使用寿命。（ ）

101. 将淬火后的工件加热到临界点以下的一定温度，在该温度下停留一段时间，然后空冷至室温的操作过程称为回火。（ ）

102. 正火的目的是降低钢的硬度，以便切削加工。（ ）

103. 低温回火主要用于硬度为 50~62HRC 的各类高碳钢工件。（ ）

104. 表面淬火后，工件表层得到高硬度而中心部分还是原来的组织。　　(　　)

105. 表面淬火后工件表面耐磨，不易发生疲劳破坏，而中心部分有足够的硬度和韧性。　　(　　)

106. 化学表面热处理的主要特征是通过加热使某些元素渗入工件表面，以改变工件表面的化学和组织性能。　　(　　)

107. 渗碳是为了提高工件表面含碳量，在淬火加回火的热处理后，得到高耐腐蚀性和耐磨的表面及韧性良好的中心组织。　　(　　)

108. 工件渗碳后的热处理工艺通常为淬火及低温回火。　　(　　)

109. 对于提高耐磨性为主的渗碳，一般选用专用渗碳钢 40Cr、42CrMo。　　(　　)

110. 碳氮共渗就是在一定温度下，分别向工件表面渗入碳和氮的化学热处理工艺。　　(　　)

111. 表面处理可分为物理表面处理法、化学表面处理法、表面覆层处理法三大类。　　(　　)

112. 表面淬火主要有感应加热和火焰加热两种。　　(　　)

113. FANUC 系统，程序字 G09 也可用 G9 表示。　　(　　)

114. FANUC 系统，程序段号的作用是判定程序段执行的先后顺序。　　(　　)

115. 用来指定机床运动方式的功能字是 G 功能字。　　(　　)

116. FANUC 系统，数字都可以不用小数点。　　(　　)

117. 圆弧插补中的 F 指令为沿圆弧切线方向的进给速度。　　(　　)

118. 表示主轴逆时针旋转的英文缩写是 SPDL CW。　　(　　)

119. 恒线速度控制的主要作用是为了提高加工质量。　　(　　)

120. FANUC 0iT 系统中，限制主轴最高转速指令 G50 一般和 G97 指令配套使用。　　(　　)

121. FANUC 系统中，刀具补偿值包括刀具几何补偿值和刀具磨损补偿值。　　(　　)

122. 辅助功能指令的主要功能是指定机床运动方式。　　(　　)

123. 只有当机床操作面板上的选择停止按钮按下时，M01 代码才能有效。　　(　　)

124. 数控机床主轴以 800r/min 的转速正转时，其指令应是 G96 M03 S800。　　(　　)

125. 通过机床操作面板打开切削液的按钮是 CLANT ON。　　(　　)

（二）选择题（将正确答案的序号填入括号内）

1.（　　）是指一个或一组工人，在同一个工作场地对同一个或同时对几个工件所连续完成的那一部分工艺过程。

A. 工位　　B. 工序　　C. 安装　　D. 步

2. 工件经一次装夹后所完成的那一部分工序称为（　　）。

A. 工位　　B. 加工　　C. 安装　　D. 工序

3. 工件一次安装中（　　）工位。

A 只能有一个　　B. 一定要有几个　　C. 不可能有几个　　D. 可以有一个或几个

4. 将一个连接盘工件装夹在分度头上钻六个等分孔时，钻好一个孔后要分度一次再钻第二个孔，钻削该工件的六个等分孔，就有（　　）。

A. 六个工位　　B. 六道工序　　C. 六次安装　　D. 六次进给

5. 在加工表面和加工工具不变的情况下，所连续完成的那一部分工序称为（　　）。

A. 安装　　B. 工序　　C. 进给　　D. 工步

6. 在工艺过程卡片中，对（　　）一般不作严格区别。

A. 工序和安装　　B. 工步和进给　　C. 工步和工位　　D. 安装和工位

7.（　　）是具体指导工人生产的，它是根据工艺卡片为每个工序所编制的。

A. 工艺过程卡片　B. 工序卡片　　C. 工艺卡　　D. 技术检查卡片

8. 碳的质量分数低于 0.3%的低碳钢和低合金钢，为避免硬度过低切削时粘刀，而采用（　　）处理适当提高硬度。

A. 正火　　B. 调质　　C. 退火　　D. 淬火

9. 碳的质量分数大于 0.7%的碳素钢和合金钢，为降低硬度便于切削加工，采用（　　）处理。

A. 正火　　B. 调质　　C. 退火　　D. 淬火

10. 锻件、铸件和焊接件，在毛坯制造之后，粗加工之前，一般都安排（　　）热处理。

A. 调质　　B. 退火或正火　　C. 回火　　D. 低温时效

11. 调质热处理用于各种（　　）碳钢。

A. 低　　B. 中　　C. 高　　D. 都可以

12. 淬火工序一般安排在（　　）。

A. 毛坯制造之后，粗加工之前　　B. 粗加工之后，半精加工之前

C. 半精加工之后，磨削加工之前　　D. 半精磨加工之后，精磨加工之前

13. 低碳钢渗碳后，经淬火、回火处理后，使钢件（　　）具有高硬度。

A. 表面层　　B. 心部　　C. 大部分　　D. 全部

14. 基准一般分为（　　）大类。

A. 设计基准和工艺基准两

B. 定位基准、测量基准和装配基准三

C. 设计基准、工艺基准、定位基准和测量基准四

D. 设计基准、工艺基准、定位基准、测量基准和装配基准五

15. 定位基准、测量基准和装配基准（　　）基准。

A. 都是工艺　　B. 都是设计　　C. 统称定位　　D. 既是设计基准，又是工艺

16. 在机械制造中加工工件和装配机器所采用的各种基准，总称为（　　）基准。

A. 设计　　B. 工艺　　C. 定位　　D. 装配

17. 任何一个工件在空间的位置，都可以沿（绕）（　　）坐标轴移动（转动）。

A. 两个　　B. 三个　　C. 四个　　D. 五个

18. 限制部分自由度就能满足工件加工要求，这种定位称为（　　）定位。

A. 完全　　B. 不完全　　C. 欠　　D. 重复

19. 用两顶尖装夹车削轴类工件时，主轴顶尖可限制（　　）自由度。

A. 两个　　B. 三个　　C. 四个　　D. 五个

20. 用一夹一顶装夹车削轴类工件时，卡盘可以限制（　　）自由度。

A. 两个　　B. 三个　　C. 四个　　D. 五个

21. 如果工件与夹具定位面（或工作台台面）的接触部位是未加工表面，这时一般只需选用（　　）接触点。

A. 五点　　B. 四点　　C. 三点　　D. 二点

22. 采用放大或缩小比例绘制图样，其尺寸应注（　　）。

A. 图形的尺寸　　B. 实物的尺寸　　C. 两者都可　　D. 两者都不对

23. 图样上所标注的尺寸是（　　）。

A. 增大比例的尺寸　　B. 缩小比例的尺寸

C. 机件实际尺寸　　D. 随意尺寸

24. 正投影的投射线与投影面相互（　　）。

A. 平行　　B. 倾斜　　C. 垂直　　D. 交叉

25. 正投影所得投影与实际物体相比，是（　　）的。

A. 较大　　B. 较小　　C. 一样　　D. 不易判断

26. 垂直于 V 面的直线是（　　）。

A. 铅垂线　　B. 侧垂线　　C. 正垂线　　D. 正平线

27. 由上向下“正对着”物体投影，所得的视图为（　　）。

A. 主视图　　B. 俯视图　　C. 左视图　　D. 右视图

28. 由前向后投影，在正投影面上所得的视图为（　　）。

A. 主视图　　B. 俯视图　　C. 左视图　　D. 右视图

29. 在三投影面体系中，直线按其与投影面的相对位置，可分为三种：投影面平行线、投影面垂直线和（　　）。

A. 一般位置直线　　B. 投影面水平线

C. 一般位置平行线　　D. 一般位置水平线

30. 在三投影面体系中，平面与投影面的相对位置有三种：投影面平行面、投影面垂直面和（　　）。

A. 一般位置垂直面　　B. 一般位置平面

C. 一般位置水平面　　D. 投影面水平面

31. 用 n 个互相平行的剖切平面剖开机件，形成的视图称为（　　）剖视图。

A. 全　　B. 半　　C. 阶梯　　D. 旋转

32. 确定绘图比例，按所确定的表达方案画出工件的内、外结构，应先画主要形体、后画次要形体，先画主要轮廓、后画（　　）。

A. 形状　　B. 主要形体　　C. 细节　　D. 定位

33. 标注尺寸合理是指所标注尺寸既要满足设计使用要求，又能符合工艺要求，便于工件的加工和（　　）。

A. 设计　　B. 基准要求　　C. 工艺要求　　D. 检验

34. 标注尺寸时从（　　）出发，优点是标注的尺寸反映了工艺要求，使工件便于制造、加工和测量。

A. 便于工件的加工　　B. 设计使用要求

C. 设计基准　　D. 工艺基准

35. 标注尺寸的起点称为（　　）。

A. 尺寸基准　　B. 加工基准　　C. 设计基准　　D. 工艺基准

36. 在垂直于螺纹轴线投影面的视图中，表示牙底的细实线圆只画约（　　）圈，此时轴或孔上的倒角省略不画。

A. 1/4　　B. 3/4　　C. 1/2　　D. 1

37. 标注尺寸时，必须遵守齐全、(　　)、合理的原则。

A. 清晰　　B. 满足设计使用要求

C. 符合工艺要求　　D. 便于工件加工

38. 图样中螺纹的底径用（　　）绘制。

A. 粗实线　　B. 细点画线　　C. 细实线　　D. 虚线

39. 普通螺纹的公称直径是指螺纹的（　　）。

A. 小径　　B. 中径　　C. 底径　　D. 大径

40. 画外螺纹时，小径用（　　）表示。

A. 粗实线　　B. 细实线　　C. 点画线　　D. 虚线

41. 装配图的读图方法是，首先看（　　），以了解部件的名称。

A. 工件图　　B. 明细栏　　C. 标题栏　　D. 技术文件

42. 在表示球体形状时，只需在尺寸标注时加注（　　）符号，用一个视图就可以表达清楚。

A. R　　B. ϕ　　C. $S\phi$　　D. O

43. 同轴度公差属于（　　）。

A. 形状公差　　B. 形状或位置公差

C. 位置公差　　D. 方向公差

44. 面轮廓度公差属于（　　）。

A. 形状公差　　B. 形状或位置公差

C. 位置公差　　D. 方向公差

45. 图样上符号“⊥”用于标注（　　）。

A. 垂直度　　B. 直线度　　C. 尺寸偏差　　D. 圆柱度

46. 不属于几何公差代号的是（　　）。

A. 几何公差特征项目符号　　B. 几何公差框格和指引线

C. 几何公差数值　　D. 公称尺寸

47. 被测要素为轴线或中间平面时，指引线箭头应与该要素的尺寸线（　　）。

A. 垂直　　B. 平行　　C. 倾斜　　D. 对齐

48. 在表面粗糙度基本评定参数中，标准优先选用（　　）。

A. Ra　　B. Rz　　C. Ry　　D. Rb

49. 在车间生产中，常用（　　）与加工出来的工件表面进行比较，凭肉眼观察或手指的感觉来判断工件表面粗糙度的等级。

A. 国家标准　　B. 量块

C. 表面粗糙度样板　　D. 游标卡尺

50. 表面粗糙度代号中，采用（　　）参数时可不注明参数代号。

A. Ra　　B. Rz　　C. Ry　　D. Rb

51. 一张完整的装配图主要包括一组图形、一组尺寸、标题栏与明细栏、（　　）。

A. 配合尺寸　　B. 技术要求　　C. 几何公差　　D. 尺寸公差

52. 工厂车间中，常用与表面粗糙度样板相比较的方法来检验工件的（　　）。

A. 形状尺寸　　B. 外形结构　　C. 表面粗糙度　　D. 几何误差

53. 工件图由一组图形、完整的尺寸、技术要求及（　　）组成。

A. 国家标准　　B. 标题栏

C. 表面粗糙度标记　　D. 直线

54. 技术要求包括尺寸公差、表面粗糙度及（　　）。

A. 图形　　B. 标题栏　　C. 几何公差　　D. 直线

55. 标题栏包含（　　）、材料、数量及必要的签名。

A. 工件名称　　B. 表面粗糙度标记

C. 几何公差　　D. 图形

56. 装配图一般只标注外形尺寸、规格尺寸、（　　）尺寸和安装尺寸。

A. 直径　　B. 长度　　C. 装配　　D. 其他

57. 与标准件配合时，基准制的选择通常依（　　）而定。

A. 技术要求　　B. 标准件　　C. 公差要求　　D. 配合尺寸

58. 间隙配合是具有（　　）（包括最小间隙等于零）的配合。

A. 间隙　　B. 过盈　　C. 间隙或过盈　　D. 过渡

59. 根据相互结合的孔、轴公差带的不同相对位置关系，可把配合分为间隙配合、（　　）配合、过渡配合三种。

A. 过量　　B. 过盈　　C. 过程　　D. 紧密

60. 选择配合件的基本偏差代号一般采用（　　）。

A. 类比法　　B. 标准法　　C. 排除法　　D. 其他方法

61. 公称尺寸相同的、相互结合的（　　）公差带之间的关系，称为配合。

A. 直线和平面　　B. 直线和圆弧　　C. 孔和轴　　D. 其他

62. 某一尺寸减去其公称尺寸的代数差是尺寸（　　）。

A. 偏差　　B. 公差　　C. 距离　　D. 配合

63. 空间点位的获取坐标值与其真实坐标值的符合程度称为（　　）。

A. 形状精度　　B. 加工精度　　C. 位置精度　　D. 尺寸精度

64. 基本偏差为一定的孔的公差带与不同基本偏差的轴的公差带形成的各种配合称为（　　）。

A. 基孔制配合　　B. 基轴制配合　　C. 配合　　D. 过渡配合

65. 基孔制配合的孔称为基准孔，其基本偏差代号为（　　），下极限偏差为零。

A. N　　B. H　　C. K　　D. Z

66. 基本偏差为一定的轴的公差带与不同基本偏差的孔的公差带形成的各种配合称为（　　）。

A. 基孔制配合　　B. 基轴制配合　　C. 配合　　D. 过渡配合

67. 加工精度是指加工后工件表面的（　　）、形状、位置三种几何参数与图样要求的理想几何参数的符合程度。

A. 极限尺寸　　B. 实际尺寸　　C. 公称尺寸　　D. 理想尺寸

68. 加工工件的实际尺寸与规定尺寸之差，称为尺寸（　　）。

A. 偏差　　B. 公差　　C. 误差　　D. 配合

69. 滚动轴承内环与轴的配合采用（　　）配合。

A. 基孔制　　B. 基轴制　　C. 间隙　　D. 过盈

70. 通过测量所得的尺寸是（　　）。

A. 极限尺寸　　B. 实际尺寸　　C. 公称尺寸　　D. 理想尺寸

71. 尺寸的允许变动量称为（　　）。

A. 公差　　B. 上极限偏差　　C. 下极限偏差　　D. 尺寸偏差

72. 工件加工以后各表面之间或各几何要素之间相互位置的准确度叫（　　）。

A. 形状精度　　B. 尺寸精度　　C. 位置精度　　D. 表面精度

73. 几何公差代号“⌒”用于表示（　　）。

A. 圆柱度　　B. 同轴度　　C. 圆跳动　　D. 线轮廓度

74. 构成工件几何特征的点、线、面要素的实际形状相对于理想形状的允许变动量，称为（　　）公差。

A. 被测　　B. 基准　　C. 位置　　D. 形状

75. 几何公差代号“∠”用于表示（　　）。

A. 平行度　　B. 倾斜度　　C. 垂直度　　D. 对称度

76. 构成工件几何特征的（　　）、线、面称为要素。

A. 点　　B. 曲线　　C. 圆弧　　D. 尺寸

77. 几何公差带的形状取决于（　　）的特征和设计要求。

A. 被测要素　　B. 测量要素　　C. 图样　　D. 任意

78. 公差带的方向即公差带放置的方向，由（　　）与基准的几何关系（垂直、平行或倾斜任一角度）确定。

A. 被测要素　　B. 测量要素　　C. 图样　　D. 任意

79. 对公差等级要求比较高的 IT1~IT8，（　　）注明几何公差值。

A. 应该　　B. 不应该　　C. 无所谓　　D. 都行

80. 在确定位置公差时，（　　）给出基准。

A. 必须　　B. 不必　　C. 无所谓　　D. 都行

81. 当基准要素为素线及表面时，基准符号应靠近该要素的轮廓线或其引出线进行标注，并应明显地与尺寸线（　　）。

A. 平行　　B. 垂直　　C. 错开　　D. 随意

82. 对淬火后的钢制件进行高温回火，这种双重热处理的操作称为（　　）。

A. 淬火　　B. 正火　　C. 退火　　D. 调质

83. 当基准要素为各要素的公共轴线、公共中间平面时，基准符号（　　）直接靠近公共轴线或中心线标注。

A. 应该　　B. 不应该　　C. 无所谓　　D. 随意

84. 若多个被测要素有相同的几何公差（单项或多项）要求，可以在从同一公差框格的同一端引出一条指引线，再分出（　　）指引线和箭头，分别指向各被测要素。

A. 1 条　　B. 2 条　　C. 多条　　D. 不多于 4 条

85. 表面粗糙度参数的单位是（　　）。

A. mm　　B. μm　　C. cm　　D. dm

86. 一般情况下，凡是工件上有配合要求或有相对运动的表面，表面粗糙度参数值要（　　）。

A. 小　　B. 大　　C. 均匀　　D. 增大

87. 表面粗糙度参数值越小，表面质量越高，加工成本（　　）。

A. 越低　　B. 越高　　C. 不变　　D. 无法确定

88. 一般情况下，表面粗糙度的评定参数越小，工件的使用寿命（　　）。

A. 越短　　B. 越长　　C. 不变　　D. 无法确定

89. 磨削加工的公差等级和表面粗糙度值 Ra 可达（　　）。

A. IT5～IT7，0.16～1.25μm　　B. IT5～IT6，0.16～1.25μm

C. IT5～IT6，0.08～1.25μm　　D. IT5～IT6，0.16～0.8μm

90. 工件的互换性是机械产品批量生产的（　　）。

A. 根本　　B. 要求　　C. 前提　　D. 基础

91. 从同一规格的一批工件中任取一件，不经修配就能装到机器或部件上，并能保证使用要求，这称为（　　）。

A. 配合　　B. 精度　　C. 规格　　D. 互换性

92. 对所有表面都需要加工的工件，在定位时应当根据（　　）的表面找正。

A. 加工余量小　　B. 光滑平整　　C. 粗糙不平　　D. 加工余量大

93. 调质处理是指（　　）和高温回火相结合的一种工艺。

A. 完全退火　　B. 去应力退火　　C. 正火　　D. 淬火

94. 机械加工顺序安排的原则是先基准后其他、先粗后精、先主后次、（　　）。

A. 先孔后面　　B. 先面后孔　　C. 先简单后复杂　　D. 先复杂后简单

95. （　　）是继续减小加工余量、为精加工作准备、次要面加工的阶段。

A. 半精加工阶段　　B. 粗加工阶段　　C. 精加工阶段　　D. 光整加工阶段

96. 工件在装夹中，由于设计基准与（　　）基准不重合而产生的误差，称为基准不重合误差。

A. 工艺　　B. 装配　　C. 定位　　D. 夹紧

97. 机械加工顺序安排的原则是先基准后其他、先粗后精、（　　）、先面后孔。

A. 先次后主　　B. 先主后次　　C. 先简单后复杂　　D. 先复杂后简单

98. 机械加工工艺过程由工序、工步、工位、走刀和（　　）组成。

A. 设备　　B. 转速　　C. 安装　　D. 定位

99. 在加工表面和加工工具不变的条件下所完成的工艺过程称为（　　）。

A. 工步　　B. 工序　　C. 工位　　D. 工艺

100. 切削加工中，既缩短机动时间又缩短辅助时间的方法是（　　）。

A. 多件加工　　B. 使用不停车夹头

C. 用挡铁控制长度　　D. 多刀切削

101. 工艺文件制订、工艺装备设计制造属于（　　）阶段。

A. 调查研究　　B. 产品开发　　C. 投入装备　　D. 投产销售

102. 把合理的工艺过程中的各项内容编写成文件用来指导生产，这种文件称为（　　）。

A. 生产过程　　B. 工艺规程　　C. 工序　　D. 工步

103. 轴类工件的调质处理工序应安排在（　　）。
A. 粗加工前　　B. 粗加工后，精加工前
C. 精加工后　　D. 渗碳后
104. 工艺系统的组成部分不包括（　　）。
A. 机床　　B. 夹具　　C. 量具　　D. 刀具
105. 公差为 0.01mm 的 ϕ10mm 的轴与公差为 0.01mm 的 ϕ100mm 的轴相比，加工精度（　　）。
A. 前者高　　B. 后者高　　C. 一样　　D. 无法判断
106. 加工精度用公差等级衡量，等级值越小，其精度（　　）。
A. 越高　　B. 越低　　C. 差不多　　D. 无法判断
107. 在（　　）上可以反映出工件的定位、夹紧要求及加工表面。
A. 工艺过程卡　　B. 工艺卡　　C. 工序卡　　D. 图样
108. 机床“快动”方式下，机床移动速度应由（　　）确定。
A. 程序　　B. 控制面板上进给速度修调按钮
C. 机床系统　　D. 以上都不是
109. 若程序中主轴转速为 S1000，当主轴转速修调开关转到 80 时，主轴实际转速为（　　）r/min。
A. 800　　B. S8000　　C. S80　　D. S1000
110. 机械加工后，工件的尺寸、形状、位置等参数的实际数值与设计理想的符合程度称为（　　）。
A. 机械加工精度　　B. 加工质量　　C. 机械加工过程　　D. 加工程度
111. 加工精度包括尺寸精度、形状精度和（　　）。
A. 机械精度　　B. 位置精度　　C. 几何精度　　D. 实际精度
112. 气压传动是研究以（　　）为能源介质，来实现各种机械的传动和自动控制的学科。
A. 无压流体　　B. 有压流体　　C. 无压气体　　D. 有压气体
113. 气动执行元件中气缸用于实现（　　）或摆动。
A. 直线运动　　B. 回转运动　　C. 往复运动　　D. 曲线运动
114. 气动执行元件中马达用于实现连续的（　　）。
A. 直线运动　　B. 曲线运动　　C. 往复运动　　D. 回转运动
115. 气缸按活塞端面受压状态可分为单作用气缸和（　　）气缸。
A. 叶片　　B. 双作用　　C. 普通　　D. 特殊
116. 气动马达是把（　　）的压力能转换成机械能的能量转换装置，其作用相当于电动机或液压马达。
A. 水　　B. 油　　C. 压缩空气　　D. 气体
117. 气动马达是把压缩空气的压力能转换成（　　）的能量转换装置，其作用相当于电动机或液压马达。
A. 动能　　B. 能量　　C. 动力　　D. 机械能
118. 方向控制阀是控制压缩空气流动方向以控制执行元件动作的一类气动（　　）元件。

A. 控制　B. 执行　C. 辅助　D. 气源

119. (　　) 是气动系统中应用最多的一种控制元件。

A. 压力控制阀　B. 方向控制阀　C. 流量控制阀　D. 减压阀

120. 方向控制阀包括单向阀、液控单向阀、梭阀、(　　) 等。

A. 压力控制阀　B. 换向阀　C. 流量控制阀　D. 顺序阀

121. 压力控制阀是利用压缩空气作用在阀芯上的力和弹簧力相 (　　) 的原理进行工作的。

A. 平衡　B. 抵消　C. 利用　D. 作用

122. 压力控制阀是利用 (　　) 作用在阀芯上的力和弹簧力相平衡的原理进行工作的。

A. 水　B. 压缩空气　C. 油　D. 气体

123. 流量控制阀是通过改变阀的 (　　) 来调节压缩空气流量的。

A. 流量　B. 流速　C. 流通面积　D. 压力

124. 流量控制阀属于气动 (　　) 元件。

A. 气源　B. 执行　C. 辅助　D. 控制

125. 节流阀属于 (　　)。

A. 流量控制阀　B. 方向控制阀　C. 压力控制阀　D. 减压阀

126. 通过改变节流截面或节流长度以控制流体流量的阀门称为 (　　)。

A. 方向控制阀　B. 减压阀　C. 压力控制阀　D. 节流阀

127. 压缩空气站的压力通常都高于每台装置所需的 (　　)，且压力波动较大。

A. 实际压力　B. 工作压力　C. 极限压力　D. 承受压力

128. (　　) 是一种利用介质自身能量来调节与控制管路压力的智能型阀门。

A. 减压阀　B. 压力控制阀　C. 安全阀　D. 流量控制阀

129. 在气压系统中，为防止管路、气罐等破坏，应限制回路中的最高压力，此时应采用 (　　)。

A. 减压阀　B. 压力控制阀　C. 安全阀　D. 流量控制阀

130. 安全阀根据 (　　) 能自动启闭，一般安装于封闭系统的设备或管路上以保证系统安全。

A. 流量　B. 截面积　C. 流速　D. 工作压力

131. 将液体压力能转换为机械能的能量转换装置为 (　　)。

A. 齿轮泵　B. 叶片泵　C. 马达　D. 液压缸

132. 采用液压传动可实现无间隙运动，运动 (　　)。

A. 效率低　B. 发热量大　C. 平稳　D. 损失大

133. 液压传动依靠 (　　) 的静压力，完成能量的积累、传递、放大，实现机械传动的轻巧化、科学化。

A. 气体　B. 液体介质　C. 流体　D. 固体

134. 液压传动的基本原理是在密闭的容器内，利用有压力的 (　　) 作为工作介质来实现能量转换和传递动力。

A. 水　B. 油液　C. 气体　D. 液体

135. 把原动机的机械能转换成液压能的是 (　　)。

A. 动力元件　　B. 执行元件　　C. 控制元件　　D. 辅助元件

136. （　　）能根据需要无级调节液压机的速度，并对液压系统中工作液体的压力、流量和流向进行调节和控制。

A. 动力元件　　B. 执行元件　　C. 控制元件　　D. 辅助元件

137. 辅助元件包括（　　）、过滤器、油管及管接头、密封圈、压力表、油位油温计等。

A. 压力继电器　　B. 液压阀　　C. 油箱　　D. 节流阀

138. 当由一个液压泵驱动的几个工作机构需要按一定的顺序依次动作时，应采用（　　）。

A. 方向控制回路　B. 调速回路　C. 顺序动作回路　D. 速度换接回路

139. 卸载回路（　　）。

A. 可节省动力消耗，减少系统发热，延长液压泵寿命

B. 可采用O形或M形换向阀实现卸载

C. 可使控制系统获得较小的工作压力

D. 不可用换向阀实现卸载

140. （　　）是将钢加热到适当温度，保温一定时间，然后缓慢冷却以获得接近平衡组织的一种热处理工艺。

A. 正火　　B. 退火　　C. 淬火　　D. 回火

141. 下列热处理中，（　　）属于预备热处理。

A. 退火　　B. 淬火　　C. 渗碳　　D. 渗氮

142. 退火热处理是安排在机械加工（　　）的一种预备热处理方法。

A. 之前　　B. 之后　　C. 无所谓　　D. 中间

143. 退火用于（　　）钢铁在铸造、锻压、轧制和焊接过程中所形成的各种组织缺陷以及残余应力，防止工件变形、开裂。

A. 改变　　B. 改善或消除　　C. 改善　　D. 消除

144. 钢经加热淬火后获得的是（　　）组织。

A. 马氏体　　B. 奥氏体　　C. 渗碳体　　D. 珠光体

145. 以油作淬火冷却介质，只适用于过冷（　　）及稳定性较强的一些合金钢或小尺寸碳钢工件的淬火。

A. 马氏体　　B. 奥氏体　　C. 渗碳体　　D. 珠光体

146. 工件先在空气或油中预冷到略高于 Ar_3 的温度，再迅速置于淬火冷却介质中淬火，这称为（　　）。

A. 预冷淬火　　B. 多介质淬火　　C. 薄壳淬火　　D. 间断淬火

147. 将工件放入淬火冷却介质中，得到一定深度的均匀的马氏体层，使表层产生残余压应力，一般不超过直径和厚度的10%，这称为（　　）。

A. 预冷淬火　　B. 多介质淬火　　C. 薄壳淬火　　D. 间断淬火

148. 能使工件的性能与尺寸保持稳定性的热处理是（　　）。

A. 正火　　B. 退火　　C. 淬火　　D. 回火

149. 淬火加高温回火的热处理又称为（　　）。

A. 渗碳　　B. 退火　　C. 回火　　D. 调质处理

150. (　　) 主要用于硬度为 50~60HRC 的各类高碳钢工件等。

A. 正火　　B. 退火　　C. 淬火　　D. 低温回火

151. 模具工件淬火后马上进行 (　　) 处理，可提高钢的韧性，延长模具的使用寿命。

A. 回火　　B. 退火　　C. 正火　　D. 调质

152. 将经过淬火的工件加热到临界点 Ac_1 以下的适当温度保持一定时间，随后用符合要求的方法冷却至室温，以获得所需要的组织和性能的热处理工艺是 (　　)。

A. 正火　　B. 退火　　C. 回火　　D. 调质处理

153. (　　) 是在一定温度下 (一般在 Ac_1 以下)，使活性氮原子渗入钢件表层的化学热处理工艺。

A. 渗碳　　B. 渗氮　　C. 碳氮共渗　　D. 调质处理

154. 高温回火应在 (　　) 范围内进行。

A. 500~600℃　　B. 500~650℃　　C. 500~700℃　　D. 500~750℃

155. 钢件淬火的目的是使它的组织全部或大部分转变为 (　　)，获得高硬度，然后在适当温度下回火，可使工件具有预期的性能。

A. 马氏体　　B. 奥氏体　　C. 渗碳体　　D. 珠光体

156. 低合金工具钢的热处理为球化退火、淬火和低温回火，最后组织为回火马氏体、合金碳化物和少量 (　　)。

A. 马氏体　　B. 残留奥氏体　　C. 渗碳体　　D. 珠光体

157. 正火后的组织是条状 (　　)，正火后材料硬度小。

A. 马氏体　　B. 奥氏体　　C. 渗碳体　　D. 珠光体

158. (　　) 的目的是细化组织，改善机械加工性能。

A. 调质处理　　B. 淬火　　C. 回火　　D. 正火

159. 一些精度要求较高的工件淬火后再经 (　　) 来稳定尺寸和提高硬度。

A. 表面处理　　B. 渗碳　　C. 调质处理　　D. 冷处理

160. 把钢预热至临界温度以上，保温一段时间后，工件随炉冷却的操作过程称为 (　　)。

A. 淬火　　B. 正火　　C. 退火　　D. 回火

161. 根据电流频率不同，感应淬火可以分为高频淬火、中频淬火和 (　　) 淬火三种。

A. 高温　　B. 高频　　C. 低温　　D. 工频

162. 表面淬火后工件表层会获得硬度高而耐磨的 (　　) 组织。

A. 托氏体　　B. 马氏体　　C. 索氏体　　D. 奥氏体

163. 采用机械式工频加热电源设备，淬硬层可深达 (　　)，适用于大直径工件的表面淬火。

A. 1~2mm　　B. 4~8mm　　C. 10~20mm　　D. 30mm 以上

164. 化学表面热处理的主要特征是通过加热使某些元素渗入工件表面，以改变工件表面的 (　　) 和组织性能。

A. 化学成分　　B. 马氏体　　C. 奥氏体　　D. 托氏体

165. 化学表面热处理的主要特征是通过 (　　) 使某些元素渗入工件表面。

A. 浸泡　　B. 降温　　C. 敲打　　D. 加热

166. 提高工件表面含碳量，在继续淬火加回火后，得到硬度高和耐磨性好的表面及韧性良好的心部组织，这种热处理工艺是（　　）。

A. 表面淬火　　B. 渗碳　　C. 淬火　　D. 调质处理

167. 工件渗碳后的热处理工艺通常为（　　）及低温回火。

A. 回火　　B. 退火　　C. 正火　　D. 淬火

168. 碳氮共渗就是在一定温度下，（　　）向工件表面渗入碳和氮的化学热处理工艺。

A. 先碳后氮　　B. 先氮后碳　　C. 同时　　D. 分别

169. 工件表面具有高的强度、硬度、耐磨性和疲劳极限，而心部保持足够的塑性和韧性，即（　　），经常通过表面热处理进行强化。

A. 表硬里软　　B. 表硬里韧　　C. 表软里韧　　D. 表硬里硬

170. 渗碳、渗氮属于（　　）。

A. 化学表面处理法　　B. 物理表面处理法

C. 表面覆层处理法　　D. 表面分层处理法

171. 工件加工程序的程序段由若干个（　　）组成的。

A. 程序字　　B. 字母　　C. 参数　　D. 地址

172. 功能字有参数直接表示法和代码表示法两种，下列（　　）属于代码表示法的功能字。

A. S　　B. X　　C. M　　D. N

173. FANUC 系统，程序字一般以字母开头，该字母称为（　　）。

A. 参数　　B. 地址符　　C. 程序字　　D. 程序段

174. FANUC 系统，下面（　　）是程序段号的正确表达方式。

A. O0001　　B. P0001　　C. N0001　　D. M0001

175. 下列不正确的功能字是（　　）。

A. N8.0　　B. N100　　C. N03　　D. N0005

176. 下列正确的功能字是（　　）。

A. N8.5　　B. N#1　　C. N-3　　D. N0005

177. FANUC 系统，如果在同一个程序段中指令了两个以上的同组 G 代码时，正确的描述是（　　）。

A. 第一个有效　　B. 最后一个有效　　C. 全部有效　　D. 程序段错误

178. FANUC 0i 系统，下列选项中不正确 G 代码表示方式是（　　）。

A. G12.1　　B. G99　　C. G0　　D. G3

179. G02 指令与下列的（　　）指令不是同一组的。

A. G0　　B. G01　　C. G3　　D. G04

180. FANUC 0iT 系统的 G 代码 A 类中，程序段 G98 F50. 表示（　　）。

A. 进给速度为 50mm/min　　B. 主轴线速度为 50m/min

C. 进给速度为 50mm/r　　D. 主轴线速度为 50mm/s

181. FANUC 0iT 系统的 G 代码 A 类中，程序段 G99 F1.5 表示（　　）。

A. 进给速度为 1.5mm/min　　B. 主轴线速度为 1.5m/min

C. 进给速度为 1.5mm/r　　D. 主轴线速度为 1.5mm/s

182. 数控机床的 F 功能常用（　　）单位。

A. m/min 或 m/r　　B. mm/min 或 mm/r

C. r/min 或 m/min　　D. r/min 或 m/r

183. 数控机床的 S 功能常用（　　）单位。

A. m/min 或 m/r　　B. mm/min 或 mm/r

C. r/min 或 m/min　　D. r/min 或 m/r

184. “G97 S_;”中 S 后面的数值表示（　　）。

A. 转数　　B. 切削速度　　C. 进给速度　　D. 移动速度

185. “G96 S120;”中的 120 是指（　　）。

A. 转数　　B. 切削速度　　C. 进给速度　　D. 吃刀量

186. 数控机床用恒线速度控制加工端面、锥度和圆弧时，当刀具接近工件中心时，主轴转速会（　　）。

A. 越来越高　　B. 越来越低　　C. 接近零速　　D. 恒定不变

187. FANUC 系统中，公制状态下，执行“G96 M03 S100;”后，当车削外圆 X 坐标为 50 时，主轴转速约为（　　）。

A. 637r/min　　B. 647r/min　　C. 657r/min　　D. 100r/min

188. FANUC 系统中，公制状态下，执行“G96 M03 S100;”后，当车削外圆 X 坐标为 60 时，主轴转速约为（　　）。

A. 500r/min　　B. 530r/min　　C. 580r/min　　D. 100r/min

189. FANUC 0iT 系统中，当使用恒线速度切削时，“G50 S2000;”中 2000 代表（　　）。

A. 主轴最高转速限定　　B. 最高切削速度

C. 主轴最低转速　　D. 切削速度

190. 主轴转速 n 应根据允许的切削速度 v 和工件的切削点直径 D 来选择，其计算公式为（　　）。

A. $n=v/(1000\pi D)$　　B. $n=1000\pi D/v$

C. $n=1000v/(\pi D)$　　D. $n=\pi D/v$

191. FANUC 0iT 系统中，限制主轴最高转速的指令是（　　）。

A. G95　　B. G05　　C. G50　　D. G15

192. 刀具功能字的地址符是（　　）。

A. F　　B. T　　C. M　　D. G

193. FANUC 0iT 系统中，当刀具的几何偏移号和磨损偏移号相同时，表示 6 号刀具 3 号刀补的程序字是（　　）。

A. T6030　　B. T0603　　C. T3060　　D. T0306

194. 撤销刀具补偿的指令是（　　）。

A. T0101　　B. T1001　　C. T0000　　D. T0001

195. 用于机床开关指令的辅助功能的指令代码是（　　）。

A. K 代码　　B. F 代码　　C. S 代码　　D. M 代码

196. 下列关于辅助功能指令的叙述，不正确的是（　　）。

A. 辅助功能指令与插补运算无关

B. 辅助功能指令一般由 PLC 控制执行

C. 辅助功能指令是以字符 M 为首的指令

D. 辅助功能指令是包括机床电源等起开关作用的指令

197. FANUC 0i 系统通常一个程序段中只指定一个 M 代码，但在一定条件下，也可以最多指定（　　）M 代码。

A. 1 个　　B. 2 个　　C. 3 个　　D. 4 个

198. 表示程序停止的指令是（　　）。

A. M00　　B. M01　　C. M02　　D. M30

199. 表示程序选择停止的指令是（　　）。

A. M00　　B. M01　　C. M02　　D. M30

200. M00 执行后，程序运行停止，要恢复自动运行，需按（　　）按钮。

A. 选择停止　　B. 单段运行　　C. 循环起动　　D. 进给保持

201. 表示主轴正转的指令是（　　）。

A. M03　　B. M04　　C. M05　　D. M06

202. 表示主轴反转的指令是（　　）。

A. M03　　B. M04　　C. M05　　D. M06

203. 表示主轴停转的指令是（　　）。

A. M03　　B. M04　　C. M05　　D. M06

204. 表示切削液关闭的指令是（　　）。

A. M06　　B. M07　　C. M08　　D. M09

205. 表示第二切削液打开的指令是（　　）。

A. M06　　B. M07　　C. M08　　D. M09

206. 表示第一切削液打开的指令是（　　）。

A. M06　　B. M07　　C. M08　　D. M09

207. 数控程序目前用得最多的控制介质是（　　）。

A. 穿孔纸带　　B. 磁盘　　C. 光盘　　D. CNC 存储器

208. 数控机床可以通过串行接口实现数控机床与计算机之间的通信，该接口型号通常是（　　）。

A. RS-232　　B. RS-422　　C. RS-449　　D. RS-499

209. FANUC 0i 数控系统所用存储卡读卡器的接口类型通常是（　　）接口。

A. RS-232C　　B. 1394　　C. PCMCIA　　D. USB

（三）简答题

1. 机械加工工艺过程是由什么组成的？它们之间的关系是怎样的？

2. 机械加工工艺规程一般包括哪些内容？常用的工艺文件有哪几种？

3. 何谓粗基准？如何选择粗基准？

4. 何谓精基准？如何选择精基准？

5. 拟订工件工艺路线，主要包括哪些内容？拟订表面加工方法时，除考虑生产类型和现有生产条件外，还应考虑哪些因素？

6. 按照粗、精加工分开的原则，把机械加工过程可以划分为哪几个阶段？这样做有什么好处？

7. 何谓工序集中？在什么情况下宜采用工序集中的原则进行加工？
8. 何谓工序分散？在什么情况下宜采用工序分散的原则进行加工？
9. 安排工件表面加工顺序时，通常应遵循哪些原则？
10. 预备热处理包括哪些热处理方法？各自的目的是什么？用于何种材料？如何安排？
11. 最终热处理包括哪些热处理方法？各自的目的是什么？用于何种材料？应如何安排？
12. 试述一般主轴和渗碳件的典型工艺路线。
13. 工序余量选择不当会造成哪些后果？确定工序余量时，应考虑哪些因素？
14. 什么是工件的六点定位原则？
15. 在车床上车削轴类工件需限制工件几个自由度？这种定位方式属于什么定位方式？
16. 什么是欠定位？欠定位有什么问题？

四、参考答案及解析

(一) 判断题

1. √	2. √	3. √	4. ×	5. ×	6. √	7. √	8. √	9. ×	10. ×
11. √	12. ×	13. √	14. √	15. √	16. ×	17. √	18. √	19. √	20. ×
21. ×	22. √	23. ×	24. √	25. √	26. ×	27. ×	28. √	29. √	30. √
31. ×	32. √	33. √	34. ×	35. √	36. ×	37. ×	38. ×	39. √	40. ×
41. √	42. √	43. √	44. √	45. √	46. √	47. ×	48. ×	49. √	50. √
51. √	52. √	53. √	54. √	55. √	56. ×	57. √	58. √	59. √	60. ×
61. √	62. √	63. √	64. ×	65. √	66. ×	67. ×	68. ×	69. ×	70. √
71. √	72. ×	73. ×	74. ×	75. ×	76. ×	77. √	78. √	79. ×	80. √
81. ×	82. ×	83. √	84. ×	85. √	86. √	87. √	88. ×	89. √	90. √
91. √	92. √	93. √	94. √	95. √	96. ×	97. ×	98. √	99. ×	100. √
101. √	102. ×	103. √	104. √	105. ×	106. √	107. √	108. √	109. ×	110. ×
111. √	112. ×	113. √	114. ×	115. √	116. ×	117. √	118. ×	119. √	120. ×
121. √	122. ×	123. √	124. ×	125. √					

(二) 选择题

1. B	2. C	3. D	4. A	5. D	6. C	7. B	8. A	9. C	10. B
11. B	12. C	13. A	14. A	15. A	16. B	17. B	18. B	19. B	20. C
21. C	22. B	23. C	24. C	25. C	26. C	27. B	28. A	29. A	30. B
31. C	32. C	33. D	34. D	35. C	36. B	37. A	38. C	39. D	40. B
41. B	42. C	43. C	44. A	45. A	46. D	47. D	48. A	49. C	50. A
51. B	52. C	53. B	54. C	55. A	56. C	57. B	58. A	59. B	60. B
61. C	62. A	63. B	64. A	65. B	66. B	67. B	68. C	69. A	70. B
71. A	72. C	73. D	74. D	75. B	76. A	77. A	78. A	79. B	80. A
81. C	82. D	83. A	84. C	85. B	86. A	87. B	88. B	89. B	90. B
91. D	92. A	93. D	94. B	95. A	96. A	97. B	98. C	99. A	100. A
101. B	102. B	103. B	104. A	105. B	106. A	107. B	108. B	109. A	110. A
111. B	112. D	113. C	114. D	115. B	116. C	117. D	118. A	119. A	120. B

121. A	122. B	123. C	124. D	125. A	126. D	127. B	128. C	129. C	130. D
131. D	132. C	133. B	134. D	135. A	136. C	137. C	138. C	139. A	140. D
141. A	142. A	143. B	144. A	145. B	146. A	147. B	148. D	149. D	150. D
151. A	152. C	153. B	154. B	155. A	156. B	157. C	158. D	159. D	160. C
161. D	162. B	163. C	164. A	165. D	166. B	167. D	168. C	169. B	170. A
171. A	172. C	173. B	174. C	175. A	176. D	177. B	178. D	179. D	180. A
181. C	182. B	183. C	184. A	185. B	186. A	187. A	188. B	189. A	190. C
191. C	192. B	193. B	194. C	195. D	196. D	197. C	198. A	199. B	200. C
201. A	202. B	203. C	204. D	205. B	206. C	207. D	208. A	209. C	

（三）简答题

1. 答：机械加工工艺过程是按：工序—安装—工位—工步，或工序—安装—工步的结构形式组成的。在一道工序中，可以有一次或几次安装；在一次安装中，可以有一个或几个工位；对工步和工位，一般不作严格区别，即往往把工位作为工步。

2. 答：机械加工工艺规程一般包括：毛坯类型和材料定额，工件加工工艺路线，各工序的加工内容和要求，采用的加工设备和工艺装备，工件质量的检验项目和方法，切削用量和工时定额，工人技术等级等内容。

常用的工艺文件有：工艺过程卡、工艺卡、工序卡及技术检查卡等4种。

3. 答：以毛坯上未经加工过的表面作为定位的基准称为粗基准。其选择原则如下：①工件上各表面不需要全部加工时，应以不加工的表面作为粗基准；②对所有表面都要加工的工件，应以加工余量小的表面作为粗基准；③尽量选择光洁、平整和幅面大的表面作为粗基准；④粗基准只能使用一次，应避免重复使用。

4. 答：以已加工表面定位的基准称为精基准。其选择原则如下：

1）采用基准重合的原则，即尽可能采用设计基准、测量基准、装配基准作为定位基准。

2）采用基准统一原则，即在多道工序中利用同一个基准定位加工。

3）选择精度较高，装夹稳定可靠的表面作为精基准。

5. 答：拟订工件工艺路线，主要包括选择各表面的加工方法，划分工序及确定各表面的加工顺序等内容。

在拟订每个表面的加工方法时，除考虑生产类型及现有生产条件外，还应考虑工件的结构形状和尺寸，加工表面的精度和表面粗糙度要求，材料的力学性能和热处理等因素。

6. 答：按照粗、精加工分开的原则，可以把机械加工工艺过程划分为：粗加工、半精加工、精加工及光整加工4个阶段。

划分粗、精加工阶段的好处是：①保证工件加工质量；②合理使用加工设备；③充分发挥技术工人的操作技能；④便于安排热处理工序；⑤及时发现毛坯缺陷，保护精确表面等。

7. 答：所谓工序集中，就是在加工工件的每道工序中，尽可能地多加工几个表面。

在下列情况下宜采用工序集中法加工：①工件的相对位置精度要求较高时；②在加工重型工件时；③用组合机床、多刀机床和自动机床加工工件时；④单件生产时。

8. 答：使每道工序中所包含的工作尽量减少的加工方法称为工序分散法。

在下列情况下宜采用工序分散法进行加工：①当工件的表面尺寸精度高和表面粗糙度值

要求较低时；②在大批量生产中，用通用机床和通用夹具加工时；③当工人的平均技术水平较低时；④在批量生产中，工件尺寸不大和类型不固定时。

9. 答：安排工件表面加工顺序时，通常应遵循以下 4 个原则：①先加工主要表面，后加工次要表面；②先加工出选定的后续工序的精基准面，后加工其他表面；③先进行粗加工，后进行精加工；④先加工孔的端面，后加工孔。

10. 答：预备热处理包括退火、正火、时效和调质。各自的目的、适用材料和工序安排如下：

1）退火和正火。目的是改善切削性能，消除毛坯内应力，细化晶粒，均匀组织，为以后热处理打基础。其中退火是为了降低硬度，用于碳的质量分数大于 0.7%的碳素钢和合金钢。正火是为了适当提高硬度，用于碳的质量分数小于 0.3%的低碳钢和合金钢。退火和正火一般安排在毛坯制造好之后、粗加工之前进行。

2）调质。目的是提高材料综合力学性能，为以后热处理打基础。用于各种中碳钢和中碳合金钢。一般安排在粗加工之后、半精加工之前进行。要求不高时，也可安排在粗加工之前进行。

3）时效。目的是消除切削加工应力，稳定尺寸。用于各种精密工件。一般安排在半精车、粗磨或半精磨之后，并可安排多次。

11. 答：最终热处理包括淬火和回火、渗碳淬火和渗氮等热处理方法。各自的目的，适用材料及工序安排如下：

1）淬火和回火。目的是提高材料的硬度、强度和耐磨性。用于中碳结构钢和工具钢。一般安排在半精加工之后，磨削加工之前进行。

2）渗碳淬火。目的是提高钢件表面层的硬度、耐磨性和疲劳强度，并保持其内部的塑性和韧性。用于低碳钢和低碳合金钢。一般安排在半精加工之后进行。

3）渗氮。目的是提高工件表面硬度、耐磨性、疲劳强度和耐蚀性。用于渗氮钢。一般安排在精磨或研磨之前进行。

12. 答：一般主轴的加工工艺路线为：下料—锻造—退火（或正火）—粗加工—调质—半精加工—淬火和回火—粗磨—时效—精磨。

渗碳件的加工工艺路线为：下料—锻造—正火—粗加工—半精加工—渗碳—脱碳加工（去除不要硬度的表面的渗碳层）—淬火和回火—车螺纹或钻孔、铣槽等加工—粗磨—时效—半精磨—时效—精磨。

13. 答：工序余量过大，会增加下道工序的工作量，降低生产效率和工件质量；工序余量过小，无法把上道工序的痕迹切除，影响工件质量或造成报废。

确定工序余量时，要考虑加工误差，热处理变形，定准基准误差以及切痕和缺陷等因素。

14. 答：工件在空间有六个自由度，为了使工件在夹具中有一个确定的位置，需要将其六个自由度全部加以限制。在夹具中适当分布的六个支承点来限制工件的六个自由度，就是工件的六点定位原则。

15. 答：在车床上车削轴类工件需限制工件五个自由度，这种定位方式称为不完全定位。

16. 答：若夹具上支承点少于工件应该限制的自由度数，因而某些应该限制的自由度没有被限制，工件定位不足，这种定位称为欠定位。欠定位不能保证加工要求，因此是不允许的。

理论知识模块 2　车床的维护保养与调整

一、考核范围（图 6-2）

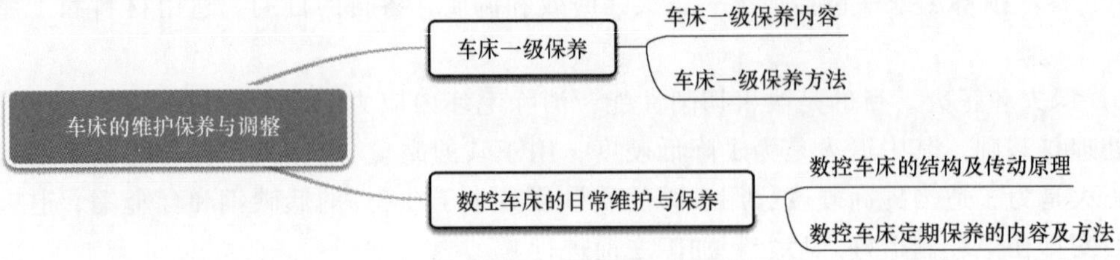

图 6-2　考核范围

二、考核要点详解（表 6-2）

表 6-2　考核要点

序号	考核要点
1	车床一级保养内容
2	滑动面的拆装、清洗及其调整
3	主轴箱调整
4	溜板箱内的调整
5	交换齿轮箱间隙的调整
6	数控车床的结构及传动原理
7	数控车床定期保养的内容及方法

三、练习题

（一）判断题（对的画“√”，错的画“×”）

1. 机床保养时，必须首先切断电源，确保在保养过程中的安全。（　　）

2. 一般卧式车床的小滑板丝杠与螺母的间隙是由制造精度保证的，不做调整。（　　）

3. 车床主轴的旋转精度、刚度、抗振性等对工件的加工精度有直接影响，但对表面粗糙度影响不大。（　　）

4. 床鞍与床身导轨的间隙将影响刀具纵、横方向的进给精度，从而影响工件的加工精度和表面粗糙度。（　　）

5. 调整后的床鞍与导轨间的间隙，应保持刀架在移动时平稳、灵活、无松动或无阻滞感。（　　）

6. 主轴箱内主轴前端采用短圆锥连接盘的结构主要是使主轴前端的悬伸长度较短，增加工件的装夹长度。（　　）

7. 检查主轴轴承调整后的间隙时，先用手转动主轴，感觉灵活、无阻滞现象（用外力旋转时，主轴转动在 3~5 圈内能自动平稳地停止），然后再进行测量。（　　）

8. 片式摩擦离合器的间隙过大会减小摩擦力，影响车床功率的正常传递，但可减少摩擦片的磨损。（　　）

9. 片式摩擦离合器的间隙过小，在高速车削时，会因发热而“闷车”，从而损坏机床。（　　）

10. 制动器的作用是在车床停机过程中，克服主轴箱内各运动件的旋转惯性，使主轴迅速停止运动。（　　）

11. CA6140 型车床主轴箱中的双向多片式摩擦离合器和制动器的操作手柄是单独操作的。（　　）

12. 超越离合器使刀架的快速移动和机动进给不能自动转换。（　　）

13. 安全离合器的作用是在机动进给过程中，当进给力过大或刀架运动受阻时，能自动断开机动传动路线，使刀架停止进给，避免传动机构损坏。（　　）

14. 安全离合器正常情况下，在弹簧的压力作用下，左、右两半部端面螺旋形齿爪是打滑的。（　　）

15. 调整安全离合器时，机床许可的最大进给抗力决定于弹簧调定的压力。（　　）

16. 开合螺母的作用是接通或断开从丝杠传来的运动。（　　）

17. 开合螺母跟燕尾导轨的配合间隙一般应不小于 0.03mm。（　　）

18. 溜板箱内设有互锁机构的目的是保证丝杠传动和机动进给（或快速移动）的接通。（　　）

19. 交换齿轮箱用来把主轴的转动传给进给箱，调换箱内的齿轮时，必须保证齿侧的啮合间隙大于 0.2mm，否则在传动时会产生很大的噪声并损坏齿轮。（　　）

20. 主轴箱内主轴轴承间隙过大，会使工件外圆圆度误差超差。（　　）

21. 中滑板导轨与主轴轴线垂直度超差，会使精车工件端面时平面度超差。（　　）

22. 片式摩擦离合器的间隙要适当，不能过大或过小。间隙过大会减小摩擦力，影响车床功率的正常传递，并易使摩擦片磨损；间隙过小，在高速车削时，会因发热而“闷车”，从而损坏机床。（　　）

23. 主轴承间隙过小，不会影响机床正常工作。（　　）

24. 进给箱的作用主要是改变进给量和螺距大小。（　　）

25. CA6140 型车床可以不使用另外的交换齿轮车米、寸制螺纹。（　　）

26. 开合螺母分开时，溜板箱和刀架就不动了。（　　）

27. 多片摩擦离合器可以在动态下随时进行离合操作。（　　）

28. 过载保护机构就是超越离合器。（　　）

29. 有了安全保护装置，可在床身上装挡铁，使大滑板撞上挡铁而停止进给，这样可自动控制车削长度。（　　）

30. CA6140 型车床的互锁机构使大滑板不能同时有两种进给运动，但中滑板还是能进给的。（　　）

31. 点检就是按有关维护文件的规定，对数控机床进行定点、定时的检查和维护。（　　）

32. 操作数控机床时，尽量打开电气控制柜门，便于机床电气柜的散热通风。（　　）

33. 只要数控系统不断电，其在线诊断功能就一直进行而不停止。（　　）

34. 数控系统的故障要么通过软件报警显示，要么通过硬件报警显示。（　　）

35. 机床软行程范围可以设置为某范围之内或某范围之外或某两范围之间。（　　）

36. 系统电池的更换应在数控系统断电状态下进行。（　）

37. 水平仪可以用来测量导轨的直线度。（　）

38. 调整机床水平时，应在地脚螺栓完全固定状态下找平。（　）

（二）选择题（将正确答案的序号填入括号内）

1. 当车床累计运转（　）h后，就需要进行一次一级保养。

A. 300　B. 400　C. 500　D. 600

2. 中滑板丝杠与螺母的间隙应调整至使中滑板手柄正、反转之间的空程量在（　）r以内。

A. 1/2　B. 1/5　C. 1/10　D. 1/20

3. CA6140型车床主轴箱内主轴部件采用了前、中、后三个支承，其中（　）支承为辅助支承。

A. 中间　B. 前　C. 后　D. 左

4. CA6140型车床主轴箱内主轴部件前支承采用了（　）个轴承的组合方式。

A. 4　B. 3　C. 2　D. 1

5. 制动器调整后，开动车床使主轴以 $n=300$r/min的转速正转，然后把制动手柄置于中间位置停机，要求停机时主轴能在（　）r内制动。

A. 15~20　B. 12~15　C. 8~10　D. 2~3

6. 开合螺母跟燕尾导轨的配合间隙一般应小于（　）mm。

A. 0.03　B. 0.06　C. 0.10　D. 0.15

7. 在搭配交换齿轮时，必须保证齿侧有（　）mm的啮合间隙。

A. 0.1~0.2　B. 0.05　C. 0.01~0.02　D. 0.10

8. 开合螺母的作用是（　）从丝杠传来的运动。

A. 接通　B. 断开　C. 接通或断开　D. 没有关系

9. 当调整后，开动车床使主轴正转（$n_{主}=300$r/min），然后放下手柄，处于中间状态停机，要求停机时主轴能在（　）r内制动，而开机时制动带完全松开。

A. 1~2　B. 2~3　C. 1~5　D. 0

10. 对于主轴的轴向窜动，指示表读数的最大差值不得超过（　）mm。

A. 0.01~0.015　B. 0.01~0.02　C. 0.01~0.05　D. 0.02~0.03

11. 机床液压系统压力表和油面高度、各保护装置、压缩空气气源压力等的检查周期为（　）。

A. 每天　B. 每半年　C. 每年　D. 不定期

12. 数控机床（　）需要检查润滑油油箱的油标和油量。

A. 不定期　B. 每天　C. 每半年　D. 每年

13. 坐标轴回零时，若该轴已在参考点位置，则（　）。

A. 不必回零　B. 移动该轴离开参考点位置后再回零

C. 继续回零操作　D. 重启机床后再回零

14. 机床通电后应首先检查（　）是否正常。

A. 加工程序、气压　B. 各开关、按钮

C. 工件质量　D. 电压、工件精度

15. 为了使机床达到热平衡状态必须使机床空运转（　　）以上。

A. 3min　　B. 5min　　C. 10min　　D. 15min

16. 程序执行时显示器有位置显示变化而机床不动，应首先检查机床是否处于（　　）状态。

A. 超程报警　　B. 紧急停止　　C. 机床锁住　　D. 进给倍率开关

17. 系统正在执行当前程序段 N 时，预读处理了 N+1、N+2、N+3 程序段，现发生程序段格式出错报警，这时应重点检查（　　）。

A. 当前程序段 N　　B. 程序段 N+1　　C. 程序段 N+2　　D. 程序段 N+3

18. 显示器无显示但机床能够动作，故障原因可能是（　　）。

A. 显示部分故障　　B. S 倍率开关为 0%

C. 机床锁住状态　　D. 机床未回零

19. 数控系统的硬件报警显示是通过（　　）显示的。

A. 显示器　　B. 报警号及适当文字注释

C. 报警号　　D. 警告灯或数码管

20. 数控系统的软件报警有来自 NC 的报警和来自（　　）的报警。

A. PLC　　B. P/S 程序错误　　C. 伺服系统　　D. 主轴伺服系统

21. 故障排除后，应按（　　）消除软件报警信息显示。

A. CAN 键　　B. RESET 键　　C. MESSAGE 键　　D. DELETE 键

22. 发生超程报警后，可以按“超程释放”或复位按钮，手动方式操作机床向（　　），离开超程位置。

A. 反方向运动　　B. 同方向运动　　C. 负方向运动　　D. 正方向运动

23. 机床发生超程报警的原因不太可能是（　　）。

A. 刀具参数错误　　B. 转速设置错误

C. 工件坐标系错误　　D. 程序坐标值错误

24. 机床行程极限不能通过（　　）设置。

A. 机床限位开关　　B. 机床参数　　C. M 代码设定　　D. G 代码设定

25. 在一般情况下，即使系统电池尚未消耗完，也应（　　）更换一次，以确保系统能正常工作。

A. 二年　　B. 一年　　C. 半年　　D. 一季度

26. 系统电池的更换应在（　　）状态下进行。

A. 机床断电　　B. 伺服系统断电　　C. CNC 系统通电　　D. 伺服系统通电

27. 存储器用电池定期检查和更换，最主要是为了防止（　　）丢失。

A. 加工坐标系　　B. 刀具参数　　C. 用户宏程序　　D. 机床参数

28. 在评定机床主要工作面的安装水平时，普通精度的机床，水平读数不应大于（　　）。

A. 0.08mm/1000mm　　B. 0.06mm/1000mm

C. 0.04mm/1000mm　　D. 0.02mm/1000mm

29. 水平仪分度值为 0.02mm/1000mm，将该水平仪置于长 200mm 的平板之上，偏差格数为 3 格，则该平板两端的高度差为（　　）。

A. 0.06mm　　B. 0.048mm　　C. 0.024mm　　D. 0.012mm

30. 水平仪分度值为 0.02mm/1000mm，将该水平仪置于长 500mm 的平板之上，偏差格数为 2 格，则该平板两端的高度差为（　　）。

A. 0.04mm　　B. 0.02mm　　C. 0.01mm　　D. 0.005mm

31. 调整机床水平时，若水平仪水泡向右偏，则（　　）。

A. 调高后面垫铁或调低前面垫铁　　B. 调高前面垫铁或调低后面垫铁

C. 调高右侧垫铁或调低左侧垫铁　　D. 调高左侧垫铁或调低右侧垫铁

32. 调整机床水平时，若水平仪水泡向前偏，则（　　）。

A. 调高后面垫铁或调低前面垫铁　　B. 调高前面垫铁或调低后面垫铁

C. 调高右侧垫铁或调低左侧垫铁　　D. 调高左侧垫铁或调低右侧垫铁

33. 为抑制或减小机床的振动，近年来数控机床大多采用（　　）来固定机床和进行调整。

A. 调整垫铁　　B. 弹性支承　　C. 等高垫铁　　D. 阶梯垫铁

34. 数控机床滚珠丝杠每隔（　　）时间需要更换润滑脂。

A. 1 天　　B. 1 星期　　C. 半年　　D. 1 年

四、参考答案及解析

（一）判断题

1. √	2. √	3. ×	4. √	5. √	6. ×	7. √	8. ×	9. √	10. √
11. ×	12. ×	13. √	14. ×	15. √	16. √	17. ×	18. ×	19. ×	20. √
21. √	22. √	23. ×	24. √	25. ×	26. ×	27. √	28. ×	29. √	30. √
31. √	32. ×	33. √	34. ×	35. √	36. ×	37. √	38. ×		

（二）选择题

1. C	2. D	3. A	4. C	5. D	6. A	7. A	8. C	9. B	10. A
11. A	12. B	13. B	14. B	15. D	16. C	17. D	18. A	19. D	20. A
21. B	22. A	23. B	24. C	25. B	26. C	27. D	28. C	29. D	30. B
31. D	32. A	33. B	34. C						

理论知识模块 3　轴类工件加工

一、考核范围（图 6-3）

二、考核要点详解（表 6-3）

表 6-3　考核要点

序号	考核要点
1	细长轴加工特点
2	细长轴加工定位与装夹
3	车削细长轴时减小热变形伸长的措施

（续）

序号	考核要点
4	加工细长轴的车刀、切削用量
5	百分表、杠杆百分表的读数原理、使用方法和保养方法
6	细长轴加工时产生误差的种类、原因及预防措施
7	数控车床车削台阶轴的编程精度、检验

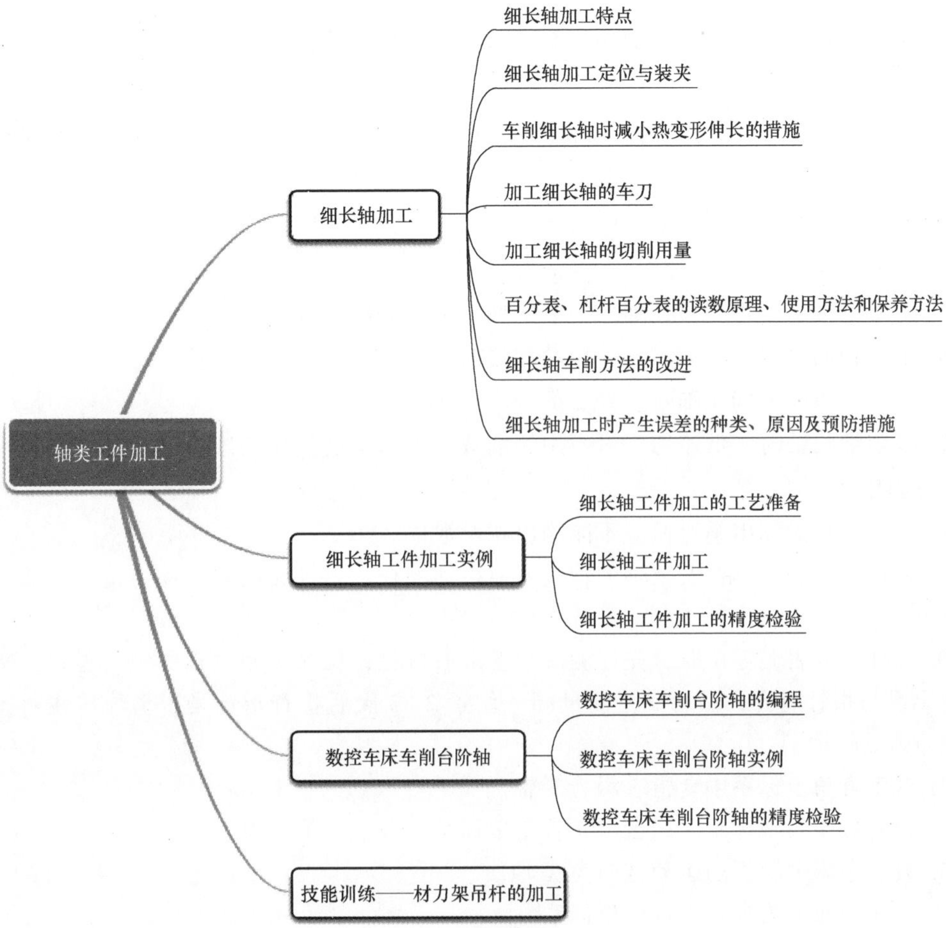

图 6-3　考核范围

三、练习题

（一）判断题（对的画“√”，错的画“×”）

1. 细长轴通常用一夹一顶或两顶尖装夹的方法车削。（　　）

2. 为了增加细长工件的装夹刚性，车削时常采用中心架或跟刀架作辅助支承。（　　）

3. 使用中心架支承车削细长轴时，支承爪与工件的接触应紧些，这样车削时不易振动。（　　）

4. 使用中心架车削细长轴的过程中，应随时注意中心架各个支承爪的磨损情况，并及时调整和补偿。（　　）

5. 车削细长轴时，使用跟刀架的目的是防止工件弯曲变形及抵消背切削力。（　）

6. 使用三爪跟刀架支承车削细长轴的目的是使车削时稳定，不易产生振动。（　）

7. 使用跟刀架车削细长轴时，跟刀架支承爪与工件接触松紧的调节是关键。（　）

8. 用弹性回转顶尖支承车削细长轴，可有效补偿工件的热变形伸长。（　）

9. 车削不允许接刀的细长轴时，使用跟刀架支承车削是不适合的。（　）

10. 车削细长轴时，减小车刀主偏角的目的是减小刀具对工件的背向力，以减少细长轴的弯曲变形。（　）

11. 车削细长轴时，选择负刃倾角车刀车削，可使切屑流向待加工表面，并可以减小切削力。（　）

12. 车削细长轴时，减少装夹接触面积的目的是避免工件被长卡爪夹死而引起弯曲变形。（　）

13. 使用反向进给车削细长轴的目的是使工件由受拉伸转变为受压，这样能有效地减小工件的径向圆跳动。（　）

14. 跟刀架卡爪搭得过紧，加工中会出现竹节形缺陷。（　）

15. 细长轴刚度差，车削时容易振动和弯曲。（　）

16. 一夹一顶装夹细小轴时，夹住部分应长些。（　）

17. 车削细长轴时，低速切削可不用切削液，高速切削使用切削液进行冷却，能有效地降低工件温度。（　）

18. 百分表只能测出绝对值，不能测出相对数值。（　）

19. 杠杆百分表沿测杆安装轴的轴线方向拨动测杆，测杆无明显晃动，指针位移应不大于 1 个分度。（　）

20. 杠杆百分表调零位时，先使测头与基准面接触，压测头到量程的中间位置，转动刻度盘使零线与指针对齐，然后反复测量同一位置 2~3 次后检查指针是否仍与零线对齐，如不齐则重调。（　）

21. 右手直角坐标系中食指表示为 *Y* 轴。（　）

22. 数控机床的坐标系采用笛卡儿直角坐标系，符合左手法则。（　）

23. 数控车床中滑板的运动方向为 *X* 轴。（　）

24. 回零操作是为了建立机床坐标系。（　）

25. 对刀操作是为了建立机床坐标系。（　）

26. 程序段格式目前常用的是固定格式。（　）

27. 如果在同一程序段中指定了两个或两个以上属于同一组的 G 代码时，只有最后的 G 代码有效。（　）

28. 模态指令一旦执行一直有效，直到被不同组的其他指令取消或替代为止。（　）

29. FANUC 0i 系统，程序字 A10. 表示 10°。（　）

30. 在目前，椭圆轨迹的数控加工一定存在节点的计算。（　）

31. FANUC 0iM 系统 *XY* 平面中，已知直线起点（X0，Y0），直线角度为 30°，终点 *X* 坐标为 30，则终点 *Y* 坐标约为 15。（　）

32. 绝对值编程表达的是刀具目标位置与起始位置的差值。（　）

33. FANUC 0iT 系统，执行“G53 G00 X0 Z0;”后，刀具所在位置为机床坐标系零点。（　）

34. FANUC 0iT 系统，执行“G54 G90 G00 X0 Z0;”后，刀具所在位置为机床坐标系的原点。（　）

35. FANUC 0iT 系统，程序段“G50 X100.0 Z50.0;”的作用是将刀具当前点作为工件坐标系的点（100，50）。（　）

36. 数控车床的默认加工平面是 *XZ* 平面。（　）

37. 快速点定位指令使用 G01 功能字。（　）

38. 如果在插补程序段之前或插补程序段中未指定 F 代码，则插补指令的进给速度为 0。（　）

39. FANUC 0iT 系统直径编程，程序“N10 G01 U20. F0.1；N20 W-10.；N30 U-20.；N40 W10.；”的运动轨迹图形为边长为 10 的等边三角形。（　）

40. G03 指令的功能是逆圆插补。（　）

41. *YZ* 平面圆弧顺逆方向的判别是：沿着 *Z* 轴正方向向负方向看去，顺时针方向为 G02，逆时针方向为 G03。（　）

42. FANUC 系统圆心坐标 *I*、*J*、*K* 分别为圆心相对于圆弧起点在 *X*、*Y*、*Z* 轴的矢量分量。（　）

43. 对整圆轮廓，编程只能用圆心参数法。（　）

44. FANUC 系统，不能插补的圆弧轨迹是 *XYZ* 空间圆弧。（　）

45. FANUC 0iT 系统，执行“N2 G04 U10.；N4 U1.；N6 G04 P100;”程序时，累计暂停时间为 11.1s。（　）

46. FANUC 0iT 系统的 G 代码 A 类中，G90 指令的功能是内外圆一次固定循环。（　）

47. FANUC 0iT 系统的 G 代码 A 类中，G94 指令的功能是螺纹一次固定循环。（　）

（二）选择题（将正确答案的序号填入括号内）

1. 用两顶尖装夹方法车削细长轴时，在工件两端各车两级直径相同的外圆后，用（　）只百分表就可找正尾座中心。

A. 1　　B. 2　　C. 3　　D. 4

2. 用两顶尖装夹方法车削细长轴时，（　）尾座轴线位置。

A. 必须找正　　B. 不必找正

C. 可以找正，也可以不找正　　D. 没有关系

3. 使用跟刀架支承车削细长轴时，支承爪与工件接触松紧的调节是关键，若调节过紧，会把工件车成（　）形。

A. 腰鼓　　B. 锥　　C. 竹节　　D. 椭圆

4. 从跟刀架的设计原理来看，只需两只支承爪就可以了，因切削时（　）使工件贴靠在跟刀架的两个支承爪上。

A. 总切削力 F　　B. 主切削力 F_C　　C. 进给力 F_f　　D. 背向力 F_p

5. 车削细长轴时，使切屑流向待加工表面，并使车刀易切入工件，一般取 $s=$（　）。

A. $-3°\sim-5°$　　B. 0°　　C. $+3°\sim+5°$　　D. $-10°$

6. 当轴的长度与直径之比（　　）时，称为细长轴。

A. >5　　B. >10　　C. >25　　D. >20

7. 细长轴车削时，在保证车刀有足够强度的前提下，尽量使刀具的（　　）增大。

A. 主偏角　　B. 后角　　C. 前角　　D. 副偏角

8. 车细长轴时，会因（　　）使工件伸长而弯曲。

A. 背向力　　B. 切削力　　C. 受热　　D. 振动

9. 车细长轴一般采用跟刀架，若卡爪搭得过松会产生（　　）形缺陷。

A. 波纹　　B. 腰鼓型　　C. 弯曲　　D. 油条

10. 跟刀架在工作时要跟踪监视卡爪的磨损情况，并应经常加（　　）润滑。

A. 切削液　　B. 润滑油　　C. 乳化液　　D. 柴油

11. 车细长轴时，跟刀架卡爪与工件的接触压力太小，或根本就没有接触到，这时车出的工件会出现（　　）。

A. 竹节形缺陷　　B. 多棱形缺陷　　C. 频率振动　　D. 弯曲变形

12. 加工好的细长轴，应将其（　　）。

A. 放在平板上　　B. 吊起来　　C. 两端搁在支架上　　D. 平放在地上

13. 细长轴刚性低，受切削力影响容易引起（　　）。

A. 热变形　　B. 伸长　　C. 振动　　D. 锥度

14. 车细长轴应尽量采用大的主偏角，以减小或抵消（　　）切削力。

A. 径向　　B. 轴向　　C. 主　　D. 刀具

15. 用耐磨性好的刀具车细长轴，可减小轴全长的（　　）误差。

A. 同轴度　　B. 锥度　　C. 直线度　　D. 振动

16. 车细长轴时，若采用（　　），使推力变为拉力，可减小工件弯曲变形。

A. 小进给　　B. 反向进给　　C. 大进给　　D. 小背刀量

17. 百分表的测量杆应（　　）于被测表面，否则测出的结果不准确。

A. 平行　　B. 倾斜　　C. 垂直　　D. 交叉

18. 百分表的测量范围是指齿杆的有效最大移动量，下列属于百分表测量范围的是（　　）mm。

A. 0~3　　B. 5~10　　C. 10~20　　D. 0~25

19. 杠杆百分表的分度值为0.01mm，测量范围不大于（　　）mm。

A. 1　　B. 3　　C. 5　　D. 10

20. 对于平面工件，杠杆百分表测杆轴线应（　　）于被测平面。

A. 平行　　B. 倾斜　　C. 垂直　　D. 交叉

21. 数控车床的基本控制轴数是（　　）。

A. 1轴　　B. 2轴　　C. 3轴　　D. 4轴

22. 数控机床的标准坐标系是以（　　）来确定的。

A. 右手笛卡儿直角坐标系　　B. 绝对坐标系

C. 相对坐标系　　D. 极坐标系

23. 右手直角坐标系中（　　）表示为 Z 轴。

A. 拇指　　B. 食指　　C. 中指　　D. 无名指

24. 不同结构布局、不同运动方式的数控机床，编程时都假定刀具相对于工件运动，该运动是指（　　）。

A. 切削主运动　　B. 进给运动　　C. 辅助运动　　D. 成形运动

25. 数控机床回转坐标轴的正方向由（　　）确定。

A. 右手法则　　B. 左手法则　　C. 右手螺旋法则　　D. 左手螺旋法则

26. 下列关于数控编程时假定机床运动的叙述，正确的是（　　）。

A. 假定刀具相对于工件做切削主运动　　B. 假定工件相对于刀具做切削主运动

C. 假定刀具相对于工件做进给运动　　D. 假定工件相对于刀具做进给运动

27. 确定数控机床坐标轴时，一般应先确定（　　）。

A. X 轴　　B. Y 轴　　C. Z 轴　　D. C 轴

28. 数控车床床鞍向尾座方向运动为（　　）。

A. X 轴正方向　　B. X 轴负方向　　C. Z 轴正方向　　D. Z 轴负方向

29. 在数控机床坐标系中，与机床主轴平行或重合的运动轴一般为（　　）。

A. X 轴　　B. Y 轴　　C. Z 轴　　D. U 轴

30. 下列叙述正确的是（　　）。

A. 刀位点是在刀具实体上的一个点

B. 使刀具参考点与机床参考点重合就是机床回零

C. 工件坐标原点又叫起刀点

D. 换刀点就是对刀点

31. 数控机床上有一个机械原点，该点到机床坐标零点在进给坐标轴方向上的距离可以在机床出厂时设定，该点称（　　）。

A. 换刀点　　B. 工件坐标原点　　C. 机床坐标原点　　D. 机床参考点

32. 下列关于数控机床参考点的叙述，正确的是（　　）。

A. 机床参考点是与机床坐标原点重合　　B. 机床参考点是浮动的工件坐标原点

C. 机床参考点是固有的机械基准点　　D. 机床参考点是对刀用的

33. 数控机床加工编程时要使工件坐标系正确，关键的是选择好（　　）。

A. 对刀点　　B. 换刀点　　C. 刀位点　　D. 刀架中心点

34. 数控刀具的刀位点就是在数控加工中的（　　）。

A. 对刀点　　B. 刀架中心点

C. 代表刀具在坐标系中位置的理论点　　D. 换刀位置的点

35. 刀具上的定位基准点称为（　　）。

A. 刀位点　　B. 对刀点　　C. 换刀点　　D. 机床原点

36. FANUC 系统中，下列程序在执行过程中，N20 程序段（　　）。

N10 G54 G90 G00 X100. Z0;

/N20 G03 X86. 803 Z-50. I-100. K0 F100. ;

N30 G04 X4. ;

A. 在跳步功能有效时，跳过不执行　　B. 在跳步功能有效时执行

C. 跳过不执行　　D. 在跳步功能无效时，跳过不执行

37. FANUC 系统中，下列程序在执行时，N20 程序段中小括号里面的内容表示（　　）。

N10 G54 G90 G00 X100. Z0；

N20 G03 X86. 803 Z-50. R100. F100. （X100. Z50. ）；

N30 G04 X4. ；

A. 圆心坐标　B. 注释　C. 圆弧起点　D. 圆弧终点

38. G02 指令与下列的（　）指令不是同一组的。

A. G00　B. G01　C. G03　D. G04

39. 在同一个程序段中可以指定几个不同组的 G 代码，如果在同一个程序段中指令了两个以上的同组 G 代码时，只有（　）G 代码有效。

A. 最前一个　B. 最后一个　C. 任何一个　D. 程序段错误

40. G57 指令与下列的（　）指令不是同一组的。

A. G56　B. G55　C. G54　D. G53

41. 下列 G 指令中（　）是非模态指令。

A. G00　B. G40　C. G04　D. G54

42. 下列 G 指令中（　）是模态指令。

A. G09　B. G04　C. G54　D. G53

43. 只在本程序段有效，其他程序段需要时必须重写的 G 代码称为（　）。

A. 模态代码　B. 续效代码　C. 非模态代码　D. 单步执行代码

44. FANUC 0iT 系统的 G 代码 A 类中，程序段 G20 X10. 中 X10. 的单位是（　）。

A. s　B. inch　C. mm　D. ms

45. FANUC 0i 系统，程序段 G04 P10 中 P10 的单位是（　）。

A. s　B. inch　C. mm　D. ms

46. FANUC 0i 系统，一般公制最小输入增量为 0. 001mm，则英制输入时，最小输入增量为（　）。

A. 0. 01in　B. 0. 001in　C. 0. 0001in　D. 0. 00001in

47. FANUC 0i 系统，下列（　）是不可以使用小数点的地址。

A. B　B. F　C. P　D. I

48. 在 FANUC 系统中，下列程序段中不正确的是（　）。

A. G04 P1. 5　B. G04 X2　C. G04 X0. 500　D. G04 U1. 5

49. FANUC 0i 系统，一般数控机床的最小输入增量为 0. 001mm，当输入 X1. 23456 时，数控系统会按（　）处理

A. X1. 234　B. X1. 235　C. X1. 2346　D. P/S 报警

50. 各几何元素间的连接点称为（　）。

A. 切点　B. 基点　C. 节点　D. 交点

51. 逼近线段与被加工曲线的交点称为（　）。

A. 零点　B. 交点　C. 基点　D. 节点

52. 通常，在数控机床上加工椭圆轨迹时，要进行（　）计算。

A. 切点　B. 基点　C. 节点　D. 交点

53. FANUC 0iM 系统 *XY* 平面中，已知直线的斜率为 0. 3，起点为（X10. ，Y10. ），终点的 *X* 坐标为 X60. ，则终点的 *Y* 坐标为（　）。

A. Y15.　　B. Y20.　　C. Y25.　　D. Y30.

54. FANUC 0iT 系统直径编程，下列程序所加工圆弧的圆心角约为（　　）。

N10 G54 G00 X100. Z0;

N20 G03 X200. Z-13. 397. I0. K-100. F100. ;

A. 30°　　B. 45°　　C. 60°　　D. 75°

55. FANUC 0iT 系统直径编程，“G03 U2. W-3. I-4. K-3. F100. ;”程序段所加工的圆弧半径是（　　）。

A. 5.　　B. 4.　　C. 3.　　D. 2.

56. FANUC 0iT 系统的 G 代码系统 A 类规定，*X* 轴的增量坐标用地址符（　　）表示。

A. U　　B. W　　C. I　　D. K

57. FANUC 0iT 系统的 G 代码系统 A 类规定，*Z* 轴的增量坐标用地址符（　　）表示。

A. U　　B. W　　C. I　　D. K

58. 程序段“G00 X10. W-8. ;”所采用的编程方式为（　　）。

A. 绝对值编程　　B. 增量值编程　　C. 混合编程　　D. 格式错误

59. 当采用相对位置编码器时，在指定 G53 指令之前，必须设置（　　）。

A. 编程坐标系　　B. 局部坐标系　　C. 工件坐标系　　D. 机床坐标系

60. 指令 G53 用于选择（　　）。

A. 编程坐标系　　B. 局部坐标系　　C. 机床坐标系　　D. 工件坐标系

61. 表示选择机床坐标系的指令是（　　）。

A. G54　　B. G53　　C. G52　　D. G50

62. 下列（　　）不是工件坐标系选择指令。

A. G59　　B. G57　　C. G55　　D. G53

63. MDI 输入 G54 偏置值 X = 170. Z = 150.，执行“G54 G00 X30. Z-20. ;”后，刀具在机床坐标系中的坐标值为（　　）。

A. X185. Z130.　　B. X140. Z170.　　C. X200. Z130.　　D. X30. Z-20.

64. 当数控机床接通电源后，自动选择（　　）坐标系指令。

A. G53　　B. G54　　C. G55　　D. G56

65. FANUC 0iT 系统，下列关于设定工件坐标系指令 G50 的描述中，正确的是（　　）。

A. 工件坐标系的位置和当前刀具位置密切相关

B. 指定 G50 指令前必须先建立机床坐标系

C. 执行 G50 指令时要避免刀具运动产生而碰撞

D. 指定 G50 指令前必须先执行 G54～G59 指令

66. FANUC 0iT 系统，下列选项中，用于设定工件坐标系的指令是（　　）。

A. G16　　B. G50　　C. G52　　D. G53

67. FANUC 0iT 系统，，在用 G50 指令设定工件坐标系编程加工一批工件时，每个工件加工完毕后，刀具应该返回到（　　）。

A. G50 坐标系原点位置　　B. 机床零点位置

C. 原起始点位置　　D. 参考点位置

68. G00 指令的功能是（　　）。

A. 直线插补　　B. 快速点定位　　C. 顺圆插补　　D. 逆圆插补

69. G00 指令的移动速度值是由（　　）。

A. F 代码设定　　B. 进给倍率开关设定

C. 机床参数设定　　D. 快移倍率开关设定

70. G00 的运动轨迹可能是直线也可能是折线，具体是由（　　）。

A. 系统制造厂家设定，用户不可更改　　B. 机床厂家设定，用户不可更改

C 机床参数设定，用户不可更改　　D. 机床参数设定，用户可自行更改

71. 直线插补指令使用（　　）功能字。

A. G03　　B. G02　　C. G01　　D. G00

72. G01 指令的功能是（　　）。

A. 快速点定位　　B. 直线插补　　C. 顺圆插补　　D. 逆圆插补

73. G01 指令的进给速度由（　　）。

A. F 代码设定　　B. 进给倍率开关设定

C. 机床参数设定　　D. 快移倍率开关设定

74. 执行“N10 G00 X100. Z50.；N20 G01 U-30. W20. F0.1;”后，刀具所在位置的坐标值为（　　）。

A. X130. Z70.　　B. X70. Z30.　　C. X70. Z70.　　D. X100. Z50.

75. 执行“N10 G00 X120. Z80.；N20 G01 U15. W-5. F0.1;”后，刀具所在位置的坐标值为（　　）。

A. X120. Z80.　　B. X135. Z85.　　C. X105. Z75.　　D. X135. Z75.

76. FANUC 0iT 系统直径编程，程序“N10 G01 U20. F0.1; N20 W-10.；N30 U-20. W10.;”的运动轨迹图形为（　　）。

A. 边长为 10mm 的等腰直角三角形　　B. 边长为 10mm 的正方形

C. 边长为 10mm 的等边三角形　　D. 20mm×10mm 的长方形

77. 逆圆插补指令使用（　　）功能字。

A. G03　　B. G02　　C. G01　　D. G00

78. 顺圆插补指令使用（　　）功能字。

A. G03　　B. G02　　C. G01　　D. G00

79. G02 指令的功能是（　　）。

A. 快速点定位　　B. 直线插补　　C. 顺圆插补　　D. 逆圆插补

80. 圆弧插补顺逆方向的判别是：沿着（　　）看去，顺时针方向为 G02，逆时针方向为 G03。

A. 与主轴平行，坐标轴的负方向向正方向

B. 与主轴平行，坐标轴的正方向向负方向

C. 垂直插补平面，坐标轴的负方向向正方向

D. 垂直插补平面，坐标轴的正方向向负方向

81. *XY* 平面圆弧顺逆方向的判别是：沿着（　　）正方向向负方向看去，顺时针方向为 G02，逆时针方向为 G03。

A. *X* 轴　　B. *Y* 轴　　C. *Z* 轴　　D. *I* 轴

82. *XZ* 平面圆弧顺逆方向的判别是：沿着（　　）正方向向负方向看去，顺时针方向为 G02，逆时针方向为 G03。

A. *X* 轴　　B. *Y* 轴　　C. *Z* 轴　　D. *W* 轴

83. FANUC 0T 系统直径编程，程序“N10 G0 X20. Z0；N20 G2 X10. Z5. I-5. K0 F0. 1；”中圆心的绝对坐标值为（　　）。

A. X0 Z5.　　B. X5. Z5.　　C. X15. Z0　　D. X10. Z0

84. FANUC 0T 系统直径编程，程序“N10 G0 X20. Z0；N20 G3 X30. Z5. I5. K0 F0. 1；”中圆心的绝对坐标值为（　　）。

A. X25. Z0　　B. X30. Z0　　C. X35. Z5.　　D. X40. Z5.

85 . FANUC 0T 系统直径编程，程序“N10 G0 X20. Z0；N20 G3 X30. Z-5. I0 K-5. F0. 1；”中圆心的绝对坐标值为（　　）。

A. X20. Z-5.　　B. X20. Z0.　　C. X30. Z0　　D. X30. Z-5.

86. FANUC 0iT 系统，程序“N10 G00 X20. Z0；N20 G02 X30. Z-5. R5. F0. 1；”所描述圆弧的圆心绝对坐标为（　　）。

A. X20. Z0　　B. X30. Z0　　C. X20. Z-5.　　D. X30. Z-5.

87. FANUC 0iT 系统，程序段“G02 X50. 0 Z-20. 0 R10. 0 F0. 3；”所插补的轨迹可能是（　　）。

A. 整圆　　B. 圆心角为 180°的圆弧

C. 圆心角为 90°的圆弧　　D. 圆心角为 270°的圆弧

88. FANUC 0iT 系统，程序段“G02 X50. 0 Z-20. 0 R-10. 0 F0. 3；”所插补的轨迹可能是（　　）。

A. 整圆　　B. 圆心角为 270°的圆弧

C. 圆心角为 90°的圆弧　　D. P/S 报警

89. FANUC 0iT 系统，下列选项中，格式正确的程序段是（　　）。

A. G02 X20. Z-5. R3. F0. 1；　　B. G02 X20. Z-5. R-3. F0. 1；

C. G02 X20. Z-5. J-5. K0 F0. 1；　　D. G02 X20. Z-5. I-5. J0 F0. 1；

90. FANUC 0iT 系统，下列选项中，格式正确的程序段是（　　）。

A. G17 G02 X20. Z-5. R3. F0. 1；　　B. G18 G02 X20. Z-5. R3. F0. 1；

C. G19 G02 X20. Z-5. R3. F0. 1；　　D. G18 G02 X20. Z-5. I-5. J0 F0. 1；

91. “G03 U4. W-2. I-4. K-3. F0. 1；程序段所加工的圆弧半径是（　　）。

A. 3.　　B. 4.　　C. 5.　　D. 6.

92. FANUC 0iT 系统，程序段“G04 U1. ；”表示（　　）。

A. 程序暂停 1s　　B. 程序暂停 1ms　　C. *X* 向移动 1mm　　D. *X* 向移动 1μm

93. FANUC 0iT 系统，在 G04 暂停功能指令中，（　　）参数的单位为 ms。

A. X　　B. U　　C. P　　D. Q

94. FANUC 0iT 系统，执行“N2 G04 X10. ；N4 X1. ；N6 G04 P10；”程序时，累计暂停时间为（　　）。

A. 21s　　B. 20s　　C. 11. 01s　　D. 10. 01s

95. FANUC 0iT 系统的 G 代码 A 类中，内外圆一次固定循环的指令是（　　）

A. G94　　B. G92　　C. G90　　D. G71

96. FANUC 0iT 系统的 G 代码 A 类中，“G90 X50.0 Z-40.0 R2.0 F0.4;” 所加工圆锥的起点直径坐标为（　　）。

A. X54.　　B. X52.　　C. X48.　　D. X46.

97. FANUC 0iT 系统的 G 代码 A 类中，“G90 X50.0 Z-40.0 R-2.0 F0.4;” 所加工圆锥的起点直径坐标为（　　）。

A. X54.　　B. X52.　　C. X48.　　D. X46.

98. FANUC 0iT 系统的 G 代码 A 类中，端面一次固定循环的指令是（　　）

A. G72　　B. G90　　C. G92　　D. G94

99. FANUC 0iT 系统的 G 代码 A 类中，“G94 X50.0 Z-40.0 R2.0 F0.4;” 所加工锥面的起点 Z 坐标为（　　）。

A. Z-38.　　B. Z-40.　　C. Z-42.　　D. Z-44.

100. FANUC 0iT 系统的 G 代码 A 类中，“G94 X50.0 Z-40.0 R-2.0 F0.4;” 所加工锥面的起点 Z 坐标为（　　）。

A. Z-38.　　B. Z-40.　　C. Z-42.　　D. Z-44.

（三）简答题

1. 车削细长轴时，产生变形和振动的原因有哪些？可采取哪些解决措施？

2. 采用跟刀架车削细长轴时，产生“竹节形”缺陷的原因是什么？应如何使用跟刀架？

3. 采用一夹一顶车削细长轴时，为什么要用弹性回转顶尖？而夹紧端的夹紧长度为什么要短一些？

4. 车削细长轴时，应怎样选择外圆车刀的几何角度？并说明理由。

（四）计算题

1. 车削直径为 ϕ30mm，长度 L 为 1400mm，线胀系数 α_1 为 11×10^{-6}/℃ 的 40Cr 细长轴时，当工件温度由 20℃ 上升到 50℃ 时，求轴的热变形伸长量为多少？

2. 车削直径为 ϕ50mm，长度 L 为 1500mm，材料的线胀系数 α_1 为 11.59×10^{-6}/℃ 的细长轴时，测得工件伸长了 0.522mm，问工件的温度升高了多少摄氏度？

四、参考答案及解析

（一）判断题

1. √	2. √	3. ×	4. √	5. √	6. √	7. √	8. √	9. ×	10. ×
11. ×	12. √	13. ×	14. √	15. √	16. ×	17. ×	18. ×	19. ×	20. √
21. √	22. ×	23. √	24. √	25. ×	26. ×	27. √	28. ×	29. √	30. √
31. ×	32. ×	33. √	34. ×	35. √	36. √	37. ×	38. √	39. ×	40. √
41. ×	42. √	43. ×	44. √	45. ×	46. √	47. ×			

（二）选择题

1. B	2. A	3. C	4. A	5. C	6. C	7. A	8. C	9. B	10. B
11. C	12. B	13. C	14. A	15. B	16. B	17. C	18. A	19. A	20. A
21. B	22. A	23. C	24. B	25. C	26. C	27. C	28. C	29. C	30. B
31. D	32. C	33. A	34. C	35. A	36. A	37. B	38. D	39. B	40. D

41. C	42. C	43. C	44. B	45. D	46. C	47. C	48. A	49. A	50. B
51. D	52. C	53. C	54. A	55. A	56. A	57. B	58. C	59. D	60. C
61. B	62. D	63. C	64. B	65. A	66. B	67. C	68. B	69. C	70. D
71. C	72. B	73. A	74. C	75. D	76. A	77. A	78. B	79. C	80. D
81. C	82. B	83. D	84. B	85. A	86. B	87. C	88. B	89. A	90. B
91. C	92. A	93. C	94. D	95. C	96. A	97. D	98. D	99. A	100. C

（三）简答题

1. 答：车削细长轴时，产生变形和振动的原因有：①工件受切削热伸长产生弯曲变形；②工件在切削力作用下产生弯曲和振动；③工件自重、变形引起的振动；④工件在离心力作用下加剧了弯曲和振动。

解决的措施有：①使用中心架；②使用跟刀架；③减少热变形；④合理选择车刀的几何形状和切削用量。

2. 答：采用跟刀架车削细长轴，产生“竹节形”缺陷的原因是跟刀架支承爪与工件的接触压力过大。

正确使用跟刀架的方法是：①支承爪在已加工表面上的支承位置与刀具之间的距离在10mm以内；②控制背吃刀量，在整个轴长上能切除毛坯余量，不留黑疤和斑痕；③按后、下、上的顺序，用手感、耳听、目测等方法调整支承爪轻微的接触到外圆为止，使各爪保持相同的微小间隙，并可自由活动；④时刻跟踪监视各支承爪的接触情况，并保证良好的润滑。

3. 答：弹性回转顶尖内装有碟形弹簧，当工件受热伸长时，能通过顶尖，使碟形弹簧在轴向产生压缩变形，有效地补偿热变形伸长量，避免工件产生弯曲，所以要采用弹性回转顶尖。夹紧端的夹住长度短一些，可以避免前夹后顶时在工件上产生的附加弯曲力矩。

4. 答：车削细长轴时，外圆车刀几何角度的选择及其理由如下：①尽量增大主偏角，取 $k_r=80°\sim93°$，以减小背向力；②应选较大的前角，取 $\gamma_o=15°\sim30°$，以减小切削力和切削热；③前面应磨 $R1.5\sim3$mm 的断屑槽，使切屑卷曲折断；④应选正的刃倾角，取 $\lambda_s=3°\sim10°$，使切屑流向待加工面，车刀易切入，减小切削力；⑤刀尖圆弧半径和倒棱宽度都应选得小一些，取 $\gamma_\varepsilon<0.3$mm，$b_{r1}=0.5f$，以减小背向力。

（四）计算题

1. 解　已知 $L=1400$mm，$\alpha_1=11\times10^{-6}/℃$、$t=20℃$、$t'=50℃$

$\Delta t=t'-t=50℃-20℃=30℃$

$\Delta L=\alpha_1 L\Delta t=11\times10^{-6}/℃\times1400\text{mm}\times30℃=0.462\text{mm}$

答：轴热变形的伸长量 ΔL 为 0.462mm。

2. 解　已知 $L=1500$mm，$\alpha_1=11.59\times10^{-6}/℃$、$\Delta L=0.522$mm

$\Delta L=\alpha_1 L\Delta t$

$\Delta t=\Delta L/\alpha_1 L=0.522\text{mm}/(11.59\times10^{-6}/℃\times1500\text{mm})=30℃$

答：工件的温度升高了 30℃。

理论知识模块4　套类薄壁工件加工

一、考核范围（图6-4）

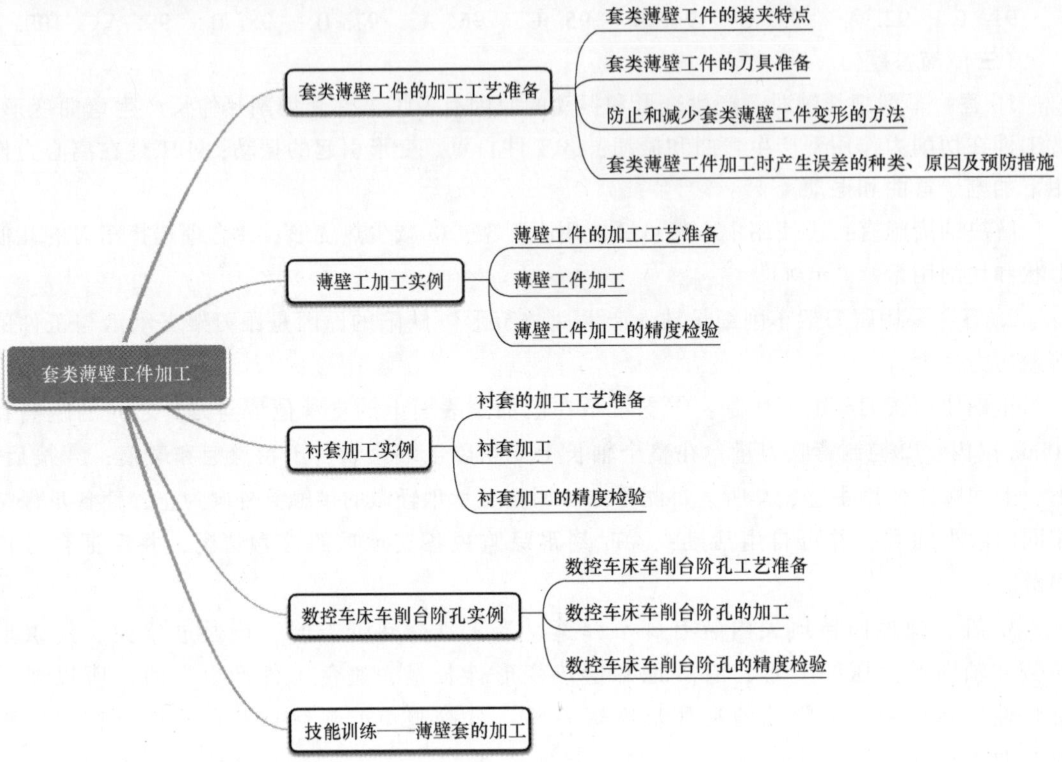

图6-4　考核范围

二、考核要点详解（表6-4）

表6-4　考核要点

序号	考核要点
1	套类薄壁工件的装夹特点
2	防止和减少套类薄壁工件变形的方法
3	套类薄壁工件加工时产生误差的种类、原因及预防措施
4	数控车床车削台阶孔的编程

三、练习题

（一）判断题（对的画“√”，错的画“×”）

1. 对于线胀系数较大的金属薄壁工件，在半精车和精车的一次装夹中连续车削，所产生的切削热不会影响它的尺寸精度。（　）

2. 使用扇形软卡爪装夹车削薄壁工件时，扇形软卡爪的圆弧应与工件外圆基本一致或略小于工件外圆。（　）

3. 精车直径较大、尺寸精度和几何精度要求较高的圆盘薄壁工件的内孔及外圆时，可装夹在花盘上车削。（　）

4. 使用辅助支承或增加工艺肋车削薄壁工件的目的是改善工件的装夹刚性。（　）

5. 车削短小薄壁工件时，为了保证内、外圆轴线的同轴度，可用一次装夹车削。（　）

6. 使用开缝套筒装夹薄壁工件的目的是增加装夹接触面积，使夹紧力均匀分布。（　）

7. 车削薄壁工件时，最好应用径向夹紧的方法。（　）

8. 车削薄壁工件的主要问题是工件变形，而产生变形的主要原因是由于切削力和夹紧力的因素所造成。（　）

9. 粗车薄壁工件时应尽可能地把工件余量去除，要求车刀锋利。（　）

10. 粗、精车薄壁工件时夹紧些。（　）

11. FANUC 0iT 系统的 G 代码 A 类中，G70 是精车复合循环指令。（　）

12. FANUC 0iT 系统的 G 代码 A 类中，纵向粗车复合循环加工指令是 G73。（　）

13. FANUC 0iT 系统的 G 代码 A 类中，端面粗车复合循环加工指令是 G72。（　）

14. FANUC 0iT 系统的 G 代码 A 类中，仿形粗车复合循环加工指令是 G71。（　）

15. FANUC 0iT 系统的 G 代码 A 类中，G71 指令比较适合粗加工。（　）

16. FANUC 0iT 系统复合循环编程时，切削轨迹 ns~nf 程序段中的 F、S、T 在执行 G70 指令时才有效。（　）

17. 直径编程精车内孔后测量为 ϕ30. 1mm，现把刀具原 X 轴几何偏移量减 0. 5mm，磨耗偏移量加 0. 5mm 后再精车，则内孔理论尺寸为 ϕ29. 1mm。（　）

18. 数控车床的刀尖圆弧，在加工倒角时不产生加工误差。（　）

19. 斜床身后置刀架数控车床，刀位点位于刀尖圆弧的右下角时，则刀位点方位编号［假想刀尖号］为 4。（　）

20. 斜床身后置刀架数控车床向$+Z$ 方向车削外圆轮廓，当刀尖圆弧半径为负值时，建立刀尖圆弧半径补偿的指令是 G41。（　）

21. 在执行 G41 指令或 G42 指令过程中，不能有效建立刀尖圆弧半径补偿的原因不可能是假想刀尖方位编号为 0。（　）

22. 取消刀尖圆弧半径补偿的指令是 G49。（　）

23. 数控车刀微量磨损后，主要修改刀尖半径补偿的参数。（　）

（二）选择题（将正确答案的序号填入括号内）

1. 车削薄壁工件时，应设法（　）装夹接触面积。

A. 减小　B. 增加　C. 避免出现　D. 都可以

2. 车削薄壁工件时，（　）轴向夹紧的方法。

A. 不能使用　B. 最好应用　C. 避免应用　D. 都可以

3. 设计薄壁工件夹具时，夹紧力的方向应是（　）夹紧。

A. 径向　B. 轴向　C. 径向和轴向同时　D. 切向

4. 车薄壁工件时，为防止变形，车刀要（　）。

A. 磨得锋利　B. 磨出较大的刀尖圆弧半径

C. 后角较大　D. 提高刀杆强度

5. 为了减小热变形，车削薄壁工件时，要加注充分的（　　）。

A. 柴油　　B. 润滑油　　C. 切削液　　D. 水

6. 精车薄壁工件时，刀柄的刚度要求高，刀具的修光刃不宜过长，一般取（　　）mm。

A. 0.1~0.2　　B. 0.2~0.3　　C. 0.3~0.4　　D. 0.2~0.5

7. 车削薄壁工件时，为了减少工件的变形，可以采用的方法有（　　）。

A. 增加背吃刀量　　B. 加注切削液　　C. 增加切削速度　　D. 增大进给量

8. FANUC 0iT 系统的 G 代码 A 类中，一般在 G71、G72、G73 指令粗车后，用（　　）指令完成精加工。

A. G70　　B. G71　　C. G72　　D. G73

9. FANUC 0iT 系统的 G 代码 A 类中，在执行（　　）循环指令时，刀尖圆弧半径补偿有效。

A. G70　　B. G71　　C. G72　　D. G73

10. FANUC 0iT 系统的 G 代码 A 类中，下列关于精车循环 G70 指令的程序段格式正确的是（　　）。

A. G70 P1 Q2;　　B. G70 P=N1 Q=N2;

C. G70 P1. Q2.;　　D. G70 PN1 QN2;

11. FANUC 0iT 系统的 G 代码 A 类中，G71 是（　　）指令。

A. 精车复合循环　　B. 纵向粗车复合循环

C. 端面粗车复合循环　　D. 仿形粗车复合循环

12. FANUC 0iT 系统的 G 代码 A 类中，纵向粗车循环 G71 U2. R1.；程序段中的 U2. 表示（　　）。

A. *X* 向精加工余量 2mm　　B. 背吃刀量 2mm

C. 退刀量 2mm　　D. 加工次数 2 次

13. FANUC 0iT 系统，纵向粗车循环 G71 指令用于内孔粗车时，应该把循环指令中的（　　）参数设置为负值。

A. 背吃刀量　　B. *X* 向精加工余量

C. *Z* 向精加工余量　　D. 退刀量

14. FANUC 0iT 系统的 G 代码 A 类中，G72 指令是（　　）指令。

A. 精车复合循环　　B. 纵向粗车复合循环

C. 端面粗车复合循环　　D. 仿形粗车复合循环

15. FANUC 0iT 系统的 G 代码 A 类中，端面粗车循环“G72 W2. R2.;”程序段中的 R2. 表示（　　）2mm。

A. *Z* 向精加工余量　　B. 背吃刀量

C. 退刀量　　D. 半径

16. FANUC 0iT 系统的 G 代码 A 类中，下列关于端面粗车循环 G72 指令的程序段格式正确的是（　　）。

A. G72 P1. Q2. U1. W0;　　B. G72 P1 U1. W0;

C. G72 P1 Q2 U1. W0;　　D. G72 Q2 U1. W0;

17. FANUC 0iT 系统的 G 代码 A 类中，G73 指令是（　　）指令。

A. 精车复合循环　　B. 纵向粗车复合循环
C. 端面粗车复合循环　　D. 仿形粗车复合循环

18. FANUC 0iT 系统的 G 代码 A 类中，仿形粗车循环“G73 U15.0 W0 R10;”程序段中 R10 表示（　　）。

A. 半径为 10mm　B. 退刀量　C. 背吃刀量　D. 粗加工次数

19. FANUC 0iT 系统的 G 代码 A 类中，下列关于仿形粗车循环 G73 指令的程序段格式正确的是（　　）。

A. G73 U15. W0 R-10;　　B. G73 U15. W0 R-10. ;
C. G73 U15. W0 R10. ;　　D. G73 U15. W0 R10;

20. FANUC 0iT 系统的 G 代码 A 类中，G72 指令比较适合（　）的粗加工。

A. 轴类工件内外轮廓　　B. 盘类工件或凹槽轮廓
C. 锻件或初步成形工件　　D. 切槽或深孔钻削

21. FANUC 0iT 系统的 G 代码 A 类中，G73 指令比较适合（　　）的粗加工。

A. 轴类工件内外轮廓　　B. 盘类工件或凹槽轮廓
C. 锻件或初步成形工件　　D. 切槽或深孔钻削

22. 直径编程精车外圆后测量为 ϕ30.1mm，现把刀具原 X 轴几何偏移量减 0.5mm 后再精车，则外圆理论尺寸为（　　）。

A. ϕ30.6mm　B. ϕ30.35mm　C. ϕ29.85mm　D. ϕ29.6mm

23. 直径编程精车内孔后测量为 ϕ30.1mm，现把刀具原 X 轴几何偏移量加 0.5mm 后再精车，则内孔理论尺寸为（　　）。

A. ϕ30.6mm　B. ϕ30.35mm　C. ϕ29.85mm　D. ϕ29.6mm

24. 直径编程精车外圆后测量为 ϕ30.1mm，现把刀具原 X 轴几何、磨耗偏移量都减 0.5mm 后再精车，则外圆理论尺寸为（　　）。

A. ϕ31.1mm　B. ϕ30.6mm　C. ϕ29.6mm　D. ϕ29.1mm

25. 数控车床刀尖圆弧，在加工圆锥时，（　　）不会产生误差。

A. 圆锥角　B. 圆锥长度　C. 圆锥起点直径　D. 圆锥终点直径

26. 数控车床刀尖圆弧，在加工圆锥和圆弧时产生加工误差的主要原因是刀具的刀位点（　　）。

A. 没有设定在刀具上　　B. 没有设定在刀尖圆弧中心
C. 与实际切削点不一致　　D. 方位太多

27. 数控车床刀尖圆弧，在加工（　　）时产生加工误差。

A. 端面　B. 外圆柱　C. 内圆柱　D. 圆弧或圆锥

28. 斜床身后置刀架数控车床，刀位点位于刀尖圆弧的圆心时，则刀位点方位编号［假想刀尖号］为（　　）。

A. 0　B. 2　C. 3　D. 4

29. 斜床身后置刀架数控车床，刀位点位于刀尖圆弧的左上角时，则刀位点方位编号［假想刀尖号］为（　　）。

A. 0　B. 2　C. 3　D. 4

30. 斜床身后置刀架数控车床，刀位点位于刀尖圆弧的左下角时，则刀位点方位编号

［假想刀尖号］为（　　）。

A. 0　　B. 2　　C. 3　　D. 4

31. 斜床身后置刀架数控车床向-Z 方向车削外圆轮廓，当刀尖圆弧半径为正值时，建立刀尖圆弧半径补偿的指令是（　　）。

A. G41　　B. G42　　C. G43　　D. G44

32. 斜床身后置刀架数控车床向-Z 方向车削外圆轮廓，当刀尖圆弧半径为负值时，建立刀尖圆弧半径补偿的指令是（　　）。

A. G41　　B. G42　　C. G43　　D. G44

33. 斜床身后置刀架数控车床向+Z 方向车削外圆轮廓，当刀尖圆弧半径为正值时，建立刀尖圆弧半径补偿的指令是（　）。

A. G41　　B. G42　　C. G43　　D. G44

34. 在使用 G41 指令或 G42 指令建立刀尖圆弧半径补偿的过程时，只能用（　　）运动指令。

A. G00 或 G01　　B. G00 或 G02　　C. G01 或 G02　　D. G02 或 G03

35. 下列建立刀尖圆弧半径补偿的程序段中，格式正确的是（　）。

A. G41 G1 U-30. F0. 1;　　B. G41 G2 X30. R5. F0. 1;

C. G41 G3 X30. R5. F0. 1;　　D. G41 G4 X30. F0. 1;

36. 下列建立刀尖圆弧半径补偿的程序段中，格式正确的是（　　）。

A. G41 G0 U0 F0. 1;　　B. G41 G0 W0 F0. 1;

C. G41 G0 U0 W0 F0. 1;　　D. G41 G0 U5. W5. F0. 1;

37. 除用 G40 指令取消刀尖圆弧半径补偿外，当执行了（　　）指令后刀尖圆弧半径补偿也被取消。

A. M01　　B. M02　　C. M03　　D. M05

38. 下列选项中，除（　　）指令外，其余指令或功能执行后刀尖圆弧半径补偿被取消。

A. M01　　B. M02　　C. M30　　D. 复位

39. 在 MDI 方式中，输入并执行“G41 G01 X100. F0. 1;”时，执行情况为（　　）。

A. 建立左补偿　　B. 建立右补偿　　C. 不执行刀尖补偿　　D. 报警

40. FANUC 0iT 系统的 G 代码 A 类中，在执行（　　）循环指令时，不能使用刀尖圆弧补偿功能。

A. G73　　B. G70　　C. G94　　D. G90

41. FANUC 0iT 系统，一般在（　　）时，才考虑使用刀尖圆弧补偿功能。

A. 车圆锥圆弧　　B. 车削螺纹　　C. 钻孔　　D. 切槽

42. 编程时使用刀具补偿可以（　　），这是错误的。

A. 减少计算量　　B. 简化数控程序

C. 便于修正控制尺寸精度　　D. 便于测量

（三）简答题

1. 影响薄壁类工件加工质量的因素有哪些？

2. 防止和减小薄壁类工件变形的方法有哪些？

3. 精车薄壁类工件时，对车刀有什么要求？

4. 车削薄壁类工件时，可以采用哪些装夹方法？

四、参考答案及解析

（一）判断题

1. × 2. × 3. √ 4. √ 5. √ 6. √ 7. × 8. √ 9× 10. ×
11. √ 12. √ 13. √ 14. √ 15. √ 16. √ 17. √ 18. √ 19. √ 20. √
21. √ 22. √ 23. √

（二）选择题

1. B 2. B 3. B 4. A 5. C 6. B 7. B 8. A 9. A 10. A
11. B 12. B 13. B 14. C 15. C 16. C 17. D 18. D 19. D 20. B
21. C 22. D 23. A 24. D 25. A 26. C 27. D 28. A 29. B 30. C
31. B 32. A 33. A 34. A 35. A 36. D 37. B 38. A 39. C 40. A
41. B 42. D

（三）简答题

1. 答：影响薄壁类工件加工质量的因素有：①夹紧力使工件变形，影响尺寸精度和形状精度；②切削热引起工件变形，影响尺寸精度；③切削力使工件产生振动和变形，影响工件的尺寸精度、形状精度和表面粗糙度；④残留内应力使工件变形，影响尺寸精度和形状精度。

2. 答：防止和减小薄壁类工件变形的方法有：①加工时分粗、精车，粗车时夹紧些，精车时夹松些；②合理选择刀具的几何参数，并增强刀柄的刚度；③使用开缝套筒或特制软卡爪，增加装夹接触面积；④应用轴向夹紧方法和夹具；⑤增加工艺凸边和工艺肋，提高工件自身的刚性；⑥加注切削液，进行充分冷却。

3. 答：精车薄壁类工件时，刀柄的刚性要好，刀具的修光刃不宜过长，一般取0.2～0.3mm，刀具刃口要锋利。对刀具的角度要求如下：

外圆车刀 $\kappa_r=90°\sim93°$、$\kappa_r'=15°$、$\alpha_o=14°\sim16°$、$\alpha_o'=15°$、γ_o 应适当增大。

内孔车刀 $\kappa_r=60°$、$\kappa_r'=30°$、$\gamma_o=35°$、$\alpha_o=14°\sim16°$、$\alpha_o'=6°\sim8°$、$\lambda_s=5°\sim6°$。

4. 答：车削薄壁类工件时，视工件特点可采用的装夹方法有：①一次装夹工件；②用扇形卡爪及弹性胀力心轴装夹工件；③用花盘装夹工件；④用专用夹具装夹工件；⑤增加辅助支承装夹工件；⑥用增设的工艺凸边装夹工件等方法。

理论知识模块5　偏心工件、曲轴及畸形工件加工

一、考核范围（图6-5）

二、考核要点详解（表6-5）

表6-5　考核要点

序号	考核要点
1	偏心工作的车削方法

（续）

序号	考核要点
2	偏心距的检测方法
3	畸形零件的加工方法
4	防止畸形工件变形的方法
5	偏心垫片的厚度计算

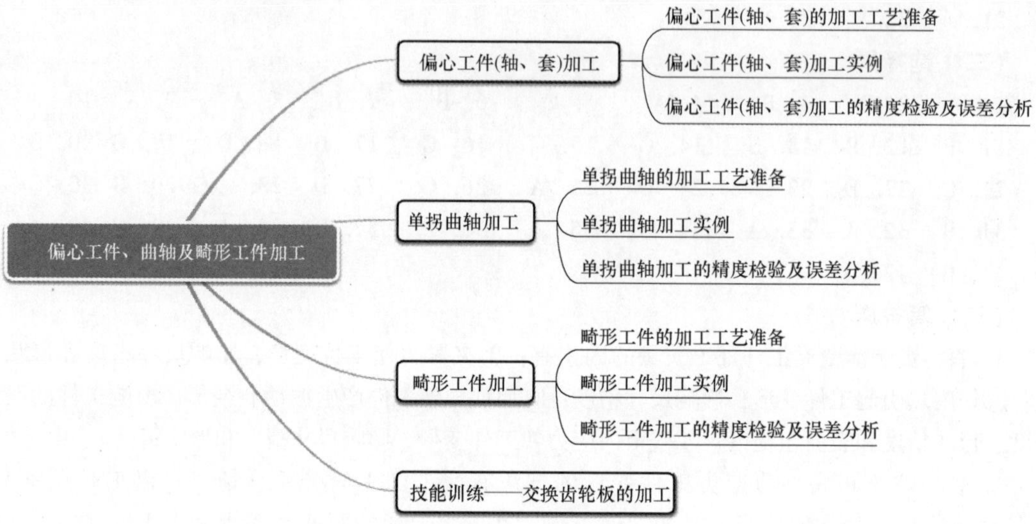

图 6-5　考核范围

三、练习题

（一）判断题（对的画“√”，错的画“×”）

1. 工件的内孔和外圆的轴线不在同一轴线上，平行而不重合的工件，叫作偏心工件，又称偏心套。（　）

2. 偏心工件两条中心线之间的垂直距离称为“偏心距”。（　）

3. 用自定心卡盘装夹车削偏心工件时，若测得偏心距小了 0.1mm，则应将垫片再加厚 0.1mm。（　）

4. 在自定心卡盘上车削偏心工件时，应选用硬度较低的材料作为垫片。（　）

5. 用两顶尖装夹车削偏心工件时，不需要用很多的时间来找正偏心。（　）

6. 偏心距较小的偏心轴，在钻偏心圆中心孔时若与基准圆中心孔相互干涉，就不能采用两顶尖装夹的方法加工此偏心轴了。（　）

7. 使用双重卡盘车削偏心工件时，在找正偏心距的同时，还需找正自定心卡盘的端面。（　）

8. 用偏心卡盘装夹车削偏心工件时，偏心卡盘的偏心距可用量块或指示表测得。（　）

9. 用偏心套作为夹具能加工偏心轴。（　）

10. 用偏心轴作为夹具不能加工偏心套。（　）

11. 用游标卡尺测量偏心套的最厚孔壁与最薄孔壁，游标卡尺的读数差即等于偏心距。（　）

12. 用百分表测量装夹在两顶尖间的偏心轴时，偏心轴转动一周后，百分表上指示出的最大值和最小值之差的一半即为偏心距。（　）

13. 对于偏心距较大、长度较长的偏心工件，可以在车床上用百分表与中滑板刻度配合测量偏心距。（　）

14. 单拐曲轴的曲柄颈轴线与主轴颈轴线在同一平面内平行，并偏离一定距离，所以说单拐曲轴相似于偏心轴。（　）

15. 车削偏心距较大的单拐曲轴时，为了防止变形，应在曲柄颈空当处支撑螺杆。（　）

16. 装夹在花盘上加工工件时，花盘盘面应平整，并与主轴轴线垂直，表面粗糙度值 Ra 不大于 1.6μm。（　）

17. 使花盘盘面与主轴轴线垂直的最好方法是：选用耐磨性较好的车刀，紧固床鞍对花盘面精车一刀。（　）

18. 花盘盘面的平面度误差一般应小于 0.02mm，并允许中间凸。（　）

19. 被加工表面的旋转轴线与定位基准面平行、外形比较复杂的工件，可以装夹在花盘上加工。（　）

20. 工件在花盘上装夹的定位基准面，一般在铣（或刨）之后还要进行磨削或精刮。（　）

21. 两个平面相交的角度大于或小于 90°的角铁，叫作角度角铁。（　）

22. 角铁的两个平面不必精刮。（　）

23. 角铁装上花盘面后，它的一个平面应与车床主轴轴线平行，保证工件的装夹精度。（　）

24. 平衡块不讲究形状和精度，只要在装上花盘后能使工件在转动时平衡就可以了。（　）

25. 被加工表面的旋转轴线与基面相互平行（或相交）、外形不规则的工件，可装夹在花盘的角铁上加工。（　）

26. 对于偏心距大的单拐曲轴，为了增加工件刚性，在车削过程中可使用支撑螺杆支撑在曲柄颈对面空当处。（　）

27. 畸形工件不能用自定心卡盘直接装夹加工，一般须用机床附件或装夹在专用夹具上加工。（　）

28. 尽可能选用使工件稳定可靠的表面作为定位基准，以防止工件在装夹时产生变形。（　）

（二）选择题（将正确答案的序号填入括号内）

1. 在单动卡盘上，用百分表（量杆量程为 10mm）找正偏心时，一般只能找正偏心距在（　）mm 以内的偏心工件。

A. 5　　B. 10　　C. 1　　D. 20

2. 在自定心卡盘上车削偏心工件时，用近似公式计算垫片厚度，先不考虑修正值，计算垫片厚度为（　）偏心距。

A. 0.5 倍　　B. 1 倍　　C. 1.5 倍　　D. 2 倍

3. 在自定心卡盘上车削偏心套，试切削后，测得偏心距大了 0.06mm，则应（　　）。

A. 将垫片厚度减薄 0.06mm　　B. 将垫片厚度减薄 0.09mm

C. 将垫片厚度加厚 0.09mm　　D. 将垫有垫片的卡爪再夹紧一些

4. 用自定心卡盘装夹车削偏心工件时，应选用硬度较高的材料作垫片，目的是防止（　　）。

A. 装夹时发生变形　　B. 夹不紧工件　　C. 夹伤工件表面　　D. 夹伤卡盘

5. 当车削长度较短、偏心距较小并且要求不高的偏心工件，而加工批量较大时，为减少找正偏心的时间，宜采用在（　　）装夹加工。

A. 单动卡盘上　　B. 双重卡盘上　　C. 两顶尖间　　D. 自定心卡盘上

6. 当车削一批长度较短而偏心距（$e = 30$mm）较大的偏心套时，一般可装夹在（　　）上车削偏心孔。

A. 单动卡盘　　B. 双重卡盘　　C. 花盘　　D. 自定心卡盘

7. 用丝杠把偏心卡盘上的两测量头调整到相接触后，偏心卡盘的偏心距为（　　）。

A. 最大值　　B. 中间值　　C. 0　　D. 200mm

8. 用游标卡尺测量偏心轴的偏心距时，偏心距即等于两外圆间最大和最小距离（游标卡尺读数）（　　）。

A. 差值　　B. 差值的一半　　C. 差值的一倍　　D. 差值的两倍

9. 在两顶尖间测量偏心距时，百分表上指示出的最大值与最小值（　　）就等于偏心距。

A. 之差　　B. 之和　　C. 差的一半　　D. 差值的两倍

10. 在车床上用指示表和中滑板刻度配合测量一偏心距为 8mm 的曲轴的偏心距误差，最高点测好后，把曲柄颈转 180°后，将中滑板依照刻度应朝里摇进（　　）mm。

A. 4　　B. 8　　C. 12　　D. 16

11. 在车床的花盘上装夹加工工件时，花盘面对主轴轴线的轴向全跳动误差应小于（　　）mm。

A. 0.02　　B. 0.05　　C. 0.08　　D. 0.10

12. 在车床的花盘上加工双孔工件（如双孔连杆）时，主要解决的问题应是两孔的（　　）公差。

A. 尺寸　　B. 形状　　C. 位置　　D. 中心距

13. 车床花盘上用于找正两孔中心距的专用心轴和定位圆柱之间的距离的尺寸公差一般应（　　）工件中心距公差。

A. 大于　　B. 等于　　C. 取 1/3~1/2

14. 在直角形角铁上找正加工孔的中心位置时，（　　）找正工件上的侧基准线，否则工件会歪斜。

A. 还应　　B. 不必再　　C. 不应　　D. 没有关系

15. 偏心距是偏心工件两中心线之间的（　　）。

A. 距离　　B. 夹角　　C. 跳动　　D. 位置精度

16. 若偏心距是 2mm，找另一中心时，百分表的读数差应是（　　）mm。

A. 2　　B. 4　　C. 1　　D. 8

17. 在单动卡盘上，可以装夹（　　）的偏心工件。

A. 长度较短　　B. 长度较长　　C. 长度无要求　　D. 批量大

18. 若工件长度较长，并且偏心轴中心孔与工件基圆中心孔互不干涉，可用（　　）装夹进行加工。

A. 单动卡盘　　B. 自定心卡盘　　C. 偏心卡盘　　D. 两顶尖

19. 在找正偏心中心与基准中心平行时，应考虑到工件外圆（　　）的误差。

A. 尺寸精度　　B. 锥度　　C. 同轴度　　D. 位置精度

20. 采用自定心卡盘装夹偏心件时，所需垫块厚度 X 的计算公式是（　　）。

A. $X=2e$　　B. $X=1.5e$　　C. $X=1.5e\pm k$　　D. $X=e\pm k$

21. 车削偏心距 $e=5$mm 的工件，可用近似公式（　　）计算垫块厚度。

A. $X=8\pm k$　　B. $X=7.5\pm k$　　C. $X=7\pm k$　　D. $X=5\pm k$

22. 车削偏心距 $e=$(　　) mm 的工件，可用近似公式计算出垫块厚度 $X=4.5$mm。

A. 6　　B. 3　　C. 4　　D. 2

23. 测量偏心距时，可将工件放在（　　）间用百分表测量。

A. 两顶尖　　B. 偏心套　　C. 游标卡尺　　D. 平板

24. 用百分表在两顶尖间测量偏心距，工件转一圈后，百分表读数差的（　　）为实际偏心距。

A. 两倍　　B. 一半　　C. 数值　　D. 一倍

25. 被测工件偏心距较大时，可把工件放在（　　）上，用百分表测量。

A. 工作台　　B. 两顶尖　　C. 平板　　D. V 形铁

26. 一般单拐曲轴，曲柄颈轴线对主轴颈轴线都有（　　）要求，并保持要求的偏心距公差。

A. 圆柱度　　B. 垂直度　　C. 平行度　　D. 平面度

27. 粗车连杆轴颈时，由于车削余量不均匀，可将直槽刀头部磨成圆弧形，以增强切削部分的（　　）。

A. 强度　　B. 硬度　　C. 塑性　　D. 表面粗糙度

28. 花盘平面必须与主轴轴线垂直，盘面应平整，表面粗糙度值 Ra 不大于（　　）μm。

A. 0.8　　B. 1.6　　C. 3.2　　D. 6.4

（三）简答题

1. 什么是偏心工件？何谓偏心轴？何谓偏心套？
2. 试述偏心轴的划线方法。
3. 偏心工件的车削方法有哪几种？各适用于什么情况？
4. 在单动卡盘上，如何按划线找正偏心圆？
5. 在两顶尖间如何测量偏心距？
6. 在 V 形架上如何测量偏心距？

（四）计算题

1. 车削偏心距 e 为 2mm 的工件时，在自定心卡盘的卡爪中应垫入多厚的垫片进行试切削？试车后测得偏心距为 2.05mm 时，试计算正确的垫片厚度。

2. 在自定心卡盘上用厚度为4.5mm的垫片车削偏心距为3mm的偏心工件，试切后，实测偏心距为2.92mm，应如何调整垫片的厚度才能达到要求的偏心距离？

3. 某箱盖上有两个直径要求为$\phi35h7$的孔，中心距要求为（100±0.043）mm，其中一孔和端面已加工完毕，欲在车床花盘上加工另一个孔。已做好的专用心轴的直径为$\phi34.986$mm，定位圆柱的直径为$\phi34.995$mm，试问：专用心轴和定位圆柱外侧之间的距离应调到多少？其公差应取多少？

4. 按图6-6所示测量工件上两孔轴线的平行度误差。已知孔长L_1为30mm，指示表的测量距L_2为80mm，工件竖置时，将M_1处表的指针校为零，测得M_2处为+0.03mm；工件水平放置时，将M_1'处表的指针校为零，测得M_2'处为-0.025mm。问：两孔轴线的平行度误差f为多少？

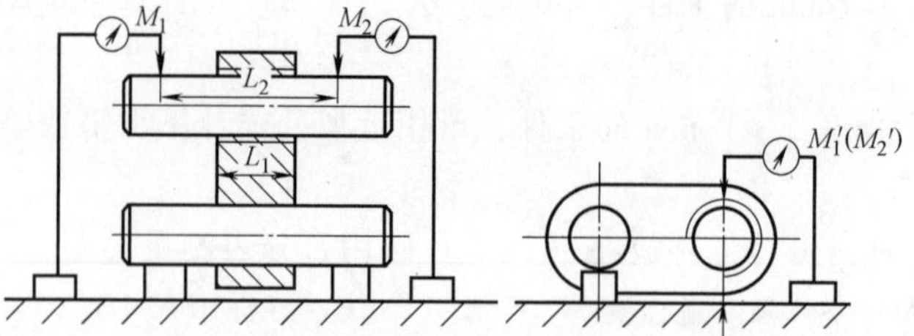

图6-6　平行度误差测量

四、参考答案及解析

（一）判断题

1. √　2. ×　3. ×　4. ×　5. √　6. ×　7. √　8. √　9. √　10. ×
11. ×　12. √　13. √　14. √　15. √　16. √　17. √　18. ×　19. ×　20. √
21. √　22. ×　23. √　24. √　25. √　26. √　27. √　28. √

（二）选择题

1. A　2. C　3. B　4. A　5. B　6. C　7. C　8. B　9. C　10. D
11. A　12. D　13. C　14. A　15. A　16. B　17. A　18. D　19. B　20. C
21. B　22. B　23. A　24. B　25. D　26. C　27. A　28. B

（三）简答题

1. 答：轴线平行而不重合的轴、套类工件称为偏心工件。外圆和外圆偏心的工件称为偏心轴。外圆和内孔偏心的工件称为偏心套。

2. 答：偏心轴的划线方法如下：

1）把工件车成一光轴，在轴的两端面和四周涂色，干燥后放在平板上的V形铁上。

2）用游标高度划线尺测出光轴最高点，记录尺寸，再把划线尺游标下移一个工件半径尺寸，在工件两端面和轴向划出轴线。然后将工件转180°，再在端面上试划线，若两条线重合，说明所划的线在中心位置；若不重合，将游标移到两条线的中间位置重划，直至两次划线重合。

3）把工件转90°，用直角尺对齐已划好的轴线，用原来调整好的高度划线尺再划一周轴线。

4）把高度划线尺游标移动一个偏心距，在工件上划出偏心轴线。

5）在工件两端偏心距中心打样冲眼，根据加工需要画偏心圆，并在圆周上打样冲眼。

3. 答：偏心工件的车削方法及适合情况有以下 6 种：①在单动卡盘上车削适用于数量较少，长度较短，不便用两顶尖装夹的工件；②在自定心卡盘上用垫片车削适用于长度较短的偏心工件；③在两顶尖间车削适用于两端能钻中心孔，并有鸡心夹头装夹位置的所有偏心工件；④在双重卡盘上车削适用于加工批量较大的偏心工件；⑤在偏心卡盘上车削能获得很高的偏心距精度，通用性强；⑥在专用夹具上车削适用于数量较多的单一偏心工件。

4. 答：在单动卡盘上，按划线找正偏心圆的方法如下：①按已划好的偏心圆圆心为中心，根据工件外圆调节卡爪，使一对卡爪呈不对称布置；②垫上钢皮夹紧工件，将尾座顶尖移近工件；③调整卡爪，使顶尖对准偏心圆中心；④用划线盘找正工件端面上的偏心圆；⑤将划线盘划针头调至偏心圆中心高，移动床鞍，找正偏心圆轴侧素线，使偏心圆轴线与工件轴线平行；⑥用上述方法，反复几次把偏心圆找正。

5. 答：当偏心距小于指示表的量程范围时，把工件装夹在两顶尖间，用指示表测头接触在偏心圆上，转动偏心轴，指示表上指示出的最大值与最小值之差的一半即为偏心距。

当偏心距超过指示表量程范围时，先用指示表找出偏心圆的最低点，把可调量块调到同一水平高度上，转动偏心轴，找出偏心圆的最高点，在可调量块上加量块，使其高度与偏心圆最高点等高，加放量块高度的一半即为偏心距值。

6. 答：当偏心距小于指示表量程时，将工件放在 V 形架上，表头接触在偏心圆上，转动工件，指示表读数的最大值与最小值之差的一半即为工件的偏心距。当偏心距超过指示表量程时，用指示表找出偏心圆的最高点，把工件固定，把可调整量块调到同等高度，再在可调整量块上加放量块，使其与基准圆最高点等高。量出基准圆和偏心圆的直径，用公式 $e=\frac{D-d}{2}-a$ 计算出偏心距。

（四）计算题

1. 解　已知 $e=2\text{mm}$，$e'=2.05\text{mm}$

$x_{试}=1.5e=1.5\times 2\text{mm}=3\text{mm}$

$\Delta e=e'-e=2.05\text{mm}-2\text{mm}=0.05\text{mm}$

$k=1.5\Delta e=1.5\times0.05\text{mm}=0.075\text{mm}$

$x=x_{试}-k=3\text{mm}-0.075\text{mm}=2.925\text{mm}$

答：应垫 3mm 的垫片进行试切削，正确垫片厚度为 2.925mm。

2. 解　已知 $x_{试}=4.4\text{mm}$，$e'=3\text{mm}$，$e=2.92\text{mm}$

$\Delta e=e'-e=3\text{mm}-2.92\text{mm}=0.08\text{mm}$

$k=1.5\Delta e=1.5\times0.08\text{mm}=0.12\text{mm}$

因为偏心距小于要求值，所以垫片应加厚，即：$x=x_{试}+k=4.5\text{mm}+0.12\text{mm}=4.62\text{mm}$

答：正确的垫片厚度应为 4.62mm，所以在原垫片的基础上再加厚 0.12mm。

3. 解　已知 $L=(100\pm0.043)\text{mm}$，$D=34.986\text{mm}$，$d=34.995\text{mm}$

$$M=L+\frac{D+d}{2}=100\text{mm}+\frac{34.986\text{mm}+34.995\text{mm}}{2}=134.991\text{mm}$$

根据 M 的公差一般为中心距 L 公差 1/3～1/2 的原则，取 M 的公差为±0.015mm。

答：专用心轴和定位圆柱外侧的距离应调整到（134.991 ± 0.015）mm 范围内。

4. 解　已知 L_1 = 30mm，L_2 = 80mm，M_1 = 0mm，M_2 = + 0.03mm，M'_1 = 0mm，M'_2 = −0.025mm

$$f_1=\frac{L_1}{L_2}|M_1-M_2|=\frac{30\text{mm}}{80\text{mm}}|0-0.03\text{mm}|=0.011\text{mm}$$

$$f_2=\frac{L_1}{L_2}|M'_1-M'_2|=\frac{30\text{mm}}{80\text{mm}}|0-(-0.025\text{mm})|=0.0094\text{mm}$$

取两次测得的最大值，故 $f=f_1=0.011$mm

答：两孔轴线的平行度误差为 0.011mm。

理论知识模块 6　螺纹加工

一、考核范围（图 6-7）

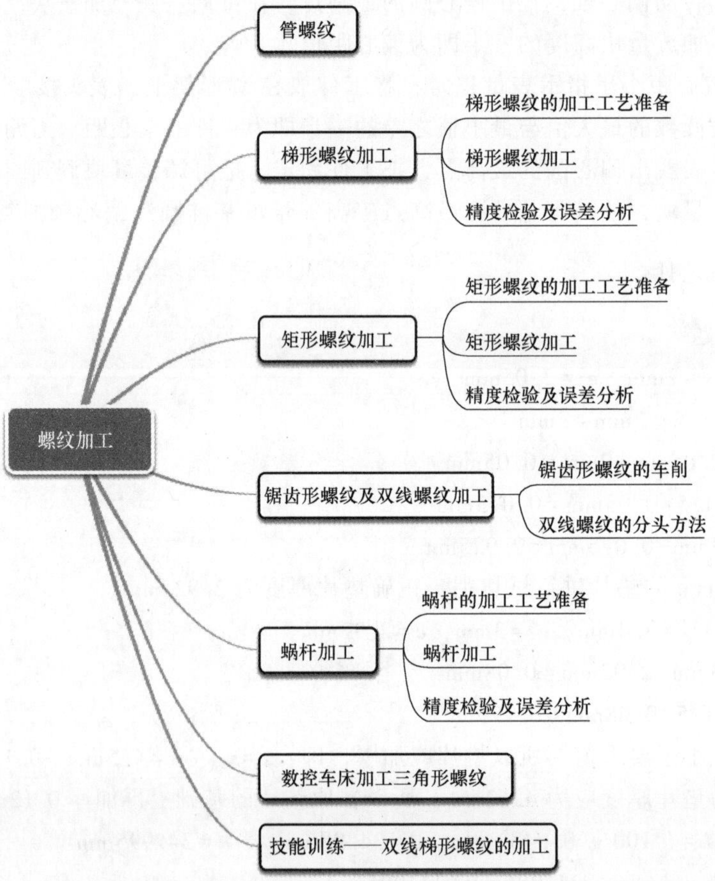

图 6-7　考核范围

二、考核要点详解（表 6-6）

表 6-6 考核要点

序号	考核要点
1	管螺纹分类、标记
2	梯形螺纹螺纹升角对车刀角度的影响
3	梯形螺纹各部分尺寸计算、加工刀具、车削及测量方法
4	矩形螺纹各部分尺寸计算、加工刀具、车削及测量方法
5	锯齿形螺纹各部分尺寸计算、车削方法
6	双线螺纹的分头方法
7	蜗杆各部分尺寸计算、加工刀具、车削及测量方法
8	数控车床加工三角形螺纹编程方法

三、练习题

（一）判断题（对的画“√”，错的画“×”）

1. 管螺纹的尺寸代号是指管子外径的公称直径。（ ）

2. 55°密封管螺纹有 1：20 的锥度。（ ）

3. 55°密封管螺纹的大径、中径及小径是指基准平面内的基本直径。（ ）

4. 55°密封管螺纹特征代号 Rc 表示圆锥内螺纹。（ ）

5. 55°非密封管螺纹标记由螺纹特征代号、尺寸代号和公差等级代号组成。（ ）

6. 螺纹特征代号 G 表示 55°非密封管螺纹。（ ）

7. 60°密封管螺纹、圆锥螺纹的特征代号为 NPSC。（ ）

8. 在 60°密封管螺纹的尺寸代号后面加注“LH”，表示该螺纹为右旋螺纹。（ ）

9. 米制密封螺纹的牙型角为 55°。（ ）

10. 米制密封螺纹的完整标记由螺纹特征代号、尺寸代号和基准距离组别代号组成。（ ）

11. 公称直径为 ϕ42mm、螺距为 2mm、短型基准距离、右旋的米制圆柱内螺纹的标记为 Mp42×2-S。（ ）

12. 车削螺纹时，受螺纹升角的影响，使车削时刀具的前角和后角发生变化。（ ）

13. 梯形螺纹的公称尺寸是指外螺纹的螺纹大径。（ ）

14. 内、外梯形螺纹的配合是以螺纹的公称直径尺寸定心的。（ ）

15. Tr30×6-8e 与 Tr50×6-8e 的螺纹升角是相同的。（ ）

16. 用高速钢梯形螺纹粗车刀车梯形螺纹（钢料）时，车刀的背前角必须取 $P=0°$。（ ）

17. 一般车削要求不高的梯形螺纹时，为能车出表面粗糙度值较低的齿面，取具有较大背前角的螺纹车刀，这时应修正刀尖角来补偿牙型角误差。（ ）

18. 车刀前面沿两侧切削刃磨有 $R2 \sim R3$mm 的分屑槽，并磨有较大的前角（$\gamma_o = 15° \sim 20°$）的高速钢梯形螺纹精车刀，其最大特点是前端横切削刃可精车螺纹底径。（ ）

19. 粗车螺距 $P<8$mm 的梯形螺纹时，常使用左右切削方法车削。（　）

20. 高速切削梯形螺纹时，为了防止切屑倾斜，排出时擦伤螺纹牙侧，不能使用左右切削的方法。（　）

21. 标注内、外梯形螺纹组合螺旋副的公差带代号时，前面是外螺纹公差带代号，后面是内螺纹公差带代号，中间用斜线分开。（　）

22. 矩形螺纹属于非标准螺纹，所以在工件图上的螺纹标记不用代号表示。（　）

23. 精车矩形螺纹时，精车刀的刀头宽度应刃磨为 $b=[0.5P-(0.02\sim0.04)]$mm。（　）

24. 车削螺距小于 4mm 的矩形螺纹时，一般不分粗、精车，用直进法以一把车刀切削完成。（　）

25. 用公法线千分尺测量矩形外螺纹牙厚时，公法线千分尺的测量值即为牙厚尺寸。（　）

26. 锯齿形螺纹不能承受较大的单向压力，通常用于起重和压力机械设备上。（　）

27. 锯齿形内螺纹的公称直径为 ϕ36mm，导程为 12mm，螺距为 6mm，右旋，标记为 B36×12（P6）LH。（　）

28. 双线螺纹是指沿两条螺旋线所形成的螺纹，该螺旋线在轴向等距（180°）分布。（　）

29. 用交换齿轮分线车双线螺纹时，交换齿轮 Z_1 齿数必须是偶数，方可分线。（　）

30. 蜗轮蜗杆常用于进行轴交错 60°的传动，即直角传动。（　）

31. 蜗杆、蜗轮的参数和尺寸都规定在正交平面内计算。（　）

32. 蜗杆、蜗轮分为米制和寸制两种。（　）

33. 米制蜗杆的压力角为 14°30′；寸制蜗杆的压力角为 20°。（　）

34. 在 CA6140 型车床上车削蜗杆时，交换齿轮应使用 64 齿、100 齿和 97 齿啮合。（　）

35. 车蜗杆时交换齿轮的计算方法与车削一般螺纹时相同。（　）

36. 使用交换齿轮车削蜗杆时，凡是计算出的复式交换齿轮，都能安装在交换齿轮架上。（　）

37. 蜗杆精车刀左右切削刃之间的夹角应小于两倍压力角。（　）

38. 刃磨米制蜗杆精车刀时，刀头宽度可用公式 $W=0.697m_x$（当 $h=2.2m_x$ 时）计算。（　）

39. 轴向直廓蜗杆的齿形在蜗杆的轴平面内为直线，法平面内为阿基米德螺旋线，因此又称为阿基米德蜗杆。（　）

40. 车削轴向直廓蜗杆装刀时，应使蜗杆车刀左右切削刃组成的平面与工件轴线重合。（　）

41. 法向直廓蜗杆的齿形在蜗杆齿部的法平面内为直线，在蜗杆轴平面内为曲线。（　）

42. 车削法向直廓蜗杆装刀时，应使蜗杆车刀左右切削刃组成的平面垂直于齿面。（　）

43. 粗车蜗杆时，为了防止三个切削刃同时参加切削而造成“扎刀”现象，一般可采用

左右切削法车削。（　　）

44. 用三针测量蜗杆时，主要是测量蜗杆的分度圆直径。（　　）

45. 用三针测量法测量梯形螺纹中径与蜗杆的分度圆直径时，合用一个量针测量和计算公式。（　　）

46. 用三针测量蜗杆时，量针直径 d_D 可用公式 $d_D = P/[2\cos(\alpha/2)]$ 计算。（　　）

47. 用游标齿厚卡尺测量蜗杆齿厚时，测得的读数是蜗杆在分度圆直径处的轴向齿厚。（　　）

48. 游标齿厚卡尺由互相垂直的齿高卡尺与齿厚卡尺组成。（　　）

49. FANUC 0iT 系统的 G 代码 A 类中，G94 指令的功能是螺纹一次固定循环。（　　）

50. 螺纹连接是利用螺纹连接件构成的不可拆卸的固定连接。（　　）

51. FANUC 0iT 系统的 G 代码 A 类中，螺纹车削指令 G32 不能车削的螺纹是端面螺纹。（　　）

52. FANUC 0iT 系统的 G 代码 A 类中，螺纹一次固定循环的指令是 G92。（　　）

53. 不管是内螺纹还是外螺纹，其剖视图或断面图上的剖面线都必须画到粗实线。（　　）

54. 数控车床不能加工变导程螺纹。（　　）

55. 相配合的内外螺纹的顶径基本尺寸相等。（　　）

56. 安装车削 55°密封管螺纹的车刀时，刀尖角对分线应与螺纹轴线垂直。（　　）

57. 螺距 1.5mm 的机夹螺纹车刀，都能用来加工螺距 2mm 的螺纹。（　　）

58. 外螺纹的大径又称为顶径，也就是螺纹的公称直径。（　　）

59. 螺距小于 2mm 的普通螺纹一般采用斜进法加工。（　　）

60. 刚性攻螺纹与传统浮动攻螺纹的丝锥是一样的。（　　）

61. 数控车床能够实现每转进给，所以能够使用刚性攻螺纹的方法。（　　）

（二）选择题（将正确答案的序号填入括号内）

1. 用三针测量法测量普通螺纹中径，其量针测量距计算公式为 $M = d_2 + (\quad) - 0.866P$。

A. d_D　　B. $2d_D$　　C. $3d_D$　　D. $4d_D$

2. 根据螺纹部分的母体形状，可分为 55°非密封管螺纹和 55°密封管螺纹。55°密封管螺纹有（　　）的锥度。

A. 1∶10　　B. 1∶16　　C. 1∶20　　D. 1∶30

3. 管螺纹的尺寸代号是指（　　）的公称直径。

A. 外螺纹大径　　B. 内、外螺纹中径　C. 内螺纹小径　　D. 管子孔径

4. 55°密封管螺纹标记如下：如尺寸代号为 3/8 的左旋圆柱内螺纹与圆锥外螺纹的配合标记为（　　）3/8-LH。

A. Rp/R1　　B. Rp/R2　　C. Rc/R1　　D. Rc/R2

5. 55°非密封管螺纹的牙型半角为（　　）。

A. 20°　　B. 20°30′　　C. 27°30′　　D. 30°

6. 螺纹标记 G1/2A-LH，表示尺寸代号为 1/2 的（　　）公差等级为 A 级的左旋非密封管螺纹。

A. 外螺纹大径　　B. 外螺纹中径　　C. 内螺纹中径　　D. 内螺纹小径

7. 55°密封管螺纹特征代号 Rp 表示（　　）螺纹。

A. 圆柱内　　B. 与圆锥内螺纹相配合的圆锥外

C. 圆锥内　　D. 与圆柱内螺纹相配合的圆锥外

8. 螺纹特征代号 NPT 表示（　　）螺纹。

A. 寸制　　B. 60°圆锥管　　C. 60°圆柱内　　D. 55°非密封管

9. 米制密封螺纹副的特征代号为（　　）。

A. MP/MC　　B. Rp/R1　　C. Rc/R2　　D. NPSC/NPT

10. 螺纹升角 ϕ 的计算公式是（　　）。

A. $\tan\phi=R_h/\pi d$　　B. $\tan\phi=R_h/\pi d_2$

C. $\tan\phi=R_h/\pi d_3$　　D. $\tan\phi=R_h/\pi d_1$

11. 米制梯形螺纹的牙型角为（　　）。

A. 29°　　B. 30°　　C. 40°　　D. 55°

12. 高速钢梯形螺纹粗车刀的背前角为（　　）。

A 正值　　B. 零度　　C. 负值　　D. 都可以

13. 用硬质合金梯形螺纹车刀车削 $P<8$mm 的梯形螺纹时，一般使用（　　）进给。

A. 左右切削法　　B. 切阶梯槽法

C. 直进法　　D. 三把车刀依次车削

14. 车削螺纹升角较大的右旋梯形螺纹时，车刀左侧静止后角 α_{fL} =（　　）（其中 ϕ 为螺纹升角）。

A. 3°~5°　　B. (3°~5°)+ϕ　　C. (3°~5°)−ϕ　　D. 5°

15. 米制梯形内螺纹小径的计算公式是：D_1 =（　　）。

A. $d-P$　　B. $d-1.05P$　　C. $d-0.5P$　　D. $d-1.0825P$

16. 梯形螺纹的综合测量应使用（　　）。

A. 螺纹千分尺　　B. 游标卡尺　　C. 游标齿厚卡尺　　D. 螺纹量规

17. 用三针测量法测量梯形螺纹时，量针直径的计算公式是（　　）。

A. $d_D=0.577P$　　B. $d_D=0.564P$　　C. $d_D=0.533P$　　D. $d_D=0.518P$

18. 机床丝杠上的螺纹大多是（　　）螺纹。

A. 管　　B. 梯形　　C. 矩形　　D. 锯齿形

19. 矩形螺纹精车刀的刀头宽应为 b =（　　）。

A. $0.5P+(0.02\sim0.04)$mm　　B. $0.5P$

C. $0.5P+(0.02\sim0.04)$mm　　D. $0.6P$

20. 测量矩形螺纹的牙厚时可使用（　　）测量。

A. 外径千分尺　　B. 三针测量法　　C. 公法线千分尺　　D. 指示表

21. 螺纹标记 B80×10 表示公称直径 d 为 80mm、螺距 P 为 10mm 的（　　）螺纹。

A. 普通　　B. 梯形　　C. 矩形　　D. 锯齿形

22. 蜗杆蜗轮适用于（　　）运动的传递机构中。

A. 减速　　B. 等速　　C. 增速　　D. 等加速

23. 蜗杆、蜗轮的参数和尺寸都规定在正交平面内计算，是由于主平面剖面中的蜗杆相当于一个（　　）。

A. 螺纹　B. 齿轮　C. 蜗轮　D. 齿条

24. 米制蜗杆的压力角为（　　）。

A. 14°30′　B. 20°　C. 27°30′　D. 40°

25. 法向直廓蜗杆的代号为（　　）。

A. ZA　B. ZN　C. ZK　D. KZ

26. 米制蜗杆齿根槽宽 W（蜗杆精车刀刀头宽度）的计算式是（　　）。

A. $W=0.697m_x$　B. $W=0.697P_x$　C. $W=0.697P_z$　D. $W=0.697P_h$

27. 轴向直廓蜗杆的齿形在蜗杆轴平面内为（　　）。

A. 曲线　B. 直线　C. 阿基米德螺旋线　D. 抛物线

28. 法向直廓蜗杆的齿形在蜗杆齿部的法平面内为（　　）。

A. 曲线　B. 直线　C. 渐开线　D. 阿基米德螺旋线

29. 车削钢料的蜗杆粗车刀，应磨有（　　）的背前角。

A. −15°~−10°　B. 0°　C. 10°~15°　D. 90°

30. 用可根据导程角调节的刀杆车削（　　）直廓蜗杆时，刀头必须倾斜。

A. 法向　B. 轴向　C. 端面　D. 基准面

31. 粗车 m_x>3mm 而 m_x<5mm 的蜗杆时，一般采用（　　）车削。

A. 左右切削法　B. 分层切削法　C. 直进法　D. 车槽法

32. 车削双头蜗杆时，若分头时出现误差，所车的双头蜗杆的（　　）。

A 导程不等　B. 轴向齿距不等　C. 法向齿面不直　D. 轴向齿面不直

33. 用三针测量法测量蜗杆时，量针直径的计算公式（　　）。

A. $d_D=P/[2\cos(\alpha/2)]$　B. $d_D=P/2\cos\alpha$

C. $d_D=P_x/2\cos\alpha$　D. $d_D=P_x/[2\cos(\alpha/2)]$

34. 用游标齿厚卡尺测量蜗杆齿厚时，齿厚卡尺的测量面必须与蜗杆牙侧面（　　）。

A. 平行　B. 垂直　C. 倾斜　D. 交错

35. 多线螺纹的螺距是（　　）的。

A. 等分　B. 不等分　C. 不一定等分　D. 不确定

36. 多线螺纹常用于（　　）传动中。

A. 慢速　B. 降速　C. 快速　D. 提速

37. 多线螺纹的导程 L 等于其螺距与（　　）的乘积。

A. 工件直径　B. 线数　C. 模数　D. 长度

38. 车右螺纹时刀尖左侧的后角等于工作后角（　　）螺纹升角。

A. 减去　B. 加上　C. 乘以　D. 除以

39. 多头蜗杆的导程等于（　　）。

A. $\pi m_x Z$　B. $m_x Z$　C. πm_x　D. πZ

40. 车削多线螺纹，使用圆周法分线时，仅与螺纹（　　）有关。

A. 中径　B. 螺距　C. 导程　D. 线数

41. 用交换齿轮分线比较精确，所以多在（　　）生产中应用。

A. 大批　B. 单件、小批　C. 大量　D. 多件

42. 用小滑板分线时，小滑板应（　　）。

A. 与主轴中心线垂直　　B. 与主轴中心线平行

C. 随便什么角度都可　　D. 无要求

43. 用百分表分线法车削多线螺纹时，其分线齿距一般在（　　）mm 之内。

A. 5　　B. 10　　C. 20　　D. 30

44. 多线螺纹工件的技术要求中，要求所有加工表面不准使用锉刀、（　　）等修整。

A. 砂布　　B. 研磨粉　　C. 磨石　　D. 磨料

45. 粗车第一条螺旋槽后，再车另一条螺旋槽时，中滑板刻度应与第一条加工时的刻度（　　）。

A. 相同　　B. 不相同　　C. 不一定相同　　D. 不作要求

46. 三针测量 Tr40×10 的梯形螺纹，最佳量针直径应是（　　）mm。

A. 5. 18　　B. 4. 24　　C. 3. 5　　D. 1. 01

47. 测量多头蜗杆时，可用游标齿厚卡尺跨（　　）齿进行测量，一共测 Z 次，并将测得的数据作比较，就可以得到分线误差。

A. Z　　B. $Z+1$　　C. $Z+2$　　D. $Z-1$

48. 三针测量法可用来测量螺纹的（　　）。

A．径　　B. 中径　　C. 小径　　D. 公称直径

49. 车床长丝杠螺距为 6mm，车螺距为 6mm 的双线螺纹时（　　）。

A. 会乱扣　　B. 不会乱扣　　C. 不能确定　　D. 正常

50. 车床长丝杠螺距为 12mm，在车螺距为 5mm 的双线螺纹时，为避免乱扣，可以（　　）。

A. 拔起开合螺母　　B. 不拔起开合螺母　　C. 开倒顺车　　D. 配交换齿轮

51. 车床长丝杠螺距是 12mm，在车螺距为（　　）mm 的双线螺纹时，可以拔起开合螺母，不会乱扣。

A. 3　　B. 7　　C. 5　　D. 11

52. 在 CA6140 型车床上由加工米制螺纹改为加工米制蜗杆时，（　　）。

A. 要调换交换齿轮　　B. 不要交换齿轮

C. 要将上轴齿轮与下轴齿轮互换位置　　D. 均可

53. FANUC 0iT 系统的 G 代码 A 类中，螺纹车削程序段 G32 U30. F1. 5；所加工的螺纹是（　　）。

A. 变螺距螺纹　　B. 端面螺纹　　C. 圆柱螺纹　　D. 圆锥螺纹

54. FANUC 0iT 系统的 G 代码 A 类中，螺纹车削程序段“G32 W-30. F1. 5;”所加工的螺纹是（　　）。

A. 变螺距螺纹　　B. 端面螺纹　　C. 圆柱螺纹　　D. 圆锥螺纹

55. FANUC 0iT 系统的 G 代码 A 类中，螺纹车削程序段“G32 U30. W-30. F1. 5;”所加工的螺纹是（　　）。

A. 变螺距螺纹　　B. 端面螺纹　　C. 圆柱螺纹　　D. 圆锥螺纹

56. FANUC 0iT 系统的 G 代码 A 类中，使用 G92 螺纹车削循环指令时，指令中 F 后面的参数为（　　）。

A. 导程　　B. 螺距　　C. 进给速度　　D. 切削速度

57. FANUC 0iT 系统的 G 代码 A 类中，G92 指令的功能是（　　）

A. 指定绝对值编程　　B. 内外圆一次固定循环

C. 螺纹一次固定循环　　D. 端面一次固定循环

58. FANUC 0iT 系统的 G 代码 A 类中，使用 G92 指令循环车锥螺纹时 R 值正负的判断方法同（　　）指令。

A. G32　　B. G71　　C. G94　　D. G90

59. 转速倍率 50%时，加工螺纹时的实际转速 500r/min，当转速倍率 100%时，原程序加工螺纹时的转速为（　　）。

A. 250r/min　　B. 500r/min　　C. 1000r/min　　D. P/S 报警

60. 进给倍率 50%时，程序所加工螺纹的导程为 1.5mm，当进给倍率 100%时，原程序所加工螺纹的导程为（　　）。

A. 0.75mm　　B. 1.5mm　　C. 3mm　　D. P/S 报警

61. 攻 M10 螺纹，攻螺纹前钻底孔的钻头直径约为（　　）。

A. 7.5mm　　B. 8.5mm　　C. 9.5mm　　D. 10mm

62. 攻 M8 螺纹，攻螺纹前钻底孔的钻头直径约为（　　）。

A. 8mm　　B. 7.2mm　　C. 6.7mm　　D. 6.3mm

63. 带螺母的螺纹连接是（　　）。

A. 螺栓连接　　B. 定位螺钉连接　　C. 普通螺钉连接　　D. 紧定螺钉连接

64. 当被连接件不带螺纹时，可使用（　　）。

A. 螺栓连接　　B. 定位螺钉连接　　C. 普通螺钉连接　　D. 紧定螺钉连接

65. 需经常装拆、被连接件之一厚度较大，可采用（　　）。

A. 螺栓连接　　B. 双头螺柱连接　　C. 普通螺钉连接　　D. 紧定螺钉连接

66. 在投影为圆的视图上，表示牙底的细实线圆只画约（　　）圈。

A. 1/4　　B. 2/4　　C. 3/4　　D. 4/4

67. 牙底用（　　）表示（外螺纹的小径线，内螺纹的大径线）。

A. 粗实线　　B. 细实线　　C. 虚线　　D. 点画线

68. 车内孔、内螺纹时，刀杆的伸出量应在刀杆直径的（　　）以内。

A. 2 倍　　B. 3 倍　　C. 4 倍　　D. 5 倍

69. 车外螺纹时，应控制刀具角度的准确性，以及采用（　　）以利于排屑。

A. 正后角　　B. 负后角　　C. 正前角　　D. 负前角

70. 进给倍率 100%时，程序所加工螺纹的导程为 1.5mm，当进给倍率 50%时，原程序所加工螺纹的导程为（　　）。

A. 0.75mm　　B. 1.5mm　　C. 3mm　　D. P/S 报警

71. 一般卧式车床能够加工的螺纹是（　　）。

A. 增导程　　B. 减导程　　C. 若干等导程　　D. 任何等导程

72. 螺纹特征代号 M10-6g6h-S 中，6h 是指（　　）。

A. 大径的公差　　B. 中径的公差　　C. 小径的公差　　D. 底径的公差

73. 55°密封管螺纹的锥度是（　　）。

A. 1∶16　　B. 1∶10　　C. 1∶8　　D. 1∶5

74. ZG1″55°密封管螺纹的牙型角为（　　）。

A. 60°　　B. 55°　　C. 30°　　D. 15°

75. G1″55°非密封管螺纹的牙型角为（　　）。

A. 15°　　B. 30°　　C. 55°　　D. 60°

76. 若螺纹车刀的纵向前角大于0°时，而车刀的刀尖角等于牙型角，则车出的螺纹实际牙型角会（　　）。

A. 变小　　B. 变大　　C. 不变　　D. 不确定

77. 数控车床前置刀架，车削右旋螺纹时，车刀的左侧工作后角与其刃磨后角相比（　　）。

A. 一样　　B. 较大　　C. 较小　　D. 都可以

78. 车螺纹时，应适当增大车刀进给方向的（　　）。

A. 刀尖角　　B. 主偏角　　C. 前角　　D. 后角

79. 螺纹的导程 P_h 和螺距 P 的关系是（　　）（n 是螺纹的线数）。

A. $P_h = P/n$　　B. $P = nP_h$　　C. $P_h = nP$　　D. $P_h = P$

80. 螺纹的小径与公称直径的关系为（　　）。

A. 小径≈公称直径-1.3 导程　　B. 小径≈公称直径-1.3 螺距

C 小径≈公称直径-1.08 导程　　D. 小径≈公称直径-1.08 螺距

81. 内螺纹底孔直径应与螺纹的（　　）基本相同。

A. 小径　　B. 中径　　C. 大径　　D. 公称直径

82. 适用于螺距小于 2mm 或脆性材料的螺纹车削方法是（　　）。

A. 左右切削法　　B. 斜进法　　C. 改进后的斜进法　　D. 直进法

83. 车削 M30×1.5 的螺纹，则进给量 F 应该为（　　）。

A. 1.5mm/r　　B. 1.5mm/min　　C. 0.1mm/r　　D. 0.1mm/min

84. 数控车床车削螺纹时，在保证最小切削深度的前提下，每刀的背吃刀量一般是（　　）。

A. 递增的　　B. 递减的　　C. 均等的　　D. 任意的

85. 螺纹公称直径为 D，螺距 $P \leqslant 1$，攻螺纹前钻底孔的钻头直径一般为（　　）。

A. $D-P$　　B. $D-1.1P$　　C. $D-1.2P$　　D. $D-1.3P$

86. 螺纹公称直径为 D，螺距 $P>1$，攻螺纹前钻底孔的钻头直径为（　　）。

A. $D-P$　　B. $D-(1.04\sim1.08)P$　　C. $D-1.1P$　　D. $D-(1.1\sim1.3)P$

87. 加工 ϕ8H7 孔，采用钻、粗铰、精铰的加工方案，则铰孔前钻底孔的钻头直径约为（　　）。

A. ϕ7.95mm　　B. ϕ7.9mm　　C. ϕ7.8mm　　D. ϕ7.7mm

88. 攻螺纹最适合加工（　　）。

A. 直径、螺距大的内螺纹　　B. 直径、螺距小的内螺纹

C. 直径、螺距大的外螺纹　　D. 直径、螺距小的外螺纹

89. 在车床上加工直径、螺距小的内螺纹，为提高生产效率，常采用（　　）。

A. 旋风车削螺纹　　B. 高速车削螺纹　　C. 攻螺纹　　D. 套螺纹

90. 在车床上加工 M6 的内螺纹，常采用（　　）。

A. 旋风车削螺纹　　B. 高速车削螺纹　　C. 套螺纹　　D. 攻螺纹

91. 加工材料为 45 钢，高速钢丝锥攻 M6 螺纹时的切削速度一般为（　　）左右。

A. 20m/min　　B. 10m/min　　C. 5m/min　　D. 1m/min

92. 数控车床刚性攻螺纹时，每转进给量 F 应该（　　）丝锥导程。

A. 略大于　　B. 小于　　C. 大于　　D. 等于

93. 攻螺纹时，必须保证丝锥轴线与螺纹孔轴线（　　）。

A. 同轴　　B. 平行　　C. 垂直　　D. 倾斜

94. 用螺纹极限量规检验螺纹的旋合性与可靠性的测量方法属于（　　）。

A. 间接测量　　B. 在线测量　　C. 综合测量　　D. 单项测量

（三）简答题

1. 从车床方面考虑，造成车削螺纹的螺距超差的原因有哪几个方面？
2. 蜗杆传动中，对蜗杆、蜗轮的材料和热处理有什么要求？常用什么方法加工？
3. 粗车蜗杆时，应如何选择车刀的几何角度和形状？
4. 精车蜗杆时，对车刀有哪些要求？车削时应注意什么问题？
5. 装夹蜗杆车刀时，有哪些要求？
6. 蜗杆的车削方法有哪几种？各适用于何种情况？
7. 多线螺纹的分线方法有哪两大类？每一类中有哪些具体方法？每种方法有何特点？
8. 试述多线螺纹的车削步骤。
9. 游标齿厚卡尺由哪两个主要部分组成？它适用于何种条件？测量的是什么圆上的何向齿厚？如何测量？

（四）计算题

1. 车削齿顶圆直径 $d_{a1}=22\text{mm}$，压力角 $\alpha=20°$，轴向模数 $m_x=2\text{mm}$ 双头米制蜗杆，求蜗杆的轴向齿距 P_x、导程 P_z、齿高 h 及分度圆直径 d_1。

2. 车削分度圆直径 $d_1=28\text{mm}$，压力角 $\alpha=20°$，轴向模数 $m_x=2.5\text{mm}$ 的双头米制蜗杆，求蜗杆的齿顶圆直径 d_{a1}、齿根圆直径 d_{f1}、导程角 γ、轴向齿厚 S_x 及法向齿厚 S_n。

3. 已知一 4 头米制蜗杆的压力角 $\alpha=20°$、轴向模数 $m_x=4\text{mm}$、直径系数 $q=10$，试求该蜗杆的轴向齿距 P_x、齿根高 h_f、导程角 γ 及齿顶圆直径 d_{a1}。

4. 已知一双寸制蜗杆的压力角 $\alpha=14°30'$、径节 $D_P=10\ \frac{1}{\text{in}}$、齿顶圆直径 $d_a=2\text{in}$，试求其轴向齿距 P_x、分度圆直径 d_1 和齿根圆直径 d_f。

5. 在小滑板刻度每格为 0.05mm 的车床上，用小滑板刻度分线法车削导程为 12mm 的 3 线螺纹，求分线时，小滑板应转过的格数。

6. 已知车床小滑板丝杠螺距为 4mm，刻度分 100 格，车削导程为 6mm 的双线螺纹，如果用小滑板分线时，小滑板应转过几格？

7. 车削轴向模数 m_x 为 3mm 的双头蜗杆。如果车床小滑板刻度每格为 0.05mm，求用小滑板分线时，小滑板应转过的格数。

8. 在 CA6140 型车床上，车削 Tr32×12（P6）的梯形螺纹，能否采用交换齿轮齿数分线法车削？若能，请求分数齿数。

9. 车削分度圆直径 d_1 为 60mm，轴向模数 m_x 为 3mm 的 3 头蜗杆。如果用分度盘分头法分头时，分度盘应转过几度？

10. 用三针测量法测量 Tr40×7 的米制梯形螺纹，求量针直径 d_D 和量针测量距 M。

11. 已知一米制蜗杆的分度圆直径 d_1 为 51mm，轴向齿距 P_x 为 9.425mm，压力角为 20°，导程角 γ 为 10°，头数为 3，用三针测量法测量，求量针直径 d_D 和量针测量距 M。

12. 已知一梯形螺纹 Tr60×18(P9)-8e 的实际大径尺寸为 84mm，欲用单针测量，求量针直径 d_D 和测量距 A。

13. 用游标齿厚卡尺测量分度圆直径 d_1 为 50mm，轴向模数 m_x 为 5mm 的 3 头米制蜗杆的法向齿厚 S_n，问齿高卡尺应调整到什么尺寸？法向齿厚的公称尺寸应为多少？

14. 已知一个米制蜗杆的法向齿厚要求为 $3.92_{-0.31}^{-0.26}$mm，若用三针测量时，量针测量距的偏差为多少？

四、参考答案及解析

（一）判断题

1. ×	2. ×	3. √	4. √	5. √	6. √	7. ×	8. ×	9. ×	10. √
11. √	12. √	13. √	14. ×	15. ×	16. ×	17. √	18. ×	19. √	20. √
21. ×	22. √	23. ×	24. √	25. ×	26. ×	27. ×	28. √	29. √	30. ×
31. √	32. √	33. ×	34. √	35. √	36. ×	37. ×	38. √	39. ×	40. √
41. √	42. √	43. √	44. √	45. ×	46. ×	47. ×	48. √	49. ×	50. ×
51. ×	52. √	53. √	54. ×	55. ×	56. √	57. ×	58. √	59. ×	60. ×
61. √									

（二）选择题

1. C	2. B	3. D	4. A	5. C	6. B	7. A	8. B	9. A	10. B
11. B	12. A	13. C	14. B	15. A	16. D	17. D	18. B	19. A	20. C
21. D	22. A	23. D	24. B	25. B	26. A	27. B	28. B	29. C	30. A
31. D	32. B	33. C	34. A	35. A	36. C	37. B	38. A	39. A	40. D
41. B	42. B	43. A	44. A	45. A	46. A	47. B	48. B	49. A	50. C
51. A	52. A	53. B	54. C	55. B	56. A	57. C	58. D	59. B	60. B
61. B	62. C	63. A	64. A	65. B	66. C	67. B	68. C	69. C	70. B
71. C	72. A	73. A	74. B	75. C	76. B	77. C	78. D	79. C	80. D
81. A	82. D	83. A	84. B	85. A	86. B	87. C	88. B	89. C	90. D
91. C	92. D	93. A	94. C						

（三）简答题

1. 答：从车床方面考虑，造成车削螺纹的螺距超差的原因有：①丝杠轴向窜动过大；②开合螺母磨损，与丝杠同轴度超差，造成啮合不良；③燕尾导轨磨损，造成开合螺母闭合时不稳定；④由主轴经过交换齿轮而来的传动链间隙过大。

2. 答：蜗杆材料常用中碳钢或中合金钢，齿面淬硬到 45～50HRC，蜗杆齿形在车床上进行车削加工。

蜗轮材料常用青铜，蜗轮齿形一般在齿轮机床上加工。

3. 答：粗车蜗杆车刀的几何角度和形状应按下列原则选择：①车刀左右切削刃之间的夹角要小于两倍的压力角；②切削钢件时，应磨有 10°～15°的纵向前角，即 $\gamma_p = 10° \sim 15°$；

③纵向后角 $\alpha_p=6°\sim8°$；④左刃后角 $\alpha_{fL}=(3°\sim5°)+\gamma$；右刃后角 $\alpha_{fR}=(3°\sim5°)-\gamma$；⑤刀尖适当倒圆。

4. 答：精车蜗杆时，要求车刀左右切削刃之间的夹角等于两倍的压力角，切削刃的直线度要好，表面粗糙度值要小，为保证左右切削刃切削顺利，都应磨有较大前角（$\gamma_o=15°\sim20°$）的卷屑槽。车削时，车刀前切削刃不能进行切削，只能精车两侧齿面。

5. 答：车削轴向直廓蜗杆时，车刀左右切削刃组成的平面应与工件轴线重合，但在粗车时，为使切削顺利，应在纵向进给方向上倾斜装夹。

车削法向直廓蜗杆时，车刀左右切削刃组成的平面应垂直于齿面，即在纵向进给方向上倾斜装夹。

6. 答：蜗杆的车削方法有：①左右切削法，适用于一般情况下的粗车；②车槽法，适用于模数 $m\geqslant3$mm 的蜗杆的粗车；③分层切削法，适用于模数 $m\geqslant5$mm 的蜗杆的粗车；④精车法，适用于精车蜗杆。

7. 答：多线螺纹的分线方法有轴向分线法和圆周分线法两大类。

轴向分线法的具体方法有：①小滑板刻度分线法，其特点是简便，但分线精度较低；②量块分线法，其特点是车削螺距的精度较高，但须保证触头与量块每次接触时的松紧程度完全一致；③指示表分线法，其特点是既简便又精确，但分线齿距受到指示表量程的限制。

圆周分线法的具体方法有：①交换齿轮齿数分线法，其特点是比较精确，但分线数受交换齿轮齿数的限制；②分度插盘分线法，其特点是分线精度高，操作方便。

8. 答：车削多线螺纹的步骤如下：

1）粗车第一条螺旋槽，记住中、小滑板刻度盘上的分度值。

2）进行分线粗车第二条、第三条……螺旋槽，若用圆周分线法分线时，中、小滑板的刻度应和车第一条螺旋槽时相同。若用轴向分线法分线时，中滑板刻度应与车第一条螺旋槽时相同，小滑板应精确移动一个螺距。

3）按上述方法精车各条螺旋槽采用左右切削法车削时，车削每条螺旋槽时车刀轴向移动量必须相等。必须依次将同一方向上各条螺纹的牙型侧面车好后，再依次车另一方向上的各条螺纹的牙型侧面。

9. 答：游标齿厚卡尺由齿高卡尺和齿厚卡尺两部分组成，适用于测量精度要求不高的蜗杆。测量的是蜗杆分度圆处的法向齿厚。测量时，将齿高卡尺调整到齿顶高读数，使齿厚卡尺的测量面与蜗杆的牙侧平行，即游标齿厚卡尺应在相对蜗杆轴线偏转一个导程角的位置上进行测量。

（四）计算题

1. 解　已知 $\alpha=20°$、$d_{a1}=22$mm、$m_x=2$mm、$z_1=2$

$P_x=\pi m_x=3.1415\times2\text{mm}=6.283\text{mm}$

$P_z=z_1\pi m_x=2\times3.1415\times2\text{mm}=12.566\text{mm}$

$h=2.2m_x=2.2\times2\text{mm}=4.4\text{mm}$

$d_1=d_{a1}-2m_x=22\text{mm}-2\times2\text{mm}=18\text{mm}$

答：蜗杆的轴向齿距 P_x 为 6.283mm，导程 P_z 为 12.566mm，齿高 h 为 4.4mm，分度圆直径 d_1 为 18mm。

2. 解　已知 $d_1=28$mm、$\alpha=20°$、$m_x=2.5$mm、$z_1=2$

$d_{a1}=d_1+2m_x=28\text{mm}+2\times2.5\text{mm}=28\text{mm}+5\text{mm}=33\text{mm}$

$d_{f1}=d_1-2.4m_x=28\text{mm}-2.4\times2.5\text{mm}=28\text{mm}-6\text{mm}=22\text{mm}$

$\tan\gamma=P_z/(\pi d_1)=z_1\pi m_x/(\pi d_1)=z_1m_x/d_1=2\times2.5\text{mm}/28\text{mm}=0.17857$

$\gamma=\arctan0.17857=10.12459°=10°07'29''$

$S_x=\pi m_x/2=3.141\times2.5\text{mm}/2=3.927\text{mm}$

$$S_n=\frac{\pi m_x}{2}\cos\gamma=\frac{3.14\times2.5\text{mm}}{2}\cos10.12459°=3.866\text{mm}$$

答：蜗杆的齿顶圆直径 d_{a1} 是 33mm，齿根圆直径 d_{f1} 是 22mm，导程角 γ 是 $10°07'29''$，轴向齿厚 S_x 是 3.927mm，法向齿厚是 3.866mm。

3. 解已知 $z_1=4$、$m_x=4\text{mm}$、$\alpha=20°$、$q=10$

$P_x=\pi m_x=3.1415\times4\text{mm}=12.566\text{mm}$

$h_f=1.2m_x=1.2\times4\text{mm}=4.8\text{mm}$

$d_{a1}=d_1+2m_x=qm_x+2m_x=(q+2)m_x=(10+2)\times4\text{mm}=48\text{mm}$

$$\tan\gamma=p/\pi d=z\pi m/(\pi qm)=z/q=\frac{4}{10}=0.4$$

$\gamma=\arctan0.4=21.801°=21°48'05''$

答：该蜗杆的轴向齿距 P_x 为 12.566mm，齿根高 h_f 为 4.8mm，导程角 γ 为 $21°48'05''$，齿顶圆直径 d_{a1} 为 48mm。

4. 解　已知 $z=2$、$D_P=10\text{in}^{-1}$、$\alpha=14°30'$、$d_a=2\text{in}$

$P_x=\pi/DP=3.1415/10=0.3142\text{in}$

$$d_1=d_a-\frac{2}{D_p}=2-\frac{2}{10}=1.8\text{in}$$

$$d_f=d_a-\frac{4.314}{D_p}=2-\frac{4.314}{10}=1.5686\text{in}$$

答：该寸制蜗杆的轴向齿距 P_x 为 0.3142in，分度圆直径 d_1 为 1.8in，齿根圆直径 d_f 为 1.5686in。

5. 解　已知 $S=0.05\text{mm}/格$、$P_h=12\text{mm}$、$n=3$

小滑板应转过的格数 k

$$P_{工}=\frac{P_h}{n}=\frac{12\text{mm}}{3}=4\text{mm}$$

$$k=\frac{P_{工}}{S}=\frac{4\text{mm}}{0.05\text{mm}/格}=80\ 格$$

答：小滑板应转过 80 格。

6. 解　已知 $P_{丝}=4\text{mm}$，$N=100$ 格，$P_h=6\text{mm}$，$n=2$

$$S=\frac{P_{丝}}{N}=\frac{4\text{mm}}{100\ 格}=0.04\text{mm}/格$$

$$P_{工}=\frac{P_h}{n}=\frac{6\text{mm}}{2}=3\text{mm}$$

$k=\frac{P_{工}}{S}=\frac{3\text{mm}}{0.04\text{mm/格}}=75$ 格

答：小滑板应转过 75 格。

7. 解　已知 $m_x=3\text{mm}$，$n=2$，$S=0.05\text{mm/格}$

$P_{工}=\frac{P_h}{n}=\frac{n\pi m_x}{n}=\pi m_x=3.1415\times3\text{mm}=9.4245\text{mm}$

$k=\frac{P_{工}}{S}=\frac{9.4245\text{mm}}{0.05\text{mm/格}}=188.49$ 格

答：小滑板应转过 188.49 格。

8. 解　已知车削 Tr32×12（P6）

CA6140 型车床上的 $z_1=63$

$\frac{63}{2}=31.5$

答：不能用交换齿轮齿数分线法车削。

9. 解　用分度盘分头法车削蜗杆时，仅与蜗杆的头数有关。已知 $z_1=3$，分度盘转过度数为

$\alpha=\frac{360°}{3}=120°$

答：分度盘应转过 120°

10. 解　已知 $d=40\text{mm}$、$P=7\text{mm}$

$d_D=0.518P=0.518\times7\text{mm}=3.626\text{mm}$

$M=d_2+4.864d_D-1.866P=d-0.5P+4.864d_D-1.866P$

$=40\text{mm}-0.5\times7\text{mm}+4.864\times3.626\text{mm}-1.866\times7\text{mm}=41.075\text{mm}$

答：量针直径 d_D 为 3.626mm，量针测量距 M 为 41.075mm。

11. 解　已知 $d_1=51\text{mm}$、$P=9.425\text{mm}$

$d_D=0.533P=0.533\times9.425\text{mm}=5.024\text{mm}$

$M=d_1+3.924d_D-1.374P=51+3.924\times5.014\text{mm}-1.374\times9.425\text{mm}=57.764\text{mm}$

答：量针直径 d_D 为 5.024mm，量针测量距 M 为 57.764mm。

12. 解　已知 $P=9\text{mm}$、$d=60\text{mm}$、$d_0=59.84\text{mm}$

$d_D=0.518P=0.518\times9\text{mm}=4.662\text{mm}$

$d_2=d-0.5P=60\text{mm}-0.5\times9\text{mm}=55.5\text{mm}$

$M=d_2+4.864d_D-1.866P$

$=55.5\text{mm}+4.864\times4.662\text{mm}-1.866\times9\text{mm}=61.382\text{mm}$

$A=\frac{M+d_0}{2}=\frac{61.382\text{mm}+59.84\text{mm}}{2}=60.611\text{mm}$

答：量针直径 d_D 为 4.662mm，测量距 A 为 60.611mm。

13. 解　已知 $d_1=50\text{mm}$，$m_x=5\text{mm}$，$z_1=3$

$h_a=m_x=5\text{mm}$

$$\tan\gamma=\frac{P_z}{\pi d_1}=\frac{Z_1\pi m_x}{\pi d_1}=\frac{3\times5\text{mm}}{50\text{mm}}=0.3$$

$\gamma=\arctan0.3=16.69924°$

$$S_n=\frac{\pi m_x}{2}\cos\gamma=\frac{3.1415\times5\text{mm}}{2\text{mm}}\cos16.69924°=7.523\text{mm}$$

答：齿高卡尺应调整到 5mm，法向齿厚的公称尺寸应为 7.523mm。

14. 解　已知 $s_n=3.92_{-0.31}^{-0.26}$mm

$\Delta M_{上}=2.7475\Delta S=2.7475\times(-0.26\text{mm})=-0.714\text{mm}$

$\Delta M_{下}=2.7475\Delta S=2.7475\times(-0.31\text{mm})=-0.852\text{mm}$

答：量针测量距偏差为 $M_{-0.852}^{-0.714}$mm。

第七部分

技能操作考核指导

操作技能 1　车蜗杆轴

1. 考件图样（图 7-1）

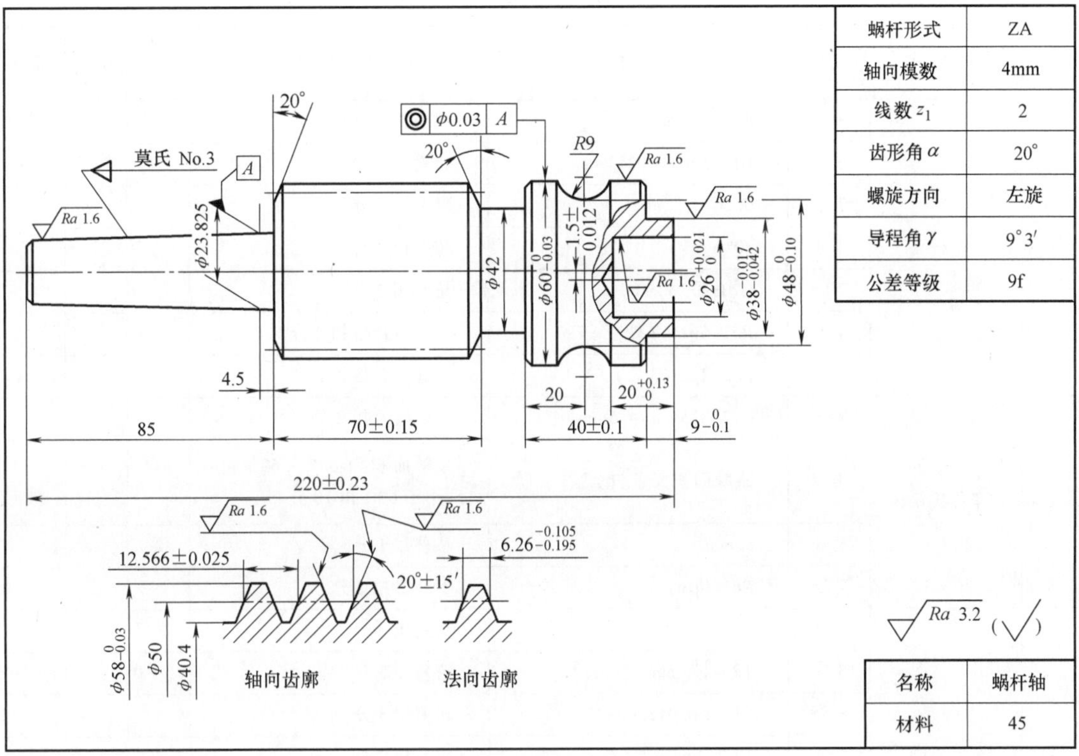

图 7-1　蜗杆轴

2. 准备要求

1）考件材料为 45 热轧圆钢，锯断尺寸为 ϕ65mm×225mm 一根。

2）车削蜗杆用切削液。

3）检验锥度用的显示剂。

4）相关工具、量具、刃具。

3. 考核内容

（1）考核要求

1）考件的各尺寸精度、几何精度、表面粗糙度达到图样规定要求。

2）不准使用锉刀、砂布对考件修整加工。

3）圆弧 $R9$mm 允许使用自磨成形车刀加工。

4）考件与图样严重不符的应扣去该考件的全部配分。

5）未注公差尺寸按 IT14 等级加工。

（2）时间定额　6.5h（不含考前准备时间）。提前完工不加分，超时间定额 20min 扣 5 分，超 40min 扣 10 分，超 40min 以上则停止考试。

（3）安全文明生产

1）正确执行安全技术操作规程。

2）按企业有关文明生产的规定，做到工作场地整洁，工件、工量具摆放整齐。

4. 配分与评分标准（表 7-1）

表 7-1　车蜗杆轴配分与评分标准表

序号	作业项目	配分	考核内容	评分标准	考核记录	扣分	得分
1	车蜗杆	3 分	$\phi58_{-0.03}^{0}$mm	超差扣 3 分			
		6 分	(12.566±0.025)mm	超差扣 6 分			
		7 分	$6.26_{-0.195}^{-0.105}$mm	超差扣 7 分			
		4 分	20°± 15′	超差扣 4 分			
		2 分	(70±0.15)mm	超差扣 2 分			
		4 分	$Ra1.6\mu m$(2 处)	一处不合格扣 2 分			
		6 分	$Ra3.2\mu m$(3 处)	一处不合格扣 2 分			
2	车莫氏锥体	2 分	ϕ23.825mm×4.5mm	一处超差扣 2 分			
		10 分	接触面积大于 70%	接触面积为 60% ~ 69% 扣 4 分；小于 60%扣 10 分			
		1 分	85mm	超差扣 1 分			
		2 分	$Ra1.6\mu m$	不合格扣 2 分			
3	车偏心圆	3 分	$\phi38_{-0.042}^{-0.017}$mm	超差扣 3 分			
		3 分	$\phi26_{0}^{+0.021}$mm	超差扣 3 分			
		8 分	(1.5±0.012)mm	超差扣 8 分			
		2 分	$20_{0}^{+0.13}$mm	超差扣 2 分			
		2 分	$9_{-0.10}^{0}$mm	超差扣 2 分			
		4 分	$Ra1.6\mu m$(2 处)	一处不合格扣 2 分			
		2 分	$Ra3.2\mu m$(2 处)	一处不合格扣 1 分			
4	车外圆	4 分	$\phi60_{-0.03}^{0}$mm	超差扣 4 分			
		1 分	ϕ42mm	超差扣 1 分			
		2 分	(40±0.1)mm	超差扣 2 分			
		6 分	同轴度公差 ϕ0.03mm	超差扣 6 分			
		2 分	$Ra1.6\mu m$	不合格扣 2 分			
		2 分	$Ra3.2\mu m$(2 处)	一处不合格扣 1 分			

（续）

序号	作业项目	配分	考核内容	评分标准	考核记录	扣分	得分
5	车圆弧槽	4分	R9mm	用样板或量棒检验；不合格扣4分			
		2分	$\phi48_{-0.10}^{0}$mm	超差扣2分			
		1分	20mm	超差扣1分			
		1分	Ra3.2μm	不合格扣1分			
6	车长度	2分	(220±0.23)mm	超差扣2分			
		2分	Ra3.2μm	不合格扣2分			
7	安全文明生产		遵守安全操作规程；正确使用工具、量具，操作现场整洁	按达到规定的标准度评定；一项不符合要求在总分中扣2.5分			
			安全用电、防火、无人身设备事故	因违规操作而引发重大人身设备事故；此题按0分计			
8	合计	100分					

操作技能2　车偏心轴

1. 考件图样（图7-2）

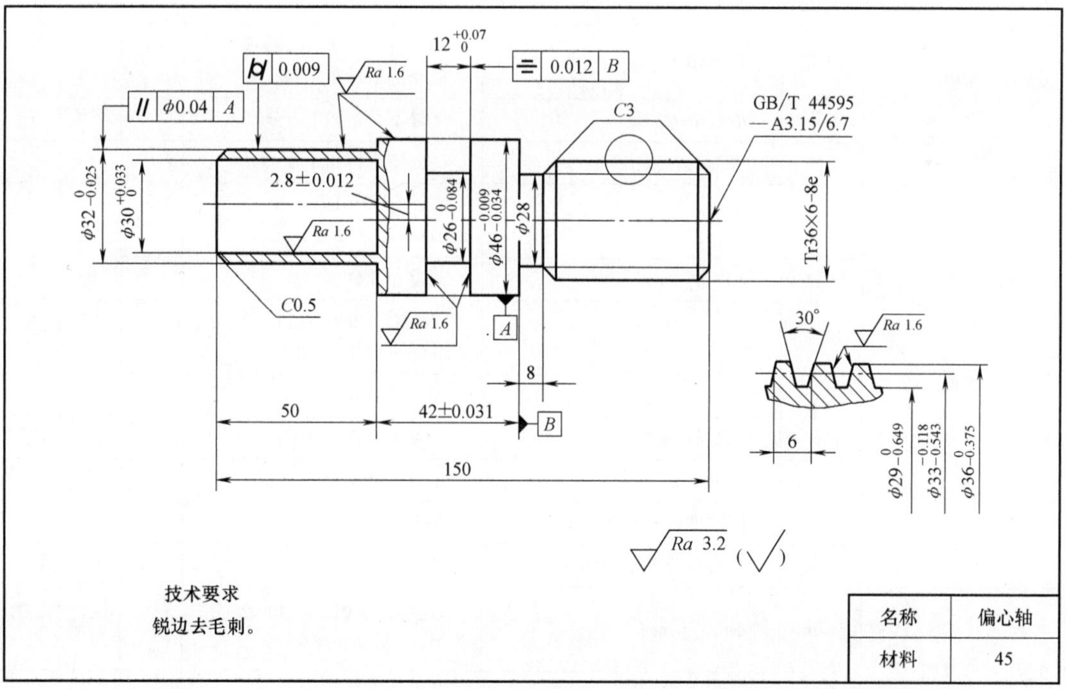

图7-2　偏心轴

2. 准备要求

1）考件材料为45热轧圆钢，锯断尺寸为 ϕ50mm ×154mm。

2）车螺纹用切削液。

3）相关工具、量具、刃具。

3. 考核内容

（1）考核要求

1）考件各尺寸精度、几何精度、表面粗糙度达到图样规定要求。

2）不准使用专用偏心夹具（偏心套）车削偏心部分。

3）未注公差尺寸按IT14等级加工。

4）不准使用砂布、磨石等辅助打光考件加工表面。

5）考件与图样严重不符的扣去该件的全部配分。

（2）时间定额 5h（不含考前准备时间）。提前完工不加分，超时间定额15min扣5分，超30min扣10分，超30min以上则停止考试。

（3）安全文明生产

1）正确执行安全技术操作规程。

2）按企业有关文明生产的规定，做到工作场地整洁，工件、工量具摆放整齐。

4. 配分与评分标准（表7-2）。

表7-2 车偏心轴配分与评分标准

序号	作业项目	配分	考核内容	评分标准	考核记录	扣分	得分
1	车螺纹	1分	$\phi36_{-0.375}^{0}$mm	超差扣1分			
		12分	Tr36×6-8e	用螺纹环规检验，通端不通过或止端通过扣12分			
		5分	Ra1.6m（2处）	一处不合格扣2.5分			
		2分	Ra3.2μm（2处）	一处不合格扣1分			
2	车偏心圆	6分	$\phi32_{-0.025}^{0}$mm	超差0.01mm扣3分；0.01mm以上扣6分			
		8分	$\phi30_{0}^{+0.033}$mm	超差扣8分			
		10分	（2.8±0.012）mm	超差0.006mm扣5分；0.006mm以上扣10分			
		1分	50mm	超差扣1分			
		6分	Ra1.6μm（2处）	一处不合格扣3分			
		1分	Ra3.2μm	不合格扣1分			
		2分	圆柱度公差0.009mm	超差扣2分			
		4分	平行度公差 ϕ0.04mm	超差扣4分			
3	车外圆	4分	$\phi46_{-0.034}^{-0.009}$mm	超差0.01mm扣2分；0.01mm以上扣4分			
		5分	（42±0.031）mm	超差扣5分			
		3分	Ra1.6μm	超差扣3分			

（续）

序号	作业项目	配分	考核内容	评分标准	考核记录	扣分	得分
4	车沟槽	5 分	$\phi 26_{-0.084}^{\ 0}$mm	超差扣 5 分			
		7 分	$12_{\ 0}^{+0.07}$mm	超差扣 7 分			
		2 分	ϕ28mm×8mm	超差扣 2 分			
		5 分	Ra1.6μm（2 处）	一处不合格扣 2.5 分			
		1 分	Ra3.2μm	不合格扣 1 分			
		5 分	对称度公差 0.012mm	超差 0.006mm 扣 2.5 分；0.006mm 以上扣 5 分			
5	车长度、倒角	5 分	150mm	超差扣 1 分			
			倒角	一处不符合要求扣 0.5 分；直至扣完 2 分			
			Ra3.2μm（2 处）	一处不合格扣 1 分			
6	安全文明生产		遵守安全操作规程，正确使用工、量具，操作现场整洁	按达到规定的标准程度评定，一项不符合要求在总分中扣 2.5 分			
			安全用电、防火，无人身设备事故	因违规操作而引发重大人身设备事故，此题按 0 分计			
7	合计	100					

操作技能 3　车偏心轴套

1. 考件图样（图 7-3）

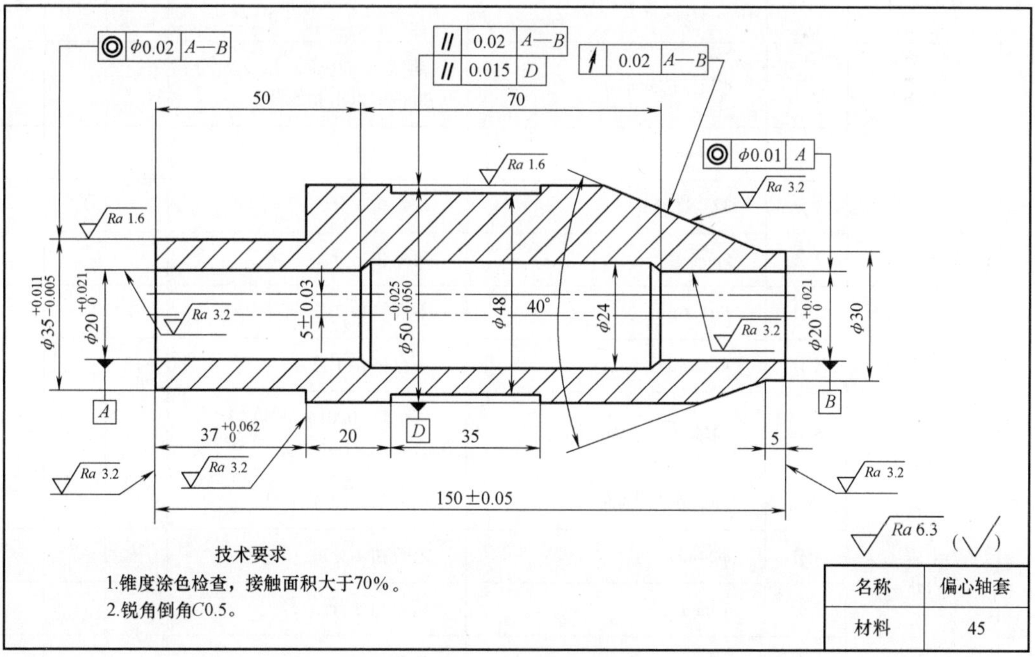

图 7-3　偏心轴套

2. 准备要求

1）考件材料为45热轧圆钢，锯断尺寸为 $\phi55mm \times 160mm$。

2）检验锥度用显示剂。

3）钻孔用切削液。

4）相关工具、量具、刃具。

3. 考核内容

（1）考核要求

1）考件各尺寸精度、几何精度、表面粗糙度达到图样规定要求。

2）不准使用铰刀加工孔 $2\times\phi20^{+0.021}_{0}mm$。

3）不准使用偏心夹具车削偏心圆。

4）不准使用砂布、磨石等辅助抛光考件加工表面。

5）未注公差尺寸按IT14等级加工。

6）考件与图样严重不符的扣去该考件的全部配分。

（2）时间定额　5h（不含考前准备时间）。提前完工不加分，超时间定额15min扣5分，超30min扣10分，超30min以上则停止考试。

（3）安全文明生产

1）正确执行安全技术操作规程。

2）按企业有关文明生产的规定，做到工作场地整洁，工件、工量具摆放整齐。

4. 配分与评分标准（表7-3）

表7-3　车偏心轴套配分与评分标准

序号	作业项目	配分	考核内容	评分标准	考核记录	扣分	得分
1	车外圆	5分	$\phi35^{+0.011}_{-0.005}mm$	超差0.008mm扣2.5分；0.008mm以上扣5分			
		2分	$\phi30mm$	超差扣2分			
		3分	$37^{+0.062}_{0}mm$	超差扣3分			
		2分	5mm	超差扣1分			
		2分	$Ra1.6\mu m$	不合格扣2分			
		1分	$Ra6.3\mu m$	不合格扣1分			
		6分	同轴度公差 $\phi0.02mm$	超差0.01mm扣3分；0.01mm以上扣6分			
2	车内孔	16分	$2\times\phi20^{+0.021}_{0}mm$	一处超差扣8分			
		4分	$\phi24mm$	超差扣4分			
		2分	70mm	超差扣2分			
		2分	50mm	超差扣2分			

（续）

序号	作业项目	配分	考核内容	评分标准	考核记录	扣分	得分
2	车内孔	4分	$Ra3.2\mu m$（2处）	一处不合格扣2分			
		3分	$Ra6.3\mu m$（3处）	一处不合格扣0.5分			
		6分	同轴度公差 $\phi0.01mm$	超差扣6分			
3	车偏心圆	5分	$\phi50_{-0.050}^{-0.025}mm$	超差0.01mm扣2.5分；0.01mm以上扣5分			
		2分	$\phi48mm$	超差扣2分			
		5分	$(5\pm0.03)mm$	超差扣5分			
		1分	35mm	超差扣1分			
		1分	20mm	超差扣1分			
		2分	$Ra1.6\mu m$	不合格扣2分			
		1分	$Ra6.3\mu m$	不合格扣1分			
		5分	平行度公差 $\phi0.02mm$	超差0.01mm扣2.5分；0.01mm以上扣5分			
		2分	平行度公差0.015mm	超差扣2分			
4	车40°圆锥面	6分	接触面积大于70%	接触面积为60%～69%扣3分；小于60%扣6分			
		1分	$Ra3.2\mu m$	不合格扣1分			
		5分	径向圆跳动公差0.02mm	超差0.01mm扣2.5分；0.01mm以上扣5分			
5	车长度、倒角	2分	$(150\pm0.05)mm$	超差扣2分			
		2分	$Ra3.2\mu m$（2处）	一处不合格扣1分			
		2分	倒角 $C0.5mm$	一处不符要求扣0.5分；直至扣完2分			
6	安全文明生产		遵守安全操作规程。正确使用工具、量具。操作现场整洁	按达到规定的标准程度评定。一项不符合要求在总分中扣2.5分			
			安全用电、防火。无人身设备事故	因违规操作而引发重大人身设备事故；此题按0分计			
7	合计	100分					

操作技能 4　车十字孔本体

1. 考件图样（图 7-4）

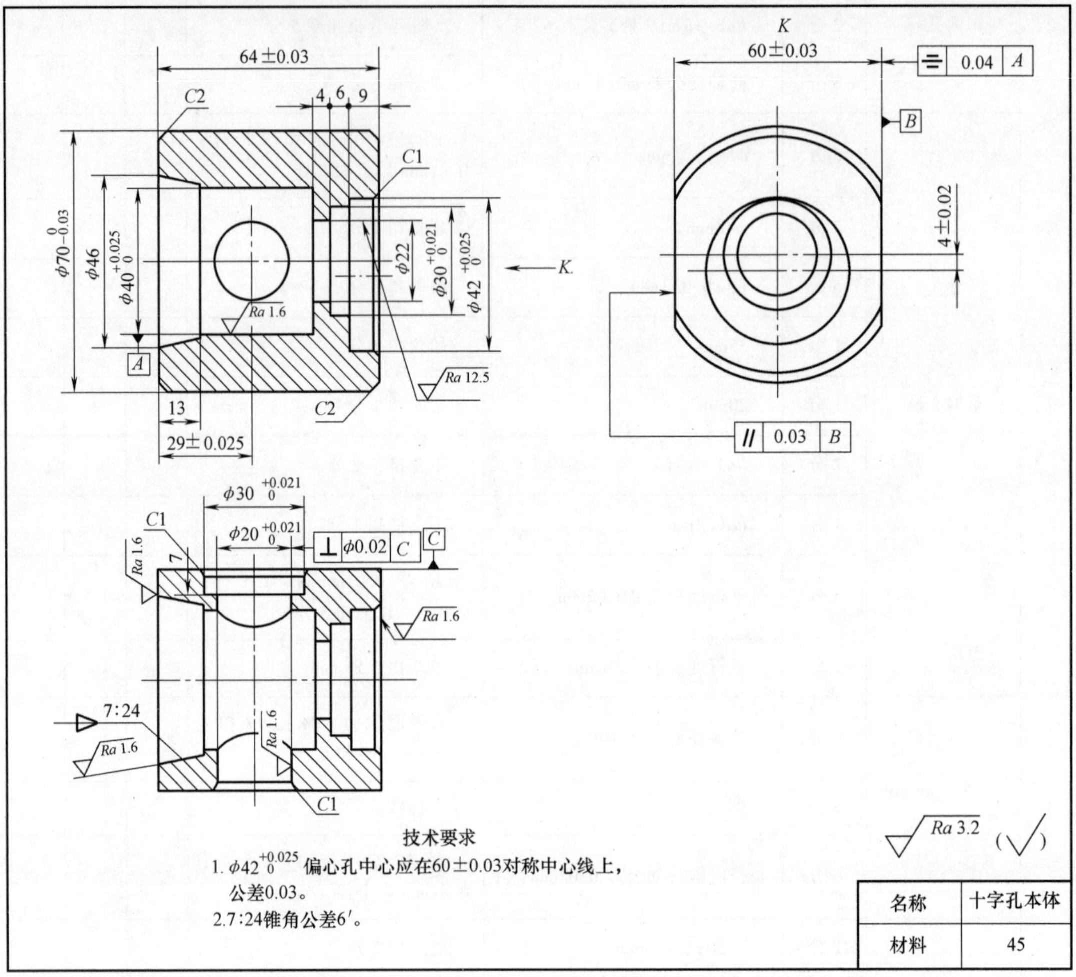

图 7-4　十字孔本体

2. 准备要求

1）考件材料为 45 热轧圆钢，锯断尺寸为 ϕ75mm ×80mm。

2）检验锥度用显示剂。

3）钻孔用切削液。

4）相关工具、量具、刃具。

3. 考核内容

（1）考核要求

1）考件各尺寸精度、几何精度、表面粗糙度及技术要求达到图样规定要求。

2）不准使用铰刀加工孔 $\phi 20^{+0.021}_{0}$ mm。

3）车削垂直孔 $\phi 20^{+0.021}_{0}$ mm、$\phi 30^{+0.021}_{0}$ mm 时，应在单动卡盘上完成。

4）不准使用砂布、磨石等辅助抛光考件加工表面。

5）未注公差尺寸按 IT14 等级加工。

6）考件与图样严重不符的扣去该考件的全部配分。

（2）时间定额　6h（不含考前准备时间）。提前完工不加分，超时间定额 15min 扣 5 分，超 30min 扣 10 分，超 30min 以上则停止考试。

（3）安全文明生产

1）正确执行安全技术操作规程。

2）按企业有关文明生产的规定，做到工作场地整洁，工件、工量具摆放整齐。

4. 配分与评分标准（表 7-4）

表 7-4　车十字孔本体配分与评分标准

序号	作业项目	配分	考核内容	评分标准	考核记录	扣分	得分
1	车外圆	3 分	$\phi70_{-0.03}^{0}$mm	超差扣 3 分			
		1 分	$Ra3.2\mu m$	不合格扣 1 分			
2	车内孔	5 分	$\phi40_{0}^{+0.025}$mm	超差扣 5 分			
		3 分	$\phi30_{0}^{+0.021}$mm	超差扣 3 分			
		1 分	$\phi22$mm	超差扣 1 分			
		1 分	6mm	超差扣 1 分			
		1 分	4mm	超差扣 1 分			
		2 分	$Ra1.6\mu m$	不合格扣 2 分			
		0.5 分	$Ra3.2\mu m$	不合格扣 0.5 分			
		0.5 分	$Ra12.5\mu m$	不合格扣 0.5 分			
3	车圆锥孔	2 分	$\phi46$mm	超差扣 2 分			
		5 分	锥度 7∶24 锥角公差 6′	超差±2′扣 2.5 分；±2′以上扣 5 分			
		1 分	$Ra1.6\mu m$	不合格扣 1 分			
4	车偏心孔	4 分	(4±0.02)mm	超差±0.01mm 扣 2 分；±0.01mm 以上扣 4 分			
		3 分	$\phi42_{0}^{+0.025}$mm	超差扣 3 分			
		1 分	9mm	超差扣 1 分			
		1 分	$Ra3.2\mu m$(2 处)	一处不合格扣 0.5 分			
		5 分	技术要求 1	超差 0.015mm 扣 2.5 分；0.015mm 以上扣 5 分			
5	车厚度	10 分	(60±0.03)mm	超差±0.015mm 扣 5 分；±0.015mm 以上扣 10 分			
		2 分	$Ra3.2\mu m$(2 处)	一处不合格扣 1 分			
		10 分	对称度公差 0.04mm	超差 0.02mm 扣 5 分；0.02mm 以上扣 10 分			
		6 分	平行度公差 0.03mm	超差扣 6 分			
6	车横向孔	3 分	$\phi30_{0}^{+0.021}$mm	超差扣 3 分			
		8 分	$\phi20_{0}^{+0.021}$mm	超差扣 8 分			
		6 分	(29±0.025)mm	超差±0.01mm 扣 3 分；±0.01mm 以上扣 6 分			

（续）

序号	作业项目	配分	考核内容	评分标准	考核记录	扣分	得分
6	车横向孔	1分	7mm	超差扣1分			
		2分	*Ra*1.6μm	不合格扣2分			
		1分	*Ra*3.2μm	不合格扣1分			
		2分	垂直度公差 ϕ0.02mm	超差扣2分			
7	车长度、倒角	3分	(64±0.03)mm	超差扣3分			
		3分	*Ra*1.6μm(2处)	一处不合格扣1.5分			
		3分	倒角	一处不符合要求扣0,5分；直至扣完3分			
8	安全文明生产		遵守安全操作规程，正确使用工、量具，操作现场整洁	按达到规定的标准程度评定，一项不符合要求在总分中扣2.5分			
			安全用电、防火，无人身设备事故	因违规操作而引发重大人身设备事故，此题按0分计			
9	合计	100分					

操作技能5 车十字孔

1. 考件图样（图7-5）

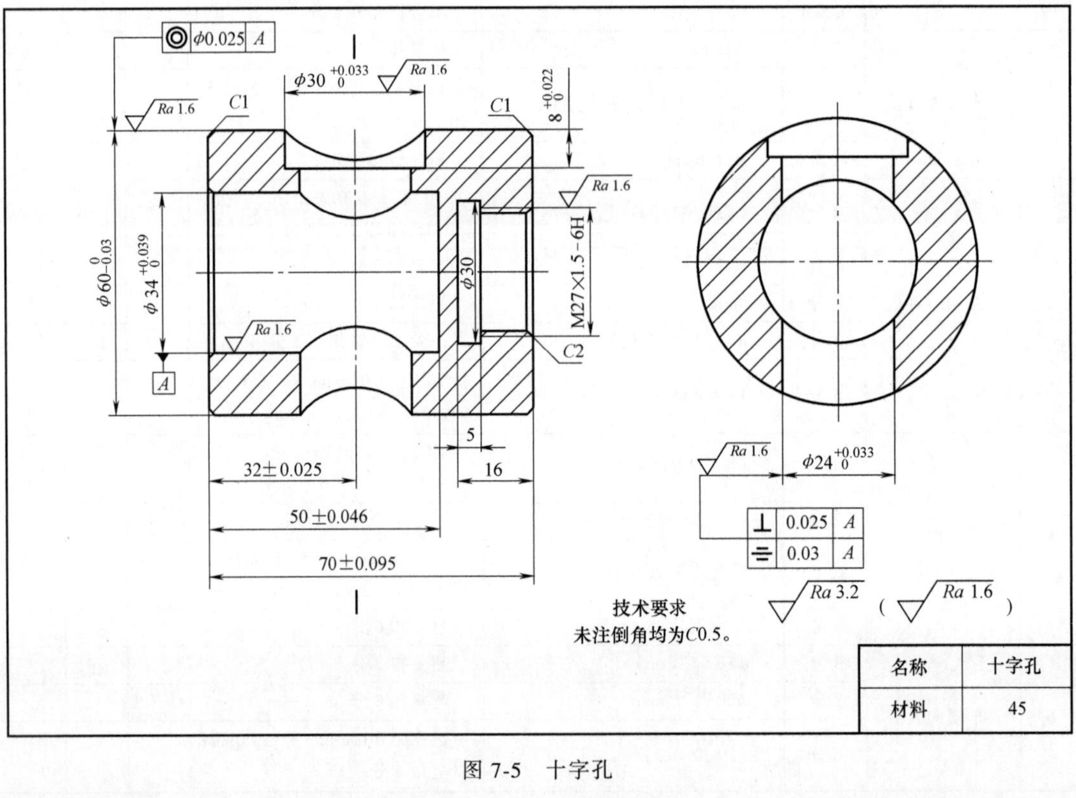

图 7-5 十字孔

2. 准备要求

1）考件材料为 45 热轧圆钢，锯断尺寸为 ϕ65mm ×75mm 一根。

2）钻孔用切削液。

3）装夹精度较好单动卡盘。

4）相关工具、量具、刀具。

3. 考核内容

（1）考核要求

1）考件的各尺寸精度、几何精度、表面粗糙度达到图样规定要求。

2）不准使用砂布、磨石等辅助抛光考件加工表面。

3）车削垂直孔 $\phi24^{+0.033}_{0}$mm、$\phi34^{+0.039}_{0}$mm 时，应在单动卡盘上完成。

4）不允许使用铰刀、丝锥加工。

5）未注公差尺寸按 IT12 等级加工。

6）考件与图样严重不符的应扣去该考件的全部配分。

（2）时间定额　4h（不含考前准备时间），提前完工不加分，超时间定额 10min 扣 5 分，超 20min 扣 10 分，超 30min 以上未完成则停止考试。

（3）安全文明生产

1）正确执行安全技术操作规程。

2）按企业有关文明生产的规定，做到工作场地整洁，工件、工量具摆放整齐。

4. 配分与评分标准（表 7-5）

表 7-5　车十字孔配分与评分标准

序号	作业项目	配分	考核内容	评分标准	考核记录	扣分	得分
1	车外圆	10 分	$\phi60^{0}_{-0.03}$mm	超差扣 4 分			
		5 分	$Ra1.6\mu m$	不合格扣 1 分			
		5 分	同心度公差 ϕ0.025mm	超差扣 5 分			
2	车内孔	8 分	$\phi34^{+0.039}_{0}$mm	超差扣 8 分			
		8 分	$\phi24^{+0.033}_{0}$mm	超差扣 8 分			
		8 分	$\phi30^{+0.033}_{0}$mm	超差扣 8 分			
		5 分	垂直度公差 0.025mm	超差扣 5 分			
		5 分	对称度公差 0.03mm	超差扣 5 分			
		3 分	$Ra1.6\mu m$（3 处）	不合格扣 3 分			
		3 分	（50±0.046）mm	不合格扣 3 分			
		3 分	（32±0.025）mm	不合格扣 3 分			
		3 分	$8^{+0.022}_{0}$mm	不合格扣 3 分			
3	车内螺纹	10 分	M27×1.5-6H	超差 10 分			
		2 分	$Ra1.6\mu m$	不合格扣 2 分			
4	车长度	5 分	（70±0.095）mm	超差 ± 0.02mm 扣 2 分；±0.015mm 以上扣 5 分			
		2 分	$Ra3.2\mu m$（2 处）	一处不合格扣 1 分			

（续）

序号	作业项目	配分	考核内容	评分标准	考核记录	扣分	得分
5	车内沟槽	3分	ϕ30mm	超差扣3分			
		3分	5mm	超差扣3分			
		3分	16mm	超差扣3分			
6	倒角毛刺	3分	倒角	一处不符合要求扣1分;直至扣完3分			
		3分	毛刺	一处不符合要求扣0.5分;直至扣完3分			
7	安全文明生产		遵守安全操作规程,正确使用工具、量具,操作现场整洁	按达到规定的标准程度评定,一项不符合要求在总分中扣2.5分			
			安全用电、防火,无人身设备事故	因违规操作而引发重大人身设备事故,此题按0分计			
8	合计	100分					

操作技能6　车双线梯形螺纹偏心轴

1. 考件图样（图7-6）

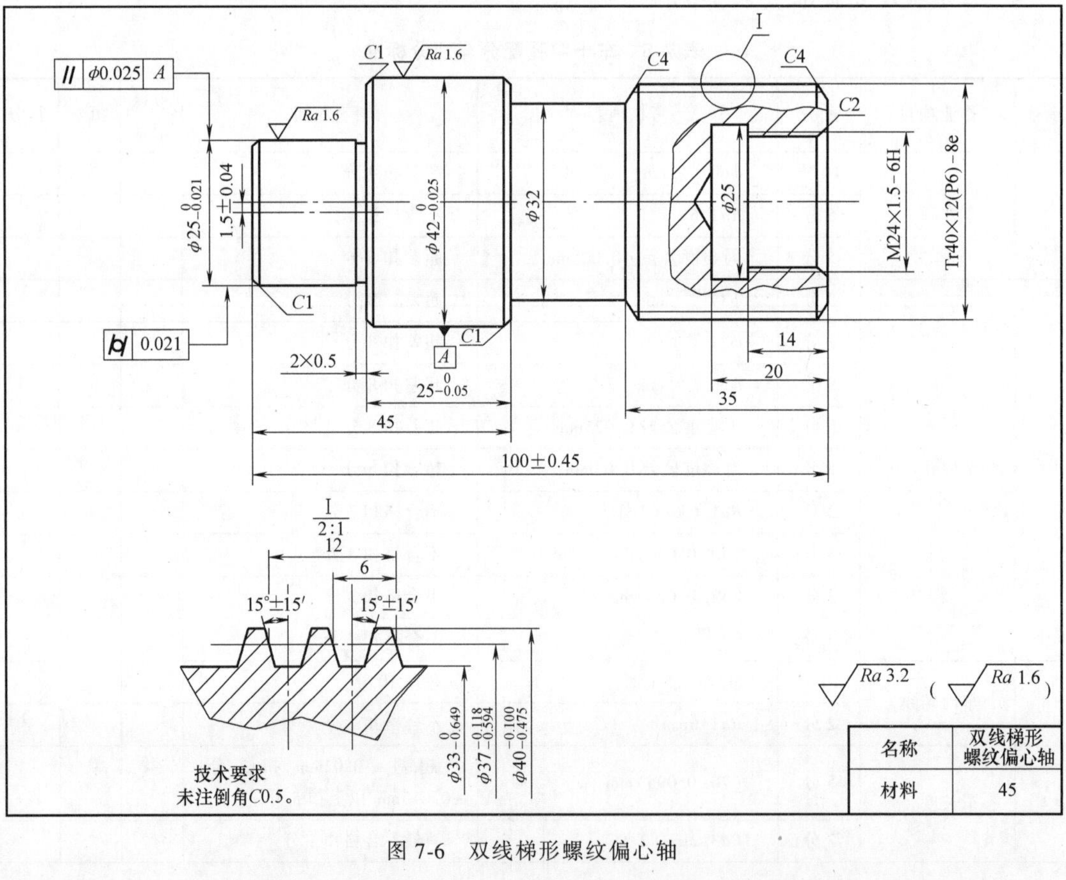

图7-6　双线梯形螺纹偏心轴

2. 准备要求

1）考件材料为 45 热轧圆钢，锯断尺寸为 ϕ45mm×105mm 一根。

2）钻孔用切削液。

3）精度较好的单动卡盘。

4）相关工具、量具、刃具。

3. 考核内容

（1）考核要求

1）考件的各尺寸精度、几何精度、表面粗糙度达到图样规定要求。

2）不准使用锉刀、砂布、磨石等辅助抛光考件加工表面。

3）不允许使用专用偏心夹具车偏心。

4）不允许使用丝锥加工螺纹。

5）未注公差尺寸按 IT12 等级加工。

6）考件与图样严重不符的扣去该考件的全部配分。

（2）时间定额　4h（不含考前准备时间）。提前完工不加分，超时间定额 10min 扣 5 分，超 20min 扣 10 分，超 30min 以上未完成则停止考试。

（3）安全文明生产

1）正确执行安全技术操作规程。

2）按企业有关文明生产的规定，做到工作场地整洁，工件、工量具摆放整齐。

4. 配分与评分标准（表 7-6）

表 7-6　车双线梯形螺纹偏心轴配分与评分标准

序号	作业项目	配分	考核内容	评分标准	考核记录	扣分	得分
1	车外圆	10 分	$\phi 42_{-0.025}^{0}$mm	超差扣 10 分			
		2 分	45mm	超差扣 2 分			
		1 分	$Ra1.6\mu m$	不合格扣 1 分			
2	车偏心	10 分	$\phi 25_{-0.021}^{0}$mm	超差扣 10 分			
		5 分	平行度公差 ϕ0.025mm	超差扣 5 分			
		4 分	圆柱度公差 0.021mm	超差扣 4 分			
		7 分	(1.5±0.04)mm	超差扣 7 分			
		1 分	$Ra1.6\mu m$	不合格扣 1 分			
		3 分	$25_{-0.05}^{0}$mm	超差扣 3 分			
3	车梯形螺纹	2 分	大径 $\phi 40_{-0.475}^{-0.100}$mm	超差扣 2 分			
		10 分	中径 $\phi 37_{-0.594}^{-0.118}$mm	超差扣 10 分			
		2 分	小径 $\phi 33_{-0.649}^{0}$mm	超差扣 2 分			
		1 分	$Ra1.6\mu m$	不合格扣 1 分			
		1 分	35mm	不合格扣 1 分			
		4 分	分线 6、12	不合格扣 4 分			
		2 分	牙型角 15°±15′	不合格扣 2 分			
		2 分	ϕ32mm	超差扣 2 分			
4	车内螺纹	10 分	M24×1.5-6H	超差 10 分			
		2 分	$Ra3.2\mu m$	不合格扣 2 分			

（续）

序号	作业项目	配分	考核内容	评分标准	考核记录	扣分	得分
5	车长度	2分	(100±0.45)mm	超差扣2分			
		2分	*Ra*3.2μm(2处)	一处不合格扣1分			
6	车内沟槽	3分	ϕ25mm	超差扣3分			
		3分	20mm	超差扣3分			
		3分	14mm	超差扣3分			
7	倒角、毛刺	6分	倒角	一处不符合要求扣1分；直至扣完6分			
		2分	毛刺	一处不符合要求扣0.5分；直至扣完2分			
8	安全文明生产		遵守安全操作规程，正确使用工具、量具，操作现场整洁	按达到规定的标准程度评定，一项不符合要求在总分中扣2.5分			
			安全用电、防火，无人身设备事故	因违规操作而引发重大人身设备事故，此题按0分计			
9	合计	100分					

操作技能7　车锥度梯形轴

1. 考件图样（图7-7）

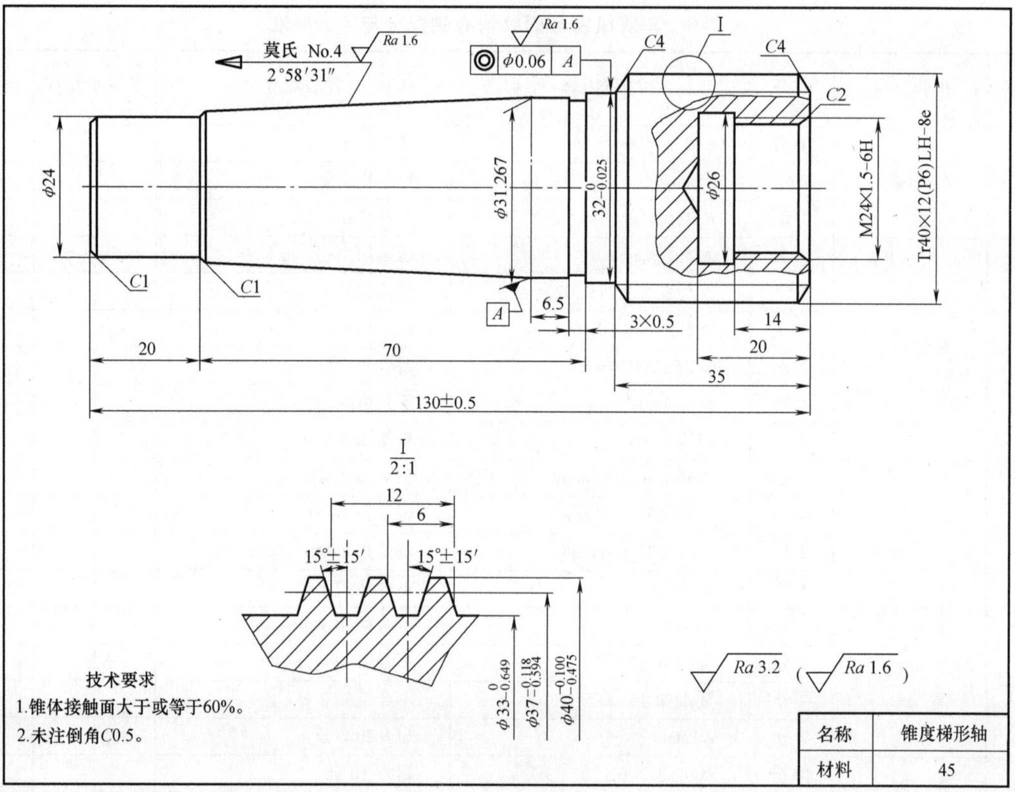

图7-7　锥度梯形轴

2. 准备要求

1）考件材料为 45 热轧圆钢，锯断尺寸为 ϕ45mm ×135mm 一根。

2）钻孔用切削液。

3）检验锥度用显示剂。

4）相关工具、量具、刃具。

3. 考核内容

（1）考核要求

1）考件的各尺寸精度、几何精度、表面粗糙度达到图样规定要求。

2）不准使用锉刀、砂布、磨石等辅助抛光考件加工表面。

3）不允许使用丝锥加工螺纹。

4）未注公差尺寸按 IT12 等级加工。

5）考件与图样严重不符的扣去该考件的全部配分。

（2）时间定额 4h（不含考前准备时间）。提前完工不加分，超时间定额 10min 扣 5 分，超 20min 扣 10 分，超 30min 以上未完成则停止考试。

（3）安全文明生产

1）正确执行安全技术操作规程。

2）按企业有关文明生产的规定，做到工作场地整洁，工件、工量具摆放整齐。

4. 配分与评分标准（表 7-7）。

表 7-7 车锥度梯形轴配分与评分标准

序号	作业项目	配分	考核内容	评分标准	考核记录	扣分	得分
1	车外圆	10 分	$\phi32_{-0.025}^{0}$mm	超差扣 10 分			
		5 分	同轴度公差 ϕ0.06mm	超差扣 5 分			
		2 分	ϕ24mm	超差扣 2 分			
		1 分	20mm	超差扣 1 分			
		1 分	Ra1.6μm	不合格扣 1 分			
2	车锥度	8 分	ϕ31.267mm	超差扣 8 分			
		10 分	接触面≥60%	≥40% 扣 5 分；≥50% 扣 3 分；≤40% 扣 10 分			
		1 分	70mm	超差扣 1 分			
		2 分	Ra1.6μm	不合格扣 2 分			
		1 分	6.5mm	超差扣 1 分			
3	车梯形螺纹	2 分	大径 $\phi40_{-0.475}^{-0.100}$mm	超差扣 2 分			
		10 分	中径 $\phi37_{-0.594}^{-0.118}$mm	超差扣 10 分			
		2 分	小径 $\phi33_{-0.649}^{0}$mm	超差扣 2 分			
		1 分	Ra1.6μm	不合格扣 1 分			
		1 分	35mm	不合格扣 1 分			
		4 分	分线 6、12	不合格扣 4 分			
		2 分	牙型角 15°±15′	不合格扣 2 分			
		4 分	LH	超差扣 4 分			
4	车内螺纹	10 分	M24×1.5-6H	超差 10 分			
		2 分	Ra3.2μm	不合格扣 2 分			

（续）

序号	作业项目	配分	考核内容	评分标准	考核记录	扣分	得分
5	车长度	2分	(130±0.5)mm	超差扣2分			
		2分	Ra3.2μm(2处)	一处不合格扣1分			
6	车沟槽	3分	ϕ26mm	超差扣3分			
		2分	20mm	超差扣2分			
		2分	14mm	超差扣2分			
		2分	3×0.5mm	超差扣2分			
7	倒角、毛刺	6分	倒角	一处不符合要求扣1分；直至扣完6分			
		2分	毛刺	一处不符合要求扣0.5分；直至扣完2分			
8	安全文明生产		遵守安全操作规程，正确使用工具、量具，操作现场整洁	按达到规定的标准程度评定，一项不符合要求在总分中扣2.5分			
			安全用电、防火，无人身设备事故	因违规操作而引发重大人身设备事故，此题按0分计			
9	合计	100分					

操作技能8　车偏心锥套

1. 考件图样（图7-8）

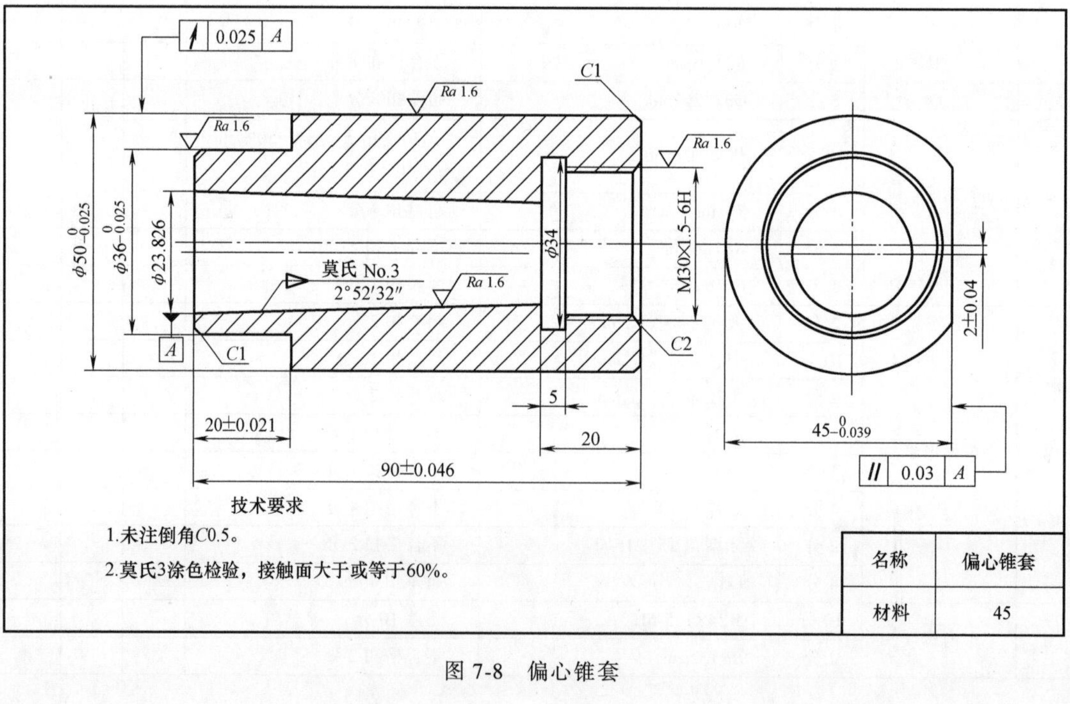

图7-8　偏心锥套

2. 准备要求

1）考件材料为 45 热轧圆钢，锯断尺寸为 ϕ55mm×95mm 一根。

2）钻孔用切削液。

3）检验锥度用显示剂。

4）相关工具、量具、刃具。

3. 考核内容

（1）考核要求

1）考件的各尺寸精度、几何精度、表面粗糙度达到图样规定要求。

2）不准使用锉刀、砂布、磨石等辅助抛光考件加工表面。

3）不允许使用丝锥加工螺纹。

4）未注公差尺寸按 IT12 等级加工。

5）考件与图样严重不符的扣去该考件的全部配分。

（2）时间定额　4h（不含考前准备时间）。提前完工不加分，超时间定额 10min 扣 5 分，超 20min 扣 10 分，超 30min 以上未完成则停止考试。

（3）安全文明生产

1）正确执行安全技术操作规程。

2）按企业有关文明生产的规定，做到工作场地整洁，工件、工量具摆放整齐。

4. 配分与评分标准（表 7-8）。

表 7-8　车偏心锥套配分与评分标准

序号	作业项目	配分	考核内容	评分标准	考核记录	扣分	得分
1	车外圆	10 分	$\phi 50_{-0.025}^{0}$mm	超差扣 7 分			
		5 分	圆跳动公差 0.025mm	超差扣 5 分			
		7 分	$\phi 36_{-0.025}^{0}$mm	超差扣 7 分			
		4 分	20mm±0.021mm	超差扣 4 分			
		2 分	Ra1.6μm	不合格扣 2 分			
2	车锥度	5 分	ϕ23.826mm	超差扣 5 分			
		10 分	接触面积≥60%	≥40% 扣 5 分；≥50% 扣 3 分；≤40% 扣 10 分			
		10 分	偏心 2mm±0.04mm	超差扣 10 分			
		2 分	Ra1.6μm	不合格扣 2 分			
3	车外圆平面	7 分	$45_{-0.039}^{0}$mm	超差扣 7 分			
		4 分	平行度公差 0.03mm	超差扣 4 分			
		2 分	Ra1.6μm	不合格扣 2 分			
4	车内螺纹	10 分	M30×1.5-6H	超差 10 分			
		2 分	Ra3.2μm	不合格扣 2 分			
5	车长度	3 分	(90±0.046)mm	超差扣 3 分			
		2 分	Ra3.2μm(2 处)	一处不合格扣 1 分			

（续）

序号	作业项目	配分	考核内容	评分标准	考核记录	扣分	得分
6	车沟槽	3分	ϕ34mm	超差扣3分			
		2分	20mm	超差扣2分			
		2分	5mm	超差扣2分			
7	倒角、毛刺	6分	倒角	一处不符合要求扣1分；直至扣完6分			
		2分	毛刺	一处不符合要求扣0.5分；直至扣完2分			
8	安全文明生产		遵守安全操作规程，正确使用工具、量具，操作现场整洁	按达到规定的标准程度评定，一项不符合要求在总分中扣2.5分			
			安全用电、防火，无人身设备事故	因违规操作引发重大人身设备事故，此题按0分计			
9	合计	100					

操作技能9　车圆弧面轴

1. 考件图样（图7-9）

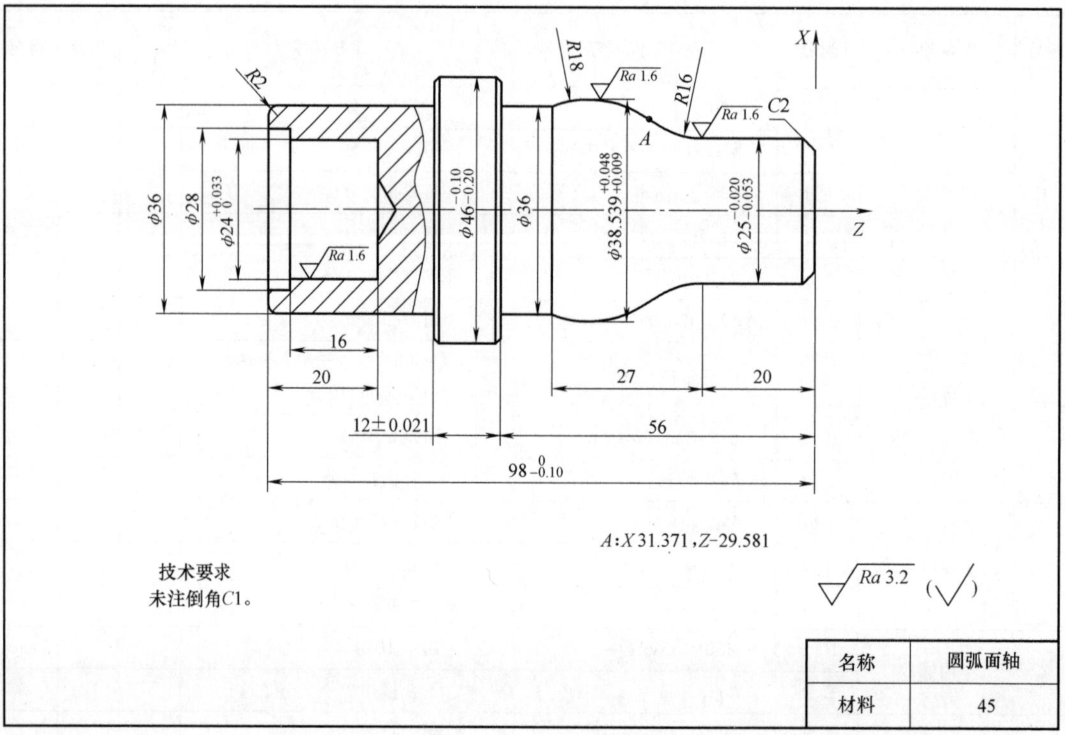

图7-9　圆弧面轴

2. 准备要求

1）考件材料为 45 热轧圆钢，锯断尺寸为 ϕ50mm×100mm 一根。

2）相关工具、量具、刃具。

3）工件图样（图 7-9）；

4）提供的数控程序已在机床中（表 7-9）。

表 7-9 FANUC 系统程序说明单

程序号	刀具名称	刀尖圆弧	刀具刀补号	工件坐标系位置	主要加工内容
O2111	93°外圆车刀	r0.8	T0101	工件右端面中心	ϕ25mm、R18mm 外圆等
O2112	93°外圆车刀	r0.8	T0101	工件左端面中心	ϕ36mm、ϕ46mm 外圆
O2113	ϕ16mm 镗孔刀	r0.4	T0202	工件左端面中心	ϕ28mm、ϕ24mm 内孔
备注	本程序说明单顺序与实际加工顺序无关				

3. 考核内容

（1）考核要求

1）考件的各尺寸精度、几何精度、表面粗糙度达到图样规定要求。

2）不准使用锉刀、砂布、磨石等辅助抛光考件加工表面。

3）未注公差尺寸的极限偏差按 GB/T 1804—m 等级加工。

4）根据工件图样和加工程序完成工件加工；考件与图样严重不符的扣去该考件的全部配分。

5）工件尺寸自检。

6）操作过程中发生撞刀等严重生产事故者，鉴定立即终止。

（2）时间定额 150min（不含考前准备时间）。提前完工不加分，时间到停止考试。

（3）安全文明生产

1）正确执行安全技术操作规程。

2）按企业有关文明生产的规定，做到工作场地整洁，工件、工量具摆放整齐。

4. 配分与评分标准（表 7-10）

表 7-10 车圆弧面轴配分与评分标准

序号	作业项目	配分	考核内容	评分标准	考核记录	扣分	得分
1	表面粗糙度 Ra 3.2	10 分	Ra3.2μm	一处不合格扣 2 分			
2	表面粗糙度 Ra 1.6	15 分	Ra1.6μm	一处不合格扣 3 分			
3	未注尺寸公差按照 GB/T 1804—m	15 分	ϕ36mm 两处、ϕ28mm 20mm 两处、27mm、16mm、56mm	一处不合格扣 3 分			

（续）

序号	作业项目	配分	考核内容	评分标准	考核记录	扣分	得分
4	$\phi38.539^{+0.048}_{+0.009}$mm 外圆公差	15分	$\phi38.539^{+0.048}_{+0.009}$mm	合格得15分			
				超差≤0.015mm 扣3分			
				0.015mm<超差≤0.03mm 扣6分			
				0.03mm<超差≤0.5mm 扣9分			
				未答题不得分			
5	$\phi25^{-0.020}_{-0.053}$mm 外圆公差	10分	$\phi25^{-0.020}_{-0.053}$mm	合格得10分			
				超差≤0.015mm 扣2分			
				0.015mm<超差≤0.03mm 扣4分			
				0.03mm<超差≤0.5mm 扣8分			
				未答题不得分			
6	$\phi46^{-0.10}_{-0.20}$mm 外圆公差	5分	$\phi46^{-0.10}_{-0.20}$mm	合格得5分			
				超差≤0.015mm 扣2分			
				0.015mm<超差≤0.03mm 扣3分			
				0.03mm<超差≤0.5mm 扣4分			
				未答题不得分			
7	$\phi24^{+0.033}_{0}$mm 内孔	15分	$\phi24^{+0.033}_{0}$mm	合格得15分			
				超差≤0.015mm 扣3分			
				0.015mm<超差≤0.03mm 扣6分			
				0.03mm<超差≤0.5mm 扣9分			
				未答题不得分			
8	12mm±0.021mm 长度	10分	12mm±0.021mm	合格得10分			
				超差≤0.015mm 扣2分			
				0.015mm<超差≤0.03mm 扣4分			
				0.03mm<超差≤0.5mm 扣8分			
				未答题不得分			
9	$98^{0}_{-0.10}$mm 长度	5分	$98^{0}_{-0.10}$mm	合格得5分			
				超差≤0.015mm 扣2分			
				0.015mm<超差≤0.03mm 扣3分			
				0.03mm<超差≤0.5mm 扣4分			
				未答题不得分			

（续）

序号	作业项目	配分	考核内容	评分标准	考核记录	扣分	得分
10	安全文明生产		遵守安全操作规程，正确使用工具、量具，操作现场整洁	按达到规定的标准程度评定，一项不符合要求在总分中扣2分			
			安全用电、防火，无人身设备事故	因违规操作而引发重大人身设备事故，此题按0分计			
11	合计	100分					

以下情况为否决项：（出现以下情况本部分不予评分，按0分计）

1. 任一项的尺寸超差0.5mm以上（≤2mm的倒角和倒圆除外），不予评分。
2. 工件加工不完整（≤2mm的倒角和倒圆除外），不予评分。
3. 工件有严重的碰伤、过切，不予评分。
4. 操作过程中发生撞刀等严重生产事故者，立刻终止其鉴定。
5. 同类刀片只允许使用一片。

操作技能10　车　端　盖

1. 考件图样（图7-10）

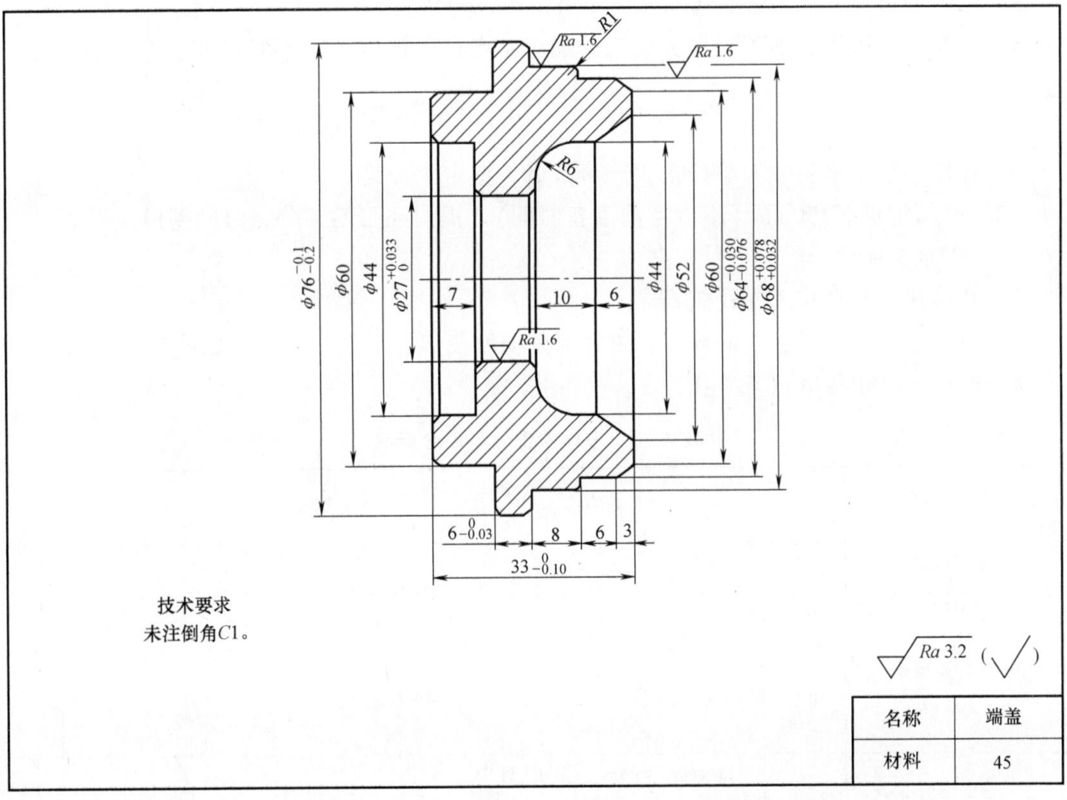

图7-10　端盖

2. 准备要求

1）考件材料为45热轧圆钢，锯断尺寸为 ϕ80mm ×30mm×25mm 一根。

2）相关工具、量具、刃具。

3）工件图样（图7-10）。

4）提供的数控程序已在机床中（表7-11）。

表7-11 FANUC系统程序说明单

程序号	刀具名称	刀尖圆弧	刀具刀补号	工件坐标系位置	主要加工内容
O2211	93°外圆车刀	r0.8mm	T0101	工件右端面中心	ϕ64mm、ϕ68mm 外圆等
O2212	93°外圆车刀	r0.8mm	T0101	工件左端面中心	ϕ60mm、ϕ76mm 外圆
O2213	ϕ16mm 镗孔刀	r0.4mm	T0202	工件右端面中心	ϕ44mm、ϕ52mm 内孔
O2214	ϕ16mm 镗孔刀	r0.4mm	T0202	工件左端面中心	ϕ44mm、ϕ27mm 内孔
备注	本程序说明单顺序与实际加工顺序无关				

3. 考核内容

（1）考核要求

1）考件的各尺寸精度、几何精度、表面粗糙度达到图样规定要求。

2）不准使用锉刀、砂布、磨石等辅助抛光考件加工表面。

3）未注公差尺寸的极限偏差按GB/T 1804—m等级加工。

4）根据工件图样和加工程序完成工件加工；考件与图样严重不符的扣去该考件的全部配分。

5）工件尺寸自检。

6）操作过程中发生撞刀等严重生产事故者，鉴定立即终止。

（2）时间定额 150min（不含考前准备时间）。提前完工不加分，时间到停止考试。

（3）安全文明生产

1）正确执行安全技术操作规程。

2）按企业有关文明生产的规定，做到工作场地整洁，工件、工量具摆放整齐。

4. 配分与评分标准（表7-12）。

表7-12 车端盖配分与评分标准

序号	作业项目	配分	考核内容	评分标准	考核记录	扣分	得分
1	表面粗糙度 $\sqrt{Ra\ 3.2}$	5分	Ra3.2μm	一处不合格扣1分			
2	表面粗糙度 $\sqrt{Ra\ 1.6}$	10分	Ra1.6μm	一处不合格扣4分			
3	未注尺寸公差按照GB/T 1804—m	15分	ϕ60mm 两处、ϕ44mm 两处、ϕ52mm、6mm两处、10mm、8mm、3mm、7mm	一处不合格扣2分			

（续）

序号	作业项目	配分	考核内容	评分标准	考核记录	扣分	得分
4	$\phi68^{+0.078}_{+0.032}$mm 外圆	15 分	$\phi68^{+0.078}_{+0.032}$mm	合格得 15 分			
				超差≤0. 015mm 扣 5 分			
				0. 015mm<超差≤0. 03mm 扣 10 分			
				0. 03mm<超差≤0. 5mm 扣 8 分			
				未答题不得分			
5	$\phi64^{-0.030}_{-0.076}$mm 外圆	15 分	$\phi64^{-0.030}_{-0.076}$mm	合格得 15 分			
				超差≤0. 015mm 扣 2 分			
				0. 015mm<超差≤0. 03mm 扣 4 分			
				0. 03mm<超差≤0. 5mm 扣 8 分			
				未答题不得分			
6	$\phi76^{-0.10}_{-0.20}$mm 外圆	10 分	$\phi76^{-0.10}_{-0.20}$mm 尺寸	合格得 10 分			
				超差≤0. 015mm 扣 3 分			
				0. 015mm<超差≤0. 03mm 扣 6 分			
				0. 03mm<超差≤0. 5mm 扣 8 分			
				未答题不得分			
7	$\phi27^{+0.033}_{0}$mm 内孔	15 分	$\phi27^{+0.033}_{0}$mm	合格得 15 分			
				超差≤0. 015mm 扣 3 分			
				0. 015mm<超差≤0. 03mm 扣 6 分			
				0. 03mm<超差≤0. 5mm 扣 9 分			
				未答题不得分			
8	$6^{0}_{-0.03}$mm 长度	10 分	$6^{0}_{-0.03}$mm	合格得 10 分			
				超差≤0. 015mm 扣 2 分			
				0. 015mm<超差≤0. 03mm 扣 4 分			
				0. 03mm<超差≤0. 5mm 扣 8 分			
				未答题不得分			
9	$33^{0}_{-0.10}$mm 长度	5 分	$33^{0}_{-0.10}$mm	合格得 5 分			
				超差≤0. 015mm 扣 1 分			
				0. 015mm<超差≤0. 03mm 扣 2 分			

（续）

序号	作业项目	配分	考核内容	评分标准	考核记录	扣分	得分
9	$33_{-0.10}^{0}$mm 长度	5分	$33_{-0.10}^{0}$mm	0.03mm < 超差 ≤ 0.5mm 扣4分			
				未答题不得分			
10	安全文明生产		遵守安全操作规程，正确使用工具、量具，操作现场整洁	按达到规定的标准程度评定，一项不符合要求在总分中扣2分			
			安全用电、防火，无人身设备事故	因违规操作而引发重大人身设备事故，此题按0分计			
11	合计	100分					

注：以下情况为否决项（出现以下情况本部分不予评分，按0分计）：

1. 任一项的尺寸超差0.5mm以上（≤2mm的倒角和倒圆除外），不予评分。
2. 工件加工不完整（≤2mm的倒角和倒圆除外），不予评分。
3. 工件有严重的碰伤、过切，不予评分。
4. 操作过程中发生撞刀等严重生产事故者，立刻终止其鉴定。
5. 同类刀片只允许使用一片。

第八部分

模拟试卷样例

理论知识考试模拟试卷

一、判断题（对的画“√”、错的画“×”；每题0.5分，共28分）

1. 车削细长轴时，对刀具、机床精度、辅助工具精度、切削用量的选择，以及工艺安排都有较高的要求，它是一项工艺性较强的综合技术，所以对操作技能要求就比较低。（　　）

2. 片式摩擦离合器的间隙过小，在高速车削时，会因发热而“闷车”，从而损坏机床。（　　）

3. 安全离合器的作用是当机动进给过程中，进给力过大或刀架运动受阻时，自动断开机动传动路线，使刀架停止进给，避免传动机构损坏。（　　）

4. 在立式车床上能够车削精度要求较高的圆锥半角，主要是依靠正弦规来找正立刀架的扳动角度。（　　）

5. 用游标卡尺测量偏心套的最厚孔壁与最薄孔壁，游标卡尺的读数差即等于偏心距。（　　）

6. 用游标齿厚卡尺测量蜗杆齿厚时，测得的读数是蜗杆在分度圆直径处的轴向齿厚。（　　）

7. 在车床上用指示表与中滑板刻度配合测量偏心距，这时从中滑板的刻度盘所测出的中滑板移动距离，即等于偏心距的值。（　　）

8. 由于渗氮温度高，工件变形小，渗氮层较薄，一般安排在粗磨之后、精磨之前进行。（　　）

9. 刃磨米制蜗杆精车刀时，刀头宽度可用公式 $W=0.697m_x$（当 $h=2.2m_x$）计算。（　　）

10. 螺纹千分尺一般用于中径公差等级在5级以下的螺纹的测量，它的刻线原理和读数方法与外径千分尺相同，所不同的是螺纹千分尺附有两套（60°和55°），适用于不同牙型和螺距的测量头。（　　）

11. 使用辅助支承或增加工艺肋车削薄壁工件，其目的是改善工件的装夹。（　　）

12. 淬火的目的是提高低碳钢或低碳合金材料硬度、强度和耐磨性。（　　）

13. 对于线胀系数较大的金属薄壁工件，在半精车和精车的一次装夹中连续车削，所产生的切削热不会影响它的尺寸精度。（　　）

14. 立式车床与卧式车床相比，工件在卧式车床上的装夹是处于水平平面内的，而立式车床主轴轴线为垂直布局，所以是在立面上进行装夹的。（　　）

15. 被加工表面的旋转轴线与定位基准面平行，外形比较复杂的工件，可装夹在花盘的

角铁上加工。（ ）

16. 制动器的作用是在车床停机过程中，克服主轴箱内各运动件的旋转惯性，使主轴迅速停止转动。（ ）

17. 米制密封管螺纹有圆锥外螺纹和圆柱外螺纹两种，而内螺纹仅有圆锥内螺纹一种。（ ）

18. 高速切削梯形螺纹时，为了防止切屑倾斜排出而擦伤螺纹牙侧，故不能使用左右切削的方法。（ ）

19. 蜗杆、蜗轮常用于传递两轴交错 90°的传动，即直角传动，所以蜗杆、蜗轮适用于增速运动的传递机构中。（ ）

20. 使用跟刀架车削细长轴时，跟刀架支承爪与工件接触松紧的调节是关键。（ ）

21. 用自定心卡盘装夹车削偏心工件时，若测得偏心距小了 0.1mm，则应将垫片再加厚 0.1mm。（ ）

22. 梯形螺纹中径的计算公式为 $d_2=d_D=d-0.5P+2a_c$。（ ）

23. 使用双重卡盘车削偏心工件时，在找正偏心距的同时，还须找正自定心卡盘的端面。（ ）

24. 立式车床的立刀架和侧刀架都可以做垂向进给和水平进给运动。（ ）

25. 在立式车床上用成形车刀车削型面时，关键是找正成形刀的正确装夹位置。（ ）

26. 车削单拐曲轴的曲柄颈时，应保证曲柄颈轴线对主轴颈轴线的平行度要求，并保持要求的偏心距公差。（ ）

27. 调质的目的是提高材料综合力学性能，为以后热处理作准备，用于低碳结构钢或低碳合金钢。（ ）

28. 车削薄壁工件时，最好应用径向夹紧的方法。（ ）

29. 两个平面相交的角度大于或小于 90°的角铁叫作角度角铁。（ ）

30. 当工件材料的强度和硬度低时，可取较大的前角。（ ）

31. 机床保养时，必须首先切断电源，确保在保养过程中的安全。（ ）

32. CA6140 型车床主轴箱中的双向多片式摩擦离合器和制动器的操作手柄是单独操作的。（ ）

33. 锯齿形内、外螺纹的车削方法和梯形螺纹相似，所不同的是锯齿形螺纹的牙型是一个不等腰梯形牙型。（ ）

34. 用交换齿轮分线车双线螺纹时，交换齿轮 Z_1 齿数必须是偶数方可分线。（ ）

35. 精车外圆时，刃倾角宜选用负值，使切屑流向待加工表面，防止划伤已加工表面。（ ）

36. 前角太大，楔角变小，使切削刃和刀尖强度变弱，散热体积减小，切削温度提高，刀具磨损加剧，刀具寿命降低，所以前角取值越小越好。（ ）

37. 公称直径为 ϕ42mm、螺距为 2mm、短型基准距离、右旋的米制圆柱内螺纹的标记为 M42×2-S。（ ）

38. 为了保证主轴具有较好的刚性和抗振性，采用前、中、后三个支承，中间用圆柱滚子轴承支承的目的是承受切削过程中产生的背向力和正反方向的进给力。（ ）

39. 粗车蜗杆时，为了防止三个切削刃同时参加切削而造成“扎刀”现象，一般可采用

左右切削法车削。（　　）

40. 立式车床主轴轴线为垂直布局，工作台台面处于水平平面内。（　　）

41. 机床的工作精度只能在一定程度上反映机床的加工精度，因此，还应通过切削加工出的工件精度来考核机床的加工精度，这称为机床的几何精度。（　　）

42. 检查花盘面平行度误差的方法是：使指示表测量头接触花盘的外端面，转动花盘，观察指示表指针的摆动量；移动指示表到花盘中部，按上述方法，观察指示表的摆动量。（　　）

43. 技术检查卡是技术检验人员的重要文件，但它不属于工艺文件。（　　）

44. 溜板箱内设有互锁机构的目的是保证丝杠传动和机动进给（或快速移动）的接通。（　　）

45. 当导程角大于 3°30′时，应使用量针测量距离修正公式 $M=d_1+3.924d_D-4.316m\times\cos\gamma$ 来测量法向或轴向直廓蜗杆的分度圆直径。（　　）

46. 在立式车床上精车端面时，车刀应由工件平面的外缘处向中心方向进给，使刀具磨损所造成端面的平面度误差呈凹形状，不影响工件的使用。（　　）

47. 车削细长轴时，使用跟刀架的目的是防止工件弯曲变形及抵消背向力。（　　）

48. 工件在夹具中的六个自由度完全被限制了，即处于完全确定的位置，这种定位称为完全定位。（　　）

49. K 类硬质合金中钴含量越高，其韧性越好，适用于粗加工；钴含量低的，用于精加工。（　　）

50. 使用锥度心轴装夹工件时，心轴的锥度越大，定心精度越高。（　　）

51. 主轴箱主轴轴线与床鞍导轨的平行度超差，或床身导轨严重磨损，会使工件外圆圆柱度超差。（　　）

52. 交换齿轮箱是用来把主轴的转动传递给进给箱，调换箱内的齿轮时，必须保证齿侧的啮合间隙大于 0.2mm，否则在传动时会产生很大的噪声并损坏齿轮。（　　）

53. 所有表面都要加工的工件，应以加工余量较大的表面作为基准。（　　）

54. 用弹性回转顶尖支承车削细长轴，可有效地补偿工件的热变形伸长。（　　）

55. 为了提高生产率，采用多刀同时加工几个表面的工步称为复合工步，在加工工艺上，复合工步应视作一个工步。（　　）

56. 在 60°密封管螺纹的尺寸代号后面加注“LH”，表示该螺纹为右旋螺纹。（　　）

二、选择题（将正确答案的序号填入空格内；每题 1 分，共 31 分）

1. 在车床的花盘上加工双孔工件（如双孔连杆）时，主要解决的问题应是两孔的（　　）公差。

A. 尺寸　　B. 形状　　C. 位置　　D. 中心距

2. 主轴箱主轴的径向圆跳动及轴向窜动误差一般不应超过（　　）。

A. 0.01~0.015mm　　B. 0.02~0.025mm　　C. 0.03~0.035mm　　D. 0.04~0.045mm

3. （　　）类硬质合金是以 TiC 为硬质相，以镍（Ni）、钼（Mo）为结合剂的硬质合金。

A. 钨钛钽（铌）　　B. 钨钴　　C. 碳化钛基　　D. 钨钴钛

4. 工件一次安装中（　　）工位。

A. 只能有一个　　B. 一定要有几个

C. 不可能有几个　　D. 可以有一个或几个

5. 尺寸代号为3/4的左旋、55°密封管螺纹中圆锥内螺纹的标记为（　　）。

A. Rc3/4-LH　　B. Rp3/4-LH

C. R13/4-LH　　D. R23/4-LH

6. 立式车床的主运动是（　　）。

A. 立刀架的移动　　B. 工作台带动工件的转动

C. 侧刀架的移动　　D. 横梁的移动

7. 低碳钢（如15钢、15Cr、20钢、20Cr等）经渗碳后，碳的质量分数增加到（　　），经淬火、回火处理后使钢件表面层具有高硬度（≥59HRC）。

A. 0.1%～0.2%　　B. 0.2%～3%

C. 0.3%～0.4%　　D. 0.85%～1.10%

8. 用硬质合金梯形螺纹车刀车削 $P<8$mm 的梯形螺纹时，一般使用（　　）进给。

A. 左右切削法　　B. 切阶梯槽法

C. 直进法　　D. 用三把车刀依次车削

9. 在自定心卡盘上车削偏心工件时，用近似公式计算垫片厚度，先不考虑修正值，计算垫片厚度为（　　）偏心距。

A. 0.5倍　　B. 1倍　　C. 1.5倍　　D. 2倍

10. 立式车床上工件的找正，是指使（　　）与工作台主轴轴线同轴。

A. 刀尖位置　　B. 立刀架轴线　　C. 侧刀架轴线　　D. 工件轴线

11. 当车削一批长度较短而偏心距（$e=30$mm）较大的偏心套时，一般可装夹在（　　）上车削偏心孔。

A. 单动卡盘　　B. 双重卡盘　　C. 花盘　　D. 自定心卡盘

12. 在工艺过程卡片中，对（　　）一般不作严格区别。

A. 工序和安装　　B. 工步和进给　　C. 工步和工位　　D. 安装和工位

13.（　　）是一种含钨、铝、铬、钒等合金元素较多的高合金工具钢。

A. 碳素工具钢　　B. 合金工具钢　　C. 陶瓷材料　　D. 高速钢

14. 用三针测量法测量梯形螺纹中径，其量针测量距计算公式为 $M=d_2+4.864d_D-$（　　）。

A. $0.866P$　　B. $1.866P$　　C. $2.866P$　　D. $3.866P$

15. 若将蜗杆车刀左右切削刃组成平面与工件轴线重合，这样加工出来蜗杆的齿形在蜗杆的法平面内为（　　）。

A. 曲线　　B. 直线　　C. 渐开线　　D. 阿基米德螺旋线

16. 碳的质量分数大于0.7%的碳素钢和合金钢，为降低硬度，便于切削加工，采用（　　）处理。

A. 正火　　B. 调质　　C. 退火　　D. 淬火

17. 螺纹升角 ϕ 的计算公式是（　　）。

A. $\tan\phi=P_h/\pi d$　　B. $\tan\phi=P_h/\pi d_2$　　C. $\tan\phi=P_h/\pi d_3$　　D. $\tan\phi=P_h/\pi D_1$

18. 蜗杆、蜗轮的参数和尺寸都规定在正交平面内计算，是由于正交平面剖面中的蜗杆相当于一个（　　）。

A. 螺纹　　B. 齿轮　　C. 蜗轮　　D. 齿条

19. 在两顶尖间检测偏心距，若偏心距大于百分表的量程范围，测量时，先用百分表找出偏心圆的最低点，记录百分表指针读数，转动偏心轴 180°，并在百分表底座部位垫上（　　）倍于偏心距的量块后再测量。

A. 0.5　　B. 1　　C. 1.5　　D. 2

20. 定位基准、测量基准和装配基准（　　）基准。

A. 都是工艺　　B. 都是设计

C. 统称定位　　D. 既是设计基准，又是工艺

21. 用三针测量法测量蜗杆时，量针直径的计算公式为（　　）。

A. $d_D = P/[2\cos(\alpha/2)]$　　B. $d_D = P/2\cos\alpha$

C. $d_D = P_x/2\cos\alpha$　　D. $d_D = P_x/[2\cos(\alpha/2)]$

22. 当车床累计运转（　　）h 后，就需要进行一次一级保养。

A. 300　　B. 400　　C. 500　　D. 600

23. 在小滑板刻度每格为 0.05mm 的车床上，用小滑板刻度分线法车削 Tr36×12（P6）双线螺纹，分线时小滑板应转过（　　）格。

A. 80　　B. 100　　C. 120　　D. 150

24. 将一个连接盘工件装夹在分度头上钻六个等分孔，钻好一个孔后要分度一次钻第二个孔，钻削该工件的六个等分孔，就有（　　）。

A. 六个工位　　B. 六道工序　　C. 六次安装　　D. 六次进给

25. 用两顶尖装夹车削轴类工件时，主轴顶尖可限制（　　）数目的自由度。

A. 两个　　B. 三个　　C. 四个　　D. 五个

26. 限制部分自由度就能满足工件的加工要求，这种定位称为（　　）定位。

A. 完全　　B. 不完全　　C. 欠　　D. 重复

27. 制动器调整后，开动车床使主轴以 $n=300$r/min 的转速正转，然后把制动手柄置于中间位置停机，要求停机时主轴能在（　　）r 时间内制动。

A. 15~20　　B. 12~15　　C. 8~10　　D. 2~3

28. 螺纹标记 G1/2-LH，表示尺寸代号为 1/2 的（　　）公差等级为 A 级的左旋非密封管螺纹。

A. 外螺纹大径　　B. 外螺纹中径　　C. 内螺纹中径　　D. 内螺纹小径

29.（　　）列出了这个工件所需要经过的各工种，即在加工过程中的工艺路线。

A. 工艺过程卡片　　B. 工序卡片　　C. 工艺卡　　D. 技术检查卡片

30. 锻件、铸件和焊接件在毛坯制造之后、粗加工之前，一般都安排（　　）热处理。

A. 调质　　B. 退火或正火　　C. 回火　　D. 低温时效

31. 在单动卡盘上，用指示表（量杆量程为 10mm）找正偏心时，一般只能找正偏心距在（　　）mm 以内的偏心工件。

A. 5　　B. 10　　C. 1　　D. 20

三、简答题（每题 5 分，共 25 分）

1. 多线螺纹的分线方法有哪两大类？每一类中有哪些具体方法？每种方法有何特点？

2. 游标齿厚卡尺由哪两个主要部分组成？它适用于何种条件？测量的是什么圆上的何向齿厚？如何测量？

3. 工序余量选择不当会造成哪些后果？确定工序余量时，应考虑哪些因素？

4. 什么是工件的六点定位原则？

5. 在车床上车削轴类工件需限制工件几个自由度？这种定位方式属于什么定位方式？

四、计算题（每题 8 分，共 16 分）

1. 已知一个米制蜗杆的分度圆直径 d_1 为 51mm，轴向齿距 P_x 为 9.425mm，压力角为 20°，导程角 γ 为 10°，头数为 3，用三针测量法测量，求量针直径 d_D 和量针测量距 M。

2. 已知梯形螺纹 Tr60×18（P9）-8e 的实际大径尺寸为 60.1mm，欲用单针测量，求量针直径 d_D 和测量距 A。

理论知识考试模拟试卷参考答案

一、判断题

1. ×	2. √	3. √	4. √	5. ×	6. ×	7. ×	8. ×	9. √	10. √
11. √	12. ×	13. ×	14. ×	15. √	16. √	17. ×	18. √	19. ×	20. √
21. ×	22. ×	23. √	24. √	25. √	26. √	27. ×	28. ×	29. √	30. √
31. √	32. ×	33. √	34. √	35. ×	36. ×	37. √	38. ×	39. √	40. √
41. ×	42. ×	43. ×	44. ×	45. ×	46. ×	47. √	48. √	49. √	50. ×
51. √	52. ×	53. ×	54. √	55. √	56. ×				

二、选择题

1. D	2. A	3. C	4. D	5. A	6. B	7. D	8. C	9. C	10. D
11. C	12. C	13. D	14. B	15. A	16. C	17. B	18. D	19. D	20. A
21. C	22. C	23. C	24. A	25. B	26. B	27. D	28. B	29. A	30. B
31. A									

三、简答题

1. 答：多线螺纹的分线方法有轴向分线法和圆周分线法两大类。

轴向分线法的具体方法有：①小滑板刻度分线法，其特点是简便，但分线精度较低；②量块分线法，其特点是车削螺距的精度较高，但须保证触头与量块每次接触时的松紧程度完全一致；③指示表分线法，其特点是既简便又精确，但分线齿距受到指示表量程的限制。

圆周分线法的具体方法有：①交换齿轮齿数分线法，其特点是比较精确，但分线数受交换齿轮齿数的限制；②分度插盘分线法，其特点是分线精度高，操作方便。

2. 答：游标齿厚卡尺由齿高卡尺和齿厚卡尺两部分组成，适用于测量精度要求不高的蜗杆。测量的是蜗杆分度圆处的法向齿厚。测量时，将齿高卡尺调整到齿顶高读数，使齿厚卡尺的测量面与蜗杆的牙侧平行，即游标齿厚卡尺应在相对蜗杆轴线偏转一个导程角的位置上进行测量。

3. 答：工序余量过大，会增加下道工序的工作量，降低生产效率和工件质量；工序余量过小，无法把上道工序的痕迹切除，影响工件质量或造成报废。

确定工序余量时，要考虑加工误差、热处理变形、定准基准误差以及切痕和缺陷等因素。

4. 答：工件在空间有六个自由度，为了使工件在夹具中有一个确定的位置，需要将其六个自由度全部加以限制。在夹具中适当分布的六个支承点来限制工件的六个自由度，就是工件的六点定位原则。

5. 答：在车床上车削轴类工件需限制工件五个自由度，这种定位方式称为不完全定位。

四、计算题

1. 解　已知 $d_1=51\text{mm}$、$P_x=9.425\text{mm}$

$d_D=0.533P=0.533\times9.425\text{mm}=5.024\text{mm}$

$M=d_1+3.924d_D-1.374P=51\text{mm}+3.924\times5.024\text{mm}-1.374\times9.425\text{mm}=57.764\text{mm}$

答：量针直径 d_D 为 5.024mm，量针测量距 M 为 57.764mm。

2. 解　已知 $P=9\text{mm}$、$d=60\text{mm}$、$d_0=59.84\text{mm}$

$d_D=0.518P=0.518\times9\text{mm}=4.662\text{mm}$

$d_2=d-0.5P=60\text{mm}-0.5\times9\text{mm}=55.5\text{mm}$

$M=d_2+4.864d_D-1.866P=55.5\text{mm}+4.864\times4.662\text{mm}-1.866\times9\text{mm}=61.382\text{mm}$

$$A=\frac{M+d_0}{2}=\frac{61.382\text{mm}+59.84\text{mm}}{2}=60.611\text{mm}$$

答：最针直径 d_D 为 4.662mm，测量距 A 为 60.611mm。

操作技能考核模拟试卷

车双线梯形螺纹偏心轴

1. 考件图样（图 8-1）

2. 准备要求

1）考件材料为 45 热轧圆钢，锯断尺寸为 ϕ45mm ×105mm 一根。

2）钻孔用切削液。

3）精度较好的单动卡盘。

4）相关工具、量具、刃具。

3. 考核内容

（1）考核要求

1）考件的各尺寸精度、几何精度、表面粗糙度达到图样规定要求。

2）不准使用锉刀、砂布、磨石等辅助抛光考件加工表面。

3）不允许使用专用偏心夹具车偏心。

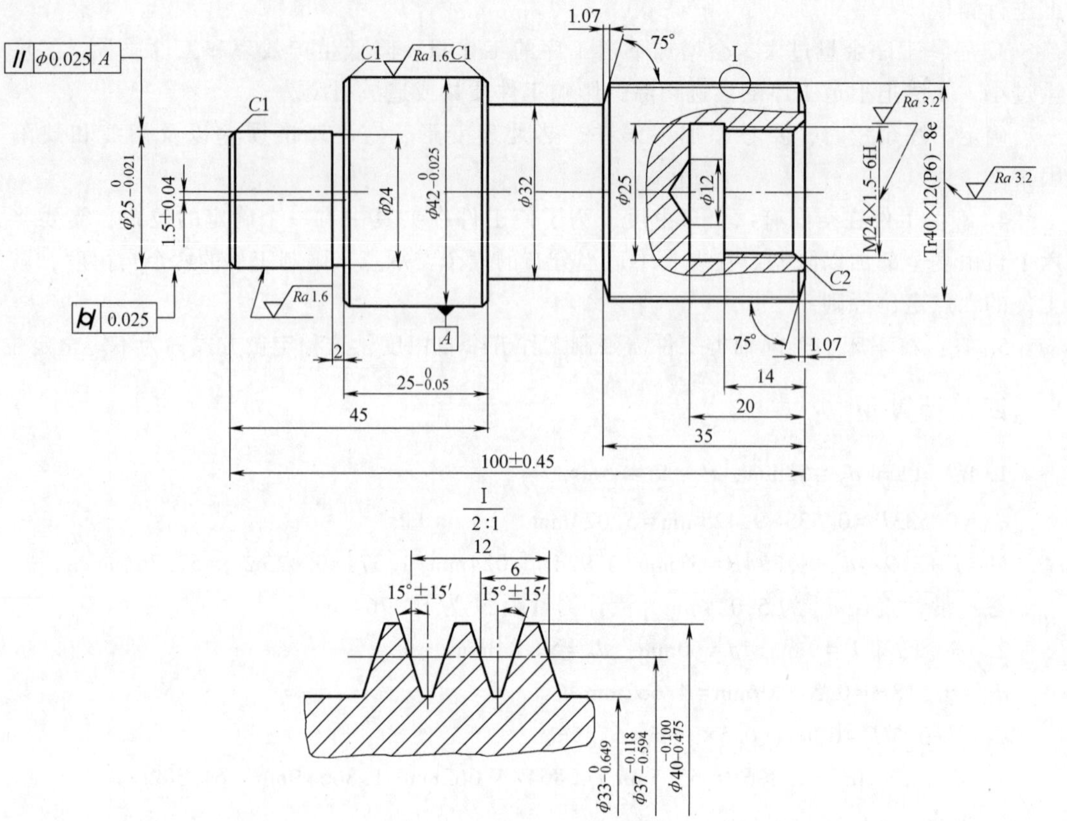

图 8-1 双线梯形螺纹偏心轴

4）不允许使用丝锥加工螺纹。

5）未注公差尺寸按 IT12 等级加工。

6）考件与图样严重不符的扣去该考件的全部配分。

（2）时间定额 4h（不含考前准备时间）。提前完工不加分，超时间定额 10min 扣 5 分，超 20min 扣 10 分，超 30min 以上未完成则停止考试。

（3）安全文明生产

1）正确执行安全技术操作规程。

2）按企业有关文明生产的规定，做到工作场地整洁，工件、工量具摆放整齐。

4. 配分与评分标准（表 8-1）

表 8-1 车双线梯形螺纹偏心轴配分与评分标准

序号	作业项目	配分	考核内容	评分标准	考核记录	扣分	得分
1	车外圆	7 分	$\phi42_{-0.025}^{0}$mm	超差扣 5 分			
			45mm	超差扣 1 分			
			$Ra1.6\mu m$	不合格扣 1 分			
2	车偏心	25 分	$\phi25_{-0.021}^{0}$mm	超差扣 6 分			
			平行度公差 $\phi0.025$mm	超差扣 3 分			

（续）

序号	作业项目	配分	考核内容	评分标准	考核记录	扣分	得分
2	车偏心	25 分	圆柱度公差 0.025mm	超差扣 3 分			
			1.5mm±0.04mm	超差扣 6 分			
			Ra1.6μm	不合格扣 1 分			
			$25_{-0.05}^{0}$mm	超差扣 6 分			
3	车梯形螺纹	35 分	大径 $\phi40_{-0.475}^{-0.100}$mm	超差扣 6 分			
			中径 $\phi37_{-0.594}^{-0.118}$mm	超差扣 6 分			
			小径 $\phi33_{-0.649}^{0}$mm	超差扣 6 分			
			Ra1.6μm	不合格扣 1 分			
			35mm	不合格扣 6 分			
			分线 6、12	不合格扣 4 分			
			牙型角 15°±15′	不合格扣 4 分			
			ϕ32mm	超差扣 2 分			
4	车内螺纹	12 分	M24×1.5-6H	超差 10 分			
			Ra3.2μm	不合格扣 2 分			
5	车长度	4 分	(100±0.45)mm	超差扣 2 分			
			Ra3.2μm(2 处)	一处不合格扣 1 分			
6	车内沟槽	9 分	ϕ25mm	超差扣 3 分			
			20mm	超差扣 3 分			
			14mm	超差扣 3 分			
7	倒角、毛刺	8 分	倒角	一处不符合要求扣 1 分；直至扣完 6 分			
			毛刺	一处不符合要求扣 0.5 分；直至扣完 2 分			
8	安全文明生产		遵守安全操作规程，正确使用工具、量具，操作现场整洁	按达到规定的标准程度评定，一项不符合要求在总分中扣 2.5 分			
			安全用电、防火，无人身设备事故	因违规操作而引发重大人身设备事故，此题按 0 分计			
9	合计	100 分					